建筑工程高级管理人员全过程管理一本通系列丛书

生产经理全过程管理一本通

赵志刚　史东坤　主编

中国建筑工业出版社

图书在版编目（CIP）数据

生产经理全过程管理一本通 / 赵志刚, 史东坤主编. 北京 : 中国建筑工业出版社, 2024. 11. -- (建筑工程高级管理人员全过程管理一本通系列丛书). -- ISBN 978-7-112-30531-5

Ⅰ. TU71

中国国家版本馆CIP数据核字第2024UM6256号

责任编辑：王华月　张　磊
责任校对：张惠雯

建筑工程高级管理人员全过程管理一本通系列丛书

生产经理全过程管理一本通

赵志刚　史东坤　主编

*

中国建筑工业出版社出版、发行（北京海淀三里河路9号）

各地新华书店、建筑书店经销

北京点击世代文化传媒有限公司制版

鸿博睿特(天津)印刷科技有限公司印刷

*

开本：787毫米 ×1092毫米　1/16　印张：14　字数：336千字

2024年11月第一版　2024年11月第一次印刷

定价：**58.00**元

ISBN 978-7-112-30531-5

（43874）

本书编委会

主　　编：赵志刚　史东坤

副 主 编：丰雪松　杨　霖　胡　平　李　帅

王一武　杜梦然　李贡能　张军军

参编人员：郝彦平　曾开盛　康春明　刘瑞斌　王圣东

曹　勇　徐龙杨　蒋君飞　蒋贤龙　缪克龙

孙　鹰　邓　锋　邹双林　钟德林　闫海滨

金冰梁　李永哲　梁　权　李世勇　张丽君

罗　欢　周　翔　高　辉　马林军　何建国

戴启军　张　纲　李　涛　颜俊龙　李　斌

陈有地　鲜小康　石成勇　杜传良　孙兵兵

朱向东　洪九铜　马正斌　可　贺　唐明月

刘　影　刘学思　禹　洋

前　言

本书以工程进展各阶段生产经理工作内容为主线，结合生产经理实际工作，开篇写清楚生产经理的定位及职业规划、项目开工准备阶段、项目实施阶段、项目收尾阶段等各阶段生产经理工作重难点，书籍更加贴近施工现场，更加符合施工实战。能更好地为高职高专、大中专土木工程类及相关专业学生和土木工程技术与管理人员服务。

此书具有如下特点：

（1）图文并茂，通俗易懂。书籍在编写过程中，以文字介绍为辅，以大量的施工实例为主，系统地对生产经理工作内容进行详细的介绍和说明，文字内容和施工实例直观明了、通俗易懂。

（2）紧密结合现行建筑行业规范、标准及图集进行编写，编写重点突出，内容贴近实际施工需要，是施工从业人员不可多得的施工作业手册。

（3）学习和掌握本书内容，即可独立进行生产经理工作，做到真正的现学现用，体现本书所倡导的培养建筑应用型人才的理念。

（4）本次编辑团队非常强大，主编及副主编人员全部为知名企业高层领导，施工实战经验非常丰富，理论知识特别扎实。

本书由赵志刚担任主编，由北京益汇达清水建筑工程有限公司史东坤担任第二主编；由中国十五冶金建设集团有限公司丰雪松、北京未来科学城置业有限公司杨霖、中信国安建工集团有限公司胡平、山东盈先信息科技有限公司李帅、浙江鑫冶工程咨询有限公司王一武、北京经开亦成建设工程有限公司杜梦然、江西中昌建设工程有限公司李贡能、北京城建集团有限责任公司张军军等担任副主编。本书编写过程中难免有不妥之处，欢迎广大读者批评指正，意见及建议可发送至邮箱 bwhzj1990@163.com

编者

2024 年 6 月

目 录

第1章 1

生产经理的工作重点和职业技能

1.1 生产经理的总体定位

生产经理对于一个施工项目是举足轻重的关键性岗位，主要是由于生产经理的工作定位所决定的。生产经理的工作成效对于项目现场的进度、安全、质量、成本、环保、创优等项目管理目标具有决定性的影响作用。项目生产经理在施工项目部的总体工作定位如下：

（1）项目生产经理是负责施工现场全面生产管理的直接领导者。生产经理是施工项目部主要领导班子成员之一，接受项目经理的领导，协调项目总工，负责组织和指挥项目施工现场的全面生产管理工作；生产经理与项目总工和项目经理共同组成三足鼎立的项目部领导班子，对项目施工管理中的工程工期、质量、成本、安全生产和环境保护等主要管理目标负直接领导责任。

施工项目部项目经理是指在施工企业任职，与施工企业之间以项目经理责任制为核心关联，领导工程项目专业管理人员，协调上下游资源配置与关系，在施工企业下达的项目责任成本范围内，对工程项目实施以质量、进度、安全、成本及环保为主要管理目标的系统管理，按时、优质完成工程项目建设的全部工作内容，让业主单位、施工企业和社会三个目标主体都达到满意的项目管理执行负责人。

在项目招标投标阶段、施工准备阶段、施工实施阶段和竣工收尾与维保阶段等项目建设的全过程阶段中，以项目生产经理为代表的项目工程管理人员，在项目经理的领导和授权下，承担着最繁重的生产建造任务，是贯穿项目施工管理过程的关键性人物，决定着一个施工项目最终为业主和社会及施工企业本身履约的成功与否。生产经理一般都是项目部的常务副经理或排名第一的副经理，既是项目上统筹现场生产的实践者，也是项目领导者和建筑企业职能部门的服从者，更是贯通项目顶层与项目部各部门之间的连接桥梁。与项目经理第一责任人的职责不同，生产经理除了负责项目现场全面生产管理等内容外，更强调对于工程项目及工程施工生产管理人员的协调、组织管理的领导能力。

（2）项目生产经理是工程施工技术标准、规范的组织实施者。生产经理负责项目施工生产全过程管理工作，首先是要按照合同要求，严格遵守施工技术标准、验收规范及施工操作规程，监督和指导现场施工生产，做好施工现场CI管理和文明施工管理，按期优质完成项目合同各项内容，满足业主方的合同要求，实现圆满履约交付。

在项目施工准备阶段，生产经理主要负责项目临时设施建设规划、项目关键节点进度控制策划、环境管理重大风险控制策划、绿色施工管理策划、项目生产与进度计划管理、项目分包计划、分包商选择策划、物资需用总计划、机械设备需求总计划、项目劳务需求计划等十个方面的工作。

在项目施工实施阶段，生产经理在项目管理各实施系统中主要负责的工作内容有：年度、季度、月度和周（旬）计划编制、实施和总结与考核，工期风险与影响事件，项目安全检查及例会，安全技术交底与验收，劳务工人安全教育与实名制管理，项目月度、季度目标考核与奖惩兑现，设计变更管理，工程技术洽商管理，双优化实施管理，阶段性分包招采计划，日常、月度、季度物资需求计划，日常、月度、季度机械设备需求计划，重要环境因素监测，劳务分包商进场管理与考核，优秀分包商评选等。

在项目竣工收尾与维保阶段，生产经理主要负责项目交竣工验收准备、分包商清算退场、质量管控总结、安全管理总结、绿色施工总结评价、项目奖项申报等工作。

（3）项目生产经理是企业各项管理规章制度的直接落地执行者。工程项目是建筑施工企业为客户提供服务的载体，项目部是施工企业针对特定工程项目建立的一次性组织机构，是施工企业为履行与业主签订的工程合同而设立的授权组织机构，其主要任务是在建筑产品生产的同时对投入和产出进行管理与同步核算，为企业创造经济效益和社会信誉。项目部对外代表企业履行与业主（客户）签订的工程施工承包合同，为业主服务，追求业主满意；对内以项目的安全、质量、工期、成本、环保等主要目标为中心，按照由企业批准的《项目管理目标责任书》中规定的管理目标和责任，通过项目现场生产管理，对项目生产要素进行优化配置、动态管理，全面完成其与企业签订的目标管理责任书。

项目部要完成企业的各项管理目标和任务，必须通过现场各项生产经营管理制度来落实，项目部层级的各项规章管理制度，必须是在符合企业的各项规章制度和办法的前提下制定的，如何能够在项目部贯彻落实、有效执行企业的各项生产管理制度及项目的各项策划文件目标要求，生产经理是项目现场施工生产全过程的直接指挥和执行者，是贯通联结企业各职能部门与项目部现场的关键人员。

（4）项目生产经理是项目参建各方内外部关系的沟通协调者。项目参建各关联方有业主、企业、社会三大利益主体和分供方、相关方、项目部员工三大利益相关方，分为对外和对内两个体系，对外有业主单位、设计单位、监理单位、政府主管部门和质量安全监管部门等，对内有企业总部、所属总包单位、分包单位、材料和设备供应商等。生产经理作为项目现场的生产指挥者，要负责及时搜集内外部的各方信息，及时反馈到项目部。在首先考虑到业主方的各项建设意图和各种工作要求的基础上，综合依据各方利益的一致性、共赢性和建设目标的统一性的原则，提出具有针对性的调整方案或部署，及时组织动态实施。中型、大型、特大型项目组织机构见图1.1-1、图1.1-2。

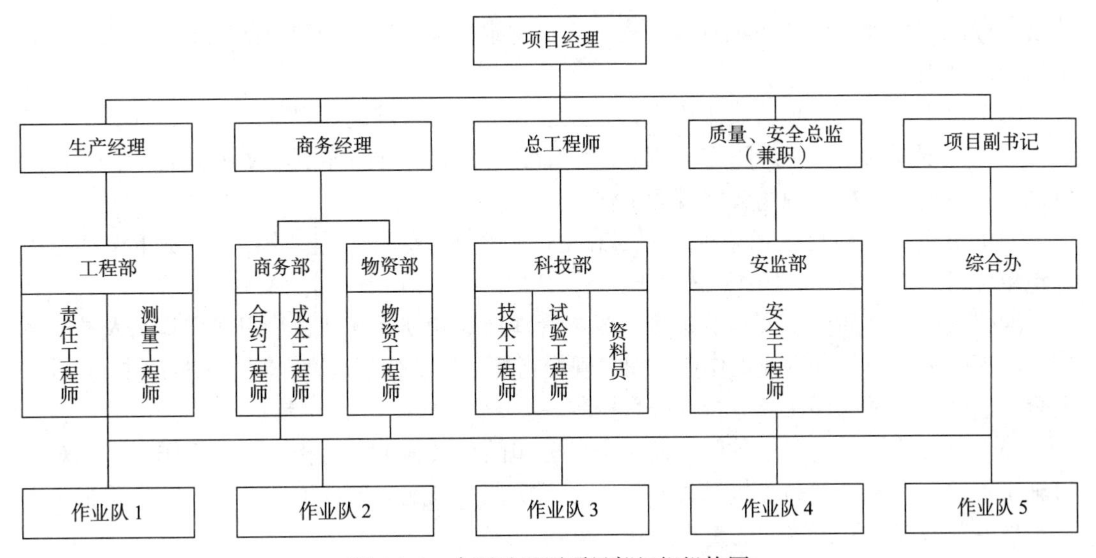

图 1.1-1　中型及以下项目部组织机构图

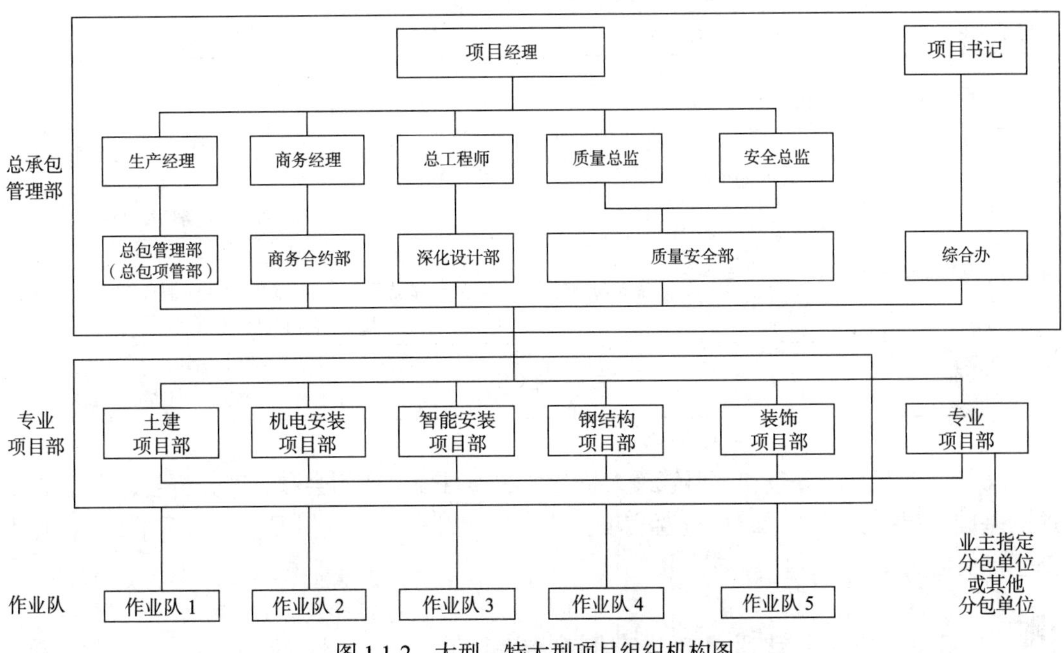

图 1.1-2　大型、特大型项目组织机构图

1.2　生产经理的工作内容

按照项目部岗位职责和项目部施工阶段任务划分，可以从以下两个层面来表述项目部生产经理的工作内容。

1. 按照项目部岗位职责管理分工，协助项目经理开展的工作

（1）认真贯彻执行国家、行业、地方政府颁布的有关工程建设的方针、政策、法律、法规、标准规范和企业的各项规章制度等，自觉维护企业形象和项目部职工的权益，协助项目经理开展工作。

（2）负责组织实施项目施工组织设计及经企业本部批准的项目管理生产目标，负责工程项目施工现场的生产管理工作，直接负责项目进度管理、质量管理、文明施工、安全管理、机械设备、现场材料等现场各项管理工作。

（3）负责编制项目施工总进度计划和生产计划（年、季、月、周），负责审定和考核分包单位月、周计划，并组织贯彻实施。

（4）按照项目质量、安全、进度、成本管理计划和创优规划，组织现场施工人员严格按照施工标准、规范进行施工作业，加强现场指挥，科学合理调度，对施工过程中的质量、安全、进度、成本和环保等进行检查、控制。

（5）负责协调总包各工种间、总部与各分包间交叉施工中的相互配合工作，组织对项目施工资源（劳务、材料、机械设备等）进行协调、调配。项目生产经理负责协调企业内部和项目部各参建队伍之间的生产关系，见表 1.2-1。

施工项目经理部与企业本部关系协调　　表 1.2-1

序号	协调关系及协调对象			协调内容和方法
1	党政管理	与企业有关的主管领导	上下级领导关系	执行企业经理、党委决议，接受其领导执行企业有关管理制度
2	业务管理	与企业相应的职能	接受其业务上的监督指导关系	执行企业的工作管理制度，接受企业的监督、控制；项目经理部的统计、财务、材料、质量、安全等业务纳入企业相应部门的业务系统管理
		水、电、运输、安装等专业公司	总包与分包的合同关系	专业公司履行分包合同；接受项目经理部监督、控制，服从其安排、调配；为项目施工活动提供服务
		劳务分公司	劳务合同关系	履行劳务合同，依据合同解决纠纷、争端，接受项目经理部监督、控制，服从其安排、调配

（6）主持召开由分包和主要管理人员参加的项目部生产例会和进度分析会，在总结考评的基础上提出具体要求，检查落实项目施工生产计划和完成情况。见示例 1.2-1 某项目部生产例会制度。

【示例 1.2-1】某项目部生产例会制度

①项目部建立日、周、月生产例会制度。

②生产经理或工程调度主持日生产例会，汇总当日完成情况，安排次日计划，协调资源，形成记录，工程调度记入调度日志中。

③生产经理或项目经理主持周、月生产例会，分析进度，提出措施，形成会议纪要，经生产经理或项目经理签署意见，工程调度计入调度日志。

④参加业主、监理和公司组织的生产例会，会议内容应及时在项目部生产例会上传达，贯彻执行。

⑤必要时，可邀请公司参加项目部月度生产例会。

（7）保持与业主、监理和总包之间的密切联系，在授权范围内负责内外部协调工作，协助建立合适的沟通协商和信息交流渠道，及时掌握业主方意图和对各项工作的意见，按照业主要求，及时调整施工部署和措施。生产经理负责协调项目部各参与建设方关系，见表 1.2-2。

项目经理部与建设相关方关系协调　　　　表 1.2-2

序号	协调关系及协调对象		协调内容和方法
1	发包人	甲乙双方合同关系（项目经理是工程项目的施工承包方的代理人）	双方洽谈、签订施工项目承包合同，双方履行施工承包合同约定的责任，保证项目总目标实现。依据合同及有关法律解决纠纷，在经济问题、质量问题、进度问题上达到双方协调一致
2	监理工程师	监理与被监理关系（监理工程师是项目施工监理人，与业主有监理合同关系）	按《建设工程监理规范》GB/T 50319 的规定，接受监理和相关的管理，接受业主授权范围内的监理指令，通过监理工程师与发包人、设计人等关联单位经常协调沟通，与监理工程师建立融洽的关系
3	设计人	平等的业务合作配合关系（设计人是工程项目设计承包人，与业主有设计合同关系）	项目经理部按设计图纸及文件制订项目管理实施计划，按图施工，与设计单位搞好协作关系，处理好设计交底、图纸会审、设计洽谈变更、修改、隐蔽工程验收、交工验收等工作
4	供应人	有供应合同者为合同关系，无供应合同者为市场买卖、需求关系	双方履行合同，利用合同的作用进行调节，充分利用市场竞争机制、价格和制约机制、供求机制的作用进行调节
5	分包人	总包与分包的合同关系	选择具有相应资质等级和施工能力的分包单位，分包单位应办理施工许可证，劳务人员有就业证，双方履行分包合同，按合同处理经济利益、区分责任、解决纠纷。分包单位接受项目经理部的监督、控制
6	主管部门	相互配合、协作关系，相应法律、法规约束关系（业主施工前应去主管部门办理相关手续并取得批准文件）	项目经理部在业主取得主管部门批准文件后，方可在遵守主管部门的有关规定前提下，合理、合法施工。项目经理部应根据施工要求向有关主管部门办理各类手续，在施工活动中主动与主管部门保持密切联系，取得配合与支持，加强计划性，以保证施工质量、进度要求，充分利用发包人、监理工程师的关系进行协调

（8）参与工程各阶段的验收工作，具体负责质量事故、安全事故和环境污染事故的调查处理工作。

2. 按照项目部施工阶段划分，生产经理在项目施工全周期范围内的主要工作

（1）在项目施工准备阶段

企业启动项目并组建项目部后，任命生产经理。生产经理到任后，首先与项目部领导共同拟定项目管理目标，按照商务投标文件，结合项目实际情况，编制《项目管理目标责任书》初稿。在项目管理前期策划中，生产经理主要负责实施性施工组织计划中的施工准备及具体施工生产计划，项目总工期管理中的分年度施工进度计划，工程分包计划和劳务队选择，项目主要机械设备、主要物资材料配备及进场计划等，同时，参与图纸审核、安全生产责任制制定、项目成本策划等工作。

（2）在项目施工实施阶段

进入项目施工阶段后，生产经理主要负责施工项目的现场生产管理，是项目部施工生产的具体负责人，即施工生产对项目经理负责。主要对项目工期进度管理、物资设备管理、专业分包与劳务分包管理等工作，同时对项目现场质量、技术交底、安全生产与职业健康环境管理等工作承担生产责任。

（3）在项目交工收尾阶段

进入项目交工收尾阶段后，生产经理负责编制项目收尾工作计划，组织现场自检、调试等，负责向建设单位提出交竣工验收申请，配合建设单位组织进行竣工验收，验收通过后，将工程清理移交给建设单位，组织项目部各部门完成项目管理总结。

1.3 生产经理的基本技能

项目生产经理首先应该是敬业的、优秀的、专业的技术管理干部，既要有健康的身体还要有良好的心态，要品德端正、忠企爱岗、负责担当；其次一定要能够真抓实干，必须具有一定的专业技术知识、学习能力、管理能力、组织能力、分析判断能力和协调应变能力等。

（1）要有扎实的专业技术知识。应熟悉建筑工程技术标准和施工规范，掌握房建工程的各项施工工艺、工法，熟悉工程施工生产管理流程；应具备审查施工设计图的专业知识，能够编制施工组织计划和进度计划，能够掌握预算定额和施工定额，计算工程所需的人工、材料和机械设备数量；善于学习与总结，具备做好项目施工进度管理、现场质量安全管控、文明环保施工等方面的专业知识。

按照房建工程结构和安装工程分类，便于控制工序质量、部位质量，确保单位工程质量，对房建工程划分的分项、分部工程专业知识必须全面了解、熟悉和掌握。

房建工程按照建筑物或构筑物的主要部位，一般分为地基与基础工程、主体工程、地面与楼面工程、门窗工程、装饰工程、屋面工程六个分部工程。对于地下室工程，除将±0.000以下结构及防水部分的分项工程划分为地基与基础分部外，其他分项工程，分别纳入相应的地面与楼面、装饰和门窗等分部工程内。

房建工程六个分部所包含的分项工程如下：

①地基与基础工程：土方、爆破，灰土、砂、砂石和三合土地基，重锤夯实地基，强夯地基，挤密桩地基，振冲地基，旋喷地基，打（压）桩，灌注桩，沉井和沉箱，地下连续墙，模板，钢筋，混凝土，防水混凝土，预应力混凝土，砌石，砌砖，水泥砂浆防水层，卷材防水层，钢结构焊接，钢结构螺栓连接，钢结构制作，钢结构安装，钢结构油漆，构件安装等分项工程。

②主体工程：模板，钢筋，混凝土，预应力混凝土，构件安装，砌石，砌砖，钢结构焊接，钢结构螺栓连接，钢结构制作，钢结构安装，钢结构油漆，木屋架制作，木屋架安装，屋面木骨架等分项工程。

③地面与楼面工程：地面基层，整体楼、地面，板块楼、地面，木质板楼、地面等分项工程。

④门窗工程：木门窗制作，木门窗安装，钢门窗安装，铝合金门窗安装等分项工程。

⑤装饰工程：一般抹灰，装饰抹灰，清水砖墙勾缝，油漆，刷（喷）浆，玻璃安装，裱糊，饰面，罩面板及钢木骨架，细木制品，花饰安装等分项工程。

⑥屋面工程：屋面找平层，保温（隔热）层，卷材屋面，油膏嵌缝涂料屋面，细石混凝土屋面，平瓦屋面，薄钢板屋面，波瓦屋面，水落管等分项工程。

建筑设备安装工程按照工程专业划分为建筑供暖卫生与煤气工程，建筑电气安装工程，通风与空调工程，电梯安装工程等四个分部。

四个分部工程所含的分项工程为：

①建筑供暖卫生与煤气工程：室内有给水管道安装，给水管道附件及卫生器具给水配件安装，给水附属设备安装，排水管道安装，卫生器皿安装，供暖管道安装，供暖散热器及太阳能热水器安装，供暖附件设备安装，锅炉附属设备安装，锅炉附件安装等分项工程。室外有给水管道安装，排水管道安装，供热管道安装，煤气管道安装，煤气调压装置安装等分项工程。

②建筑电气安装工程：架空线路和杆上电气设备安装，电缆线路、配管及管内穿线，瓷夹、瓷柱（珠）及电瓷瓶配线，护套线配线，槽板配线，照明配线用钢索及硬母线安装，滑接线和移动式软电缆安装，电力变压器安装，高压开关安装，成套配电柜（盘）及动力开关柜安装，低压电器安装，电机的电气检查和接线，蓄电池安装，电气照明器具及配电箱（盘）安装，避雷针（网）及接地装置安装等分项工程。

③通风与空调工程：金属风管制作，硬聚氯乙烯风管制作，部件制作，风管及部件安装，空气处理室制作及安装，消声器制作及安装，除尘器制作及安装，通风机安装，制冷管道安装，防腐与油漆，风管及设备保温，制冷管道保温等分项工程。

④电梯安装工程：曳引装置组装，导轨组装，轿厢与层门组装，电气装置安装，安全保护装置试运转等分项工程。

生产经理对上述房建工程六个分部所包含的分项工程和建筑设备安装工程四个分部工程所含的分项工程的专业基本知识内容，应该做到熟练掌握。

（2）要有丰富的现场管理经验。在项目施工的各阶段，能够熟练地安排部署现场各大专业施工生产计划，合理安排各专业分项工程进度，有效防控生产中存在的质量、安全管理风险，能够独立分析和解决现场的实际问题。

在施工准备阶段，生产经理要做好施工“五准备”工作，包括落实合同工期、质量目标、安全目标等各项生产目标，临时设施现场准备，组织劳动力进场，组织机械设备就位运转，协调材料购置进场等。

要做好现场质量管理工作。做好项目全面质量管理，把握事前、事中、事后三控制，用制度、程序、体系来保证工程施工质量。做好质量品牌创建，协助项目建立项目质量管理体系，做好项目质量策划和创优工作，关键和特殊过程管理要组织工程隐检、预检；参加分部及单位工程质量验收；负责项目质量改进工作，组织质量例会和质量分析会；协助项目经理抓好质量意识教育培训；参与项目的科研开发和新技术的推广应用；做好施工技术培训和经验交流、总结。

要落实现场安全生产职责。“管生产必须管安全”，《中华人民共和国安全生产法》对生产经理的法律规定是，生产经理对现场施工安全生产管理负直接领导责任。主持项目工程安全技术交底，编制好施工组织设计与专项方案中的安全防护措施，并检查、监督、落实；主持制定季节性施工方案中的安全防护措施；主持安全防火设施及设备的交付验收；做好对现场“四新”技术的安全培训；带队开展安全生产检查；参加工伤以及未遂事故的调查，从施工管理角度进行分析，提出意见。

要制定完善的施工管理制度并督促执行。主要应制定：技术文件管理制度，施工组织设计及施工方案管理制度，技术交底管理制度，施工测量管理制度，现场计量管理制度等。

做好事前、事中、事后三控制。在事前要组织编写施工组织设计、质量计划、创优计划、质量保证体系；在事中按各种程序进行检查和控制，贯彻执行质量方面的规定，参加主体结构及工程竣工验收；事后对工程质量事故进行调查和处理，对工程质量管理工作进行总结。领导和组织项目质量保证体系的运行，加强全面质量管理，确保质量目标的实现。

做好项目物资管理。除了要把好材料的质量关，还要会提出正确的材料进场计划，以保证工期的顺利进行。

（3）要有卓越的组织协调能力。在施工阶段，能够有效地组织穿插施工、交叉作业，有效协调总包与分包的合作，合理组织各材料供应商的分批次进场供货等。

（4）要有良好的交流沟通能力。有效与业主单位、监理单位和政府质量监督管理部门等进行沟通协调。

项目生产经理不仅要协调项目部内部各生产要素之间的关系，还要协助项目经理积极主动协调项目属地政府相关部门之间的各种业务关系。见表 1.3-1。

项目经理部与政府相关部门关系协调　　表 1.3-1

序号	关系单位或部门	协调内容和方法
1	政府建设行政主管部门	接受政府建设行政主管领导、审查，按规定办理好项目施工的一切手续； 在施工活动中，应主动向政府建设行政主管部门请示汇报，取得支持与帮助； 发生合同纠纷时，政府建设行政主管部门应给予调节或仲裁
2	质量监督部门	及时办理建设工程质量监督通知单等手续； 接受质量监督部门对施工企业全过程的质量监督、检查，对所提出的质量问题及时改正； 按规定向质量监督部门提供有关工程质量文件和资料
3	金融机构	遵守金融法规，向银行借贷，委托，送审和申请，履行借贷合同； 以建筑工程为标的向保险公司投保
4	消防部门	施工现场有消防平面布置图，符合消防规范，在办理施工现场消防安全资格认可证审批后方可施工； 随时接受消防部门对施工现场的检查，对存在问题及时改正； 竣工验收后还须将有关文件报消防部门，进行消防验收，若存在问题，立即返修
5	公安部门	进场后应向当地派出所如实汇报工作性质、人员状况，为外来劳务人员办理暂住手续； 主动与公安部门配合，消除不安定因素和治安隐患
6	安全监察部门	按规定办理安全资格认可证、安全施工许可证、项目经理安全生产资格证； 施工中接受安全监察部门的检查、指导，发现安全隐患及时整改、消除
7	公证鉴证机构	委托合同公证、鉴证机构进行合同的真实性、可靠性的法律审查和鉴定
8	司法机构	在合同纠纷处理中，在调解无效或对仲裁不服时，可向法院起诉
9	环保单位	遵守公共关系准则，注意文明施工，减少环境污染、噪声污染，搞好环卫、环保、场容场貌、安全等工作； 遵守社区居民、环卫、环保单位的意见，改进工作，取得谅解、配合与支持
10	园林绿化部门	因建设需要砍伐树木时，须提出申请，报园林主管部门批准； 因建设需要临时占用城市绿地和绿化带时，须办理临建审批手续，经城市园林部门、城市规划部门、公安部门同意，报当地政府批准
11	文物保护部门	在文物较密集地区进行施工，项目经理部应事先与省、市文物部门联系，进行文物调查或勘探工作，若发现文物要共同商定处理办法。施工中发现文物，项目经理部有责任和义务，妥善保护文物和现场，并报政府文物管理机关及时处理

1.4 生产经理的素质要求

（1）较强的责任心和敬业精神，能以身作则，有过硬的工作作风和良好的职业道德修养。生产经理首先要具有过硬的政治素质，自觉以马克思列宁主义、毛泽东思想、邓小平理论、“三个代表”重要思想、科学发展观和习近平新时代中国特色社会主义思想为指导，增强“四个意识”，坚定“四个自信”，做到“两个维护”，坚决执行党和国家的方针政策和上级的重大决策部署，坚持和维护党的民主集中制，严格遵守党的政治纪律和政治规矩，自觉在思想上、政治上、行动上与党中央和上级组织保持一致。生产经理要具备良好的职业道德修养，要有对企业的忠诚感和对工作的敬畏心，必须具备较强的执行力和坚守底线的能力，同时具备优良的个人品质，良好的人格，胸怀宽广，以身作则，以诚待人。

（2）要有较丰富的专业理论基础知识和现场施工管理经验，能处理和解决一般及较难的现场施工生产问题。生产经理必须具备丰富的工程汲取经验，特别是要有多项完整的同类工程施工生产管理经验，从项目前期准备阶段开始参与，到施工建设全过程的具体管理控制，再到项目竣工的总结和收尾，特别是施工总结的编辑整理和移交工作，只有自己真正亲自干过，才能在工作中理解新的要求和汲取经验、总结教训。生产经理要善于在现场发现问题并解决问题，而不是完成了任务就行，必须从企业层面的角度来完成好项目任务。如在规模较大的项目上，工程施工中有可能包含多种专业的事情需要解决，生产经理不可能做到全部都懂，想要组织好施工生产，必须培养有效组织企业内部和外部的资源来为项目建设服务的基本能力。

（3）熟知相关工程法律规范标准、企业管理制度、岗位职责要求，对生产管理工作流程、工作内容等思路清晰。项目经理部的目标任务是完成施工合同的工期目标、安全目标、质量目标、文明施工目标及创优目标，同时还要完成企业下达的项目管理商务目标。生产经理的职责不仅仅是在现场组织施工生产完成任务，项目管理的各项目标都会牵涉到生产经理的工作，生产经理应该明白自己在项目管理中的现场统筹指挥作用，带头做好自己的工作，为顺利完成项目工期、安全、质量、成本、环保等目标而努力。

（4）勇于吃苦耐劳，敢于开拓进取，创新管理和运用“四新”技术，在思想上、业务能力上、工作作风上成为管理技术人员的楷模。生产经理要全力支持项目经理的工作，并能带领全体施工技术管理人员做好现场生产管理工作，生产经理的职责更多地要放在现场管理上，而不是在非常具体的业务上，既要自身过硬，以身作则努力地工作，更要能带动项目部全体干部职工共同努力工作。

要组织好经常性的专业技术培训教育工作：组织施工技术人员熟悉图纸，并对施工图纸与现场实际中存在的问题与设计单位、建设单位、监理单位进行交流协商，力争达到设计最优、质量可控、各方均满意的效果；在图纸会审及设计交底的基础上，牵头组织编制施工组织设计及专项施工方案并进行技术、安全交底和现场落实；充分考虑现场的工、料、机及环境等实际情况，协助项目总工完善专项施工方案和各项措施。

（5）具备团队建设的激励能力，培养人才的能力。生产经理要具备一定的思想高度，要有一个好的态度，有较强的持续学习能力，不懂的可以学，会的可以变得更精通，要在工作中不断地总结，善于系统地思考，实现更高层次的管理。生产经理一定要充分展示人格魅力及管理艺术，创建优秀的学习型管理技术团队，营造出积极向上的良好工作氛围，使所有技术管理人员能够得到提升，快速团结一心、努力工作。

（6）具有良好的人际关系、交流沟通能力。生产经理一定要会沟通，对外要与项目业主单位、设计单位、地勘单位、监理单位及政府主管职能部门进行交流沟通，对内要与项目各级分包商、材料供应商、企业内部各职能部门处理好关系。能针对工作中的施工质量、安全、技术问题与各方面进行有效的沟通。要想做到有效沟通，自己就应该专业、内行，就要具有过硬的专业知识和实践经验，而且要敢于承担责任，遇事要冷静，保持清醒头脑，对事不对人，一切从项目业主出发，一切以客户和社会的利益为重，同时要兼顾好企业和项目部的综合效益。通过项目平台广交各方朋友，为项目履约奠定良好的基础。

（7）自身学习基础和从业经历要符合企业的基本要求。生产经理原则上应该来自施工单位基层一线，应该经过多个岗位锻炼（施工员、技术员、施工主管、工程部部长等），具备工程师及以上职称，工作经历至少 3 年以上，从事施工管理或技术管理岗位 1 ~ 2 年，具备 1 ~ 2 项工程施工实践管理经验，施工过 1 ~ 2 个相对完整的类似专业项目。

见示例 1.4-1 某建筑工程公司项目生产经理任职资格条件。

【示例 1.4-1】某建筑工程公司项目生产经理任职资格条件

1. 项目生产经理任职基本资格：

（1）学历职称要求：应具有第一学历为普通正规高等院校大专及以上学历或中级及以上专业技术职务。

（2）工作经历：本企业 5 年以上从事项目管理工作的经历。

（3）专业要求：具有所应聘岗位要求的专业知识，熟悉国家相关法律、法规、规范、标准或制度等，能熟练使用计算机。

（4）熟悉公司历史和管理制度，无不良记录且组织沟通与协调能力满足业主要求。

（5）取得国家规定的项目经理资质证书或取得注册建造师资格证书。

（6）经考核具备公司规定的基本素质和能力。

（7）身体健康，能胜任项目生产管理工作。

（8）爱岗敬业，具有奉献精神。

2. 特大型工程项目生产经理岗位任职资格：

（1）8 年内曾担任过大型及以上工程的项目生产经理，或特大型工程项目副经理，或相当于同等职位及以上者（包括企业总部部门经理，分公司领导）。

（2）所负责的项目均能完成项目目标管理责任书约定的成本目标和效益目标，没有发生因项目管理原因导致的质量和工期投诉。

（3）所负责的项目没有发生重大安全生产责任事故和重大环境污染责任事故。

3. 大型工程项目经理岗位任职资格：

（1）5 年内曾担任过中型及以上工程的项目生产经理，或大型工程项目副经理，或相当于同等职位及以上者。

（2）所负责的项目均能完成项目目标管理责任书约定的成本目标和效益目标，没有发生因项目管理原因导致的质量和工期投诉。

（3）所负责的项目没有发生较大安全生产责任事故和较大环境污染责任事故。

4. 中小型工程项目经理岗位任职资格：

（1）5 年内曾担任过小型及以上工程的项目生产经理，或中型工程项目副经理，或相当于同等职位及以上者。

（2）所负责的项目均能完成项目目标管理责任书约定的成本目标，没有发生因项目管理原因导致的质量和工期投诉。

（3）所负责的项目没有发生较大安全生产责任事故和较大环境污染责任事故。

（4）初次担任项目生产经理时，近五年内应担任过现场责任工程师、技术工程师、造价工程师或安全工程师中 2 个以上岗位（每一岗位需经历过至少 1 个完整的项目）职务。

5. 国外项目生产经理任职资格：

除具备国内同类型项目的项目生产经理规定的基本任职资格外，还需具备如下条件：

（1）中级以上专业技术职称，5 年以上工作经验，有海外施工工作经验者优先。

（2）为人正直，具有较强的组织、协调和领导能力。

（3）身体体检指标符合国外工作要求。

（4）有一定的英语基础并具备一般的读说写能力或英语过六级者优先。

6. 有以下情况之一，不得担任项目生产经理：

（1）任职过分公司分管生产副职领导，分公司发生亏损或对亏损负主要领导责任的。

（2）任职过项目生产经理，任职的项目发生绝对亏损且经受责任处罚期未满 5 年的。

（3）任职过项目生产经理，但未完成项目授权内承包合同约定的经济指标，或经审计确认对未完成的经济指标负主要责任，且处罚期未满 3 年的。

（4）近 3 年内所负责的工程发生重大质量安全事故的。

（5）近 5 年内因其管理项目不善而被政府相关部门通报或曝光，对企业信誉造成重大影响的。

（6）个人的人格品质、责任心、忠诚度不能满足企业要求的。

1.5　生产经理的现场管理

1.5.1　项目施工准备阶段

指在实施阶段前期，从企业中标组织人员进场开始，到项目实体工程动工前，先期进行人、机、料等生产资源准备、成本测算、技术策划、关系对接和手续办理等系列工作活动的一段时间。施工准备阶段的工作内容与后续施工实施阶段一般是承接关系，逐步标准化、规律化，通过细化、落实和改进过渡到施工实施阶段，没有明确的界面或停止点。

就施工准备阶段而言，生产经理在各实施系统主要的工作内容，总结汇总按参与类型分共有主导型 9 项、参与型 11 项、参与 / 审核型 1 项、配合型 4 项。

参与类型的简要说明：

（1）主导型，是指该项工作由项目生产经理牵头组织，工作的主要过程由项目生产经理亲自进行或指导完成，项目生产经理对该项工作的成果负首要责任。

（2）参与型，是指该项工作由相关部门人员发起，工作需工程管理参与完成，在项目生产经理的参与或指导下进行，项目生产经理对该工作成果负现场履约落实责任。

（3）参与 / 审核型，是指该项工作由项目生产经理或其他部门人员发起，并在相关人员指导下完成，成果须由项目生产经理审核后实施，项目副经理对该工作成果负领导责任。

（4）配合型，是指该项工作由相关部门人员发起，工作需在工程管理部门配合下完成，该工作成果由相应主责部门负责，项目生产经理承担配合完成工作的职责。

在施工准备阶段，生产经理将重要节点控制策划、分包选择策划管理标准化流程、环境管理重大风险控制策划、绿色施工策划管理标准化流程、项目生产与进度管理、项目分包及劳务实名制管理、物资需求总计划、生产计划模型立项、编制项目劳动力需求计划等 9 项主要工作为主导型责任；对项目开工管理、施工准备、项目施工现场情况调查、计划编制（施工总进度计划、节点控制计划）、工期穿插、商务管理中岗位责任书签订、风险金预留、商务策划交底、商务策划动态调整、科技创新中图纸管理、环境受控文件清单等 11 项主要工作参与完成；对商务策划编制与审定工作承担审核责任；对编制安全制度管理、编制安全生产费用投入计划、编制施工组织设计管理、物资采购计划管理等 4 项主要工作配合完成。

1.5.2 项目施工实施阶段

施工实施阶段是指在施工准备阶段后，从项目正式破土动工开始，到项目实体工作完成、竣工验收时间前，按照项目目标策划、施工组织部署，组织各方面生产要素资源，通过各项管理手段，最终完成合同约定的各项工作，所进行的系列工作活动的一段时间。该阶段的工作内容与后续竣工收尾和维保阶段具有比较明确的界面，大部分工作活动在此阶段尾声结束，剩余部分验收、维保和结算工作在最后一阶段进行。

在施工实施阶段，生产经理是最繁忙的，项目生产经理在各实施系统主要的工作内容，总结汇总后按参与类型分，共有主导型 18 项、主导 / 参与型 2 项、主导 / 审核型 1 项、参与型 20 项、审核型 13 项、参与 / 审核型 4 项、配合 / 审核型 1 项、配合型 3 项；按工作频次分共有单次 6 项、按需 / 次 38 项、周期性工作 17 项、按计划 / 次 1 项。

其中，在施工管理中，编制月度、周计划和阶段性节点计划，计划的具体实施，计划的总结与考核，工期风险评价与影响事件，现场劳务人员月度安全生产教育培训，节假日安全生产教育，安全生产技术交底月度例会，安全技术交底，现场行为安全之星表彰，设计变更现场核查管理，工程洽商申请、洽商内容复核，双优标准化实施管理，工程资料编制管理，阶段性分包招采计划，物资日常与月度需求计划，重要环境因素监测，应急管理，优秀分包商评选等 18 项主要工作为主导型。

见表 1.5-1 中建某局项目生产经理《项目每日情况报告表》。

项目每日情况报告表 **表 1.5-1**

项目名称		项目编码	
报告日期	年　月　日	星期	
天气	□非常晴朗　□晴朗　□多云　□雨　□雪　□冰冻		
温度	□≤ 0℃　□0 ~ 10℃　□10 ~ 21℃　□21 ~ 30℃　□≥ 30℃		
风力	□静风　□中等　□大风　□台风		

续表

<table>
<tr><td>湿度</td><td colspan="5">□干燥　□中等　□湿润</td></tr>
<tr><td colspan="6">一、主要作业面情况</td></tr>
<tr><td>工序 / 工作 / 作业名称</td><td>进度计划编号</td><td colspan="2">主要分包商或作业队</td><td colspan="2">负责人</td></tr>
<tr><td></td><td></td><td colspan="2"></td><td colspan="2"></td></tr>
<tr><td></td><td></td><td colspan="2"></td><td colspan="2"></td></tr>
<tr><td colspan="6">二、主要劳务人员情况</td></tr>
<tr><td rowspan="2">劳务、分包单位名称</td><td colspan="2">作业人员数量（人）</td><td colspan="3" rowspan="2">主要工作内容</td></tr>
<tr><td>日</td><td>夜</td></tr>
<tr><td></td><td colspan="2"></td><td colspan="3"></td></tr>
<tr><td></td><td colspan="2"></td><td colspan="3"></td></tr>
<tr><td colspan="6">三、主要物资（设备）进场情况</td></tr>
<tr><td>物资名称</td><td>规格</td><td>数量</td><td>检验情况</td><td colspan="2">试验情况</td></tr>
<tr><td></td><td></td><td></td><td></td><td colspan="2"></td></tr>
<tr><td></td><td></td><td></td><td></td><td colspan="2"></td></tr>
<tr><td colspan="6">四、主要施工设备情况</td></tr>
<tr><td>设备名称</td><td colspan="2">型号</td><td>状态</td><td colspan="2">工作台班</td></tr>
<tr><td></td><td colspan="2"></td><td></td><td colspan="2"></td></tr>
<tr><td></td><td colspan="2"></td><td></td><td colspan="2"></td></tr>
<tr><td colspan="6">五、重要来访人员情况</td></tr>
<tr><td>时间</td><td>姓名</td><td>单位及职位</td><td>来访目的</td><td colspan="2">备注</td></tr>
<tr><td></td><td></td><td></td><td></td><td colspan="2"></td></tr>
<tr><td></td><td></td><td></td><td></td><td colspan="2"></td></tr>
<tr><td colspan="6">六、主要进度完成情况</td></tr>
<tr><td colspan="6">□按计划完成：　　　　□有延误，见下表：</td></tr>
<tr><td>工序 / 工作 / 作业名称</td><td colspan="2">延误原因</td><td>措施</td><td colspan="2">备注</td></tr>
<tr><td></td><td colspan="2"></td><td></td><td colspan="2"></td></tr>
<tr><td></td><td colspan="2"></td><td></td><td colspan="2"></td></tr>
<tr><td colspan="6">七、需要相关方（业主、企业、项目部等）解决的问题：</td></tr>
<tr><td colspan="6">八、本日重大事项：</td></tr>
<tr><td colspan="6">九、工作小结：</td></tr>
<tr><td colspan="6">生产经理签名：</td></tr>
</table>

注：项目生产经理亲自填报整个项目部每日情况报告。报告包括的时间为当天上班时间到次日上班时间，提交报告的时间不迟于次日上午的 12 时。

1.5.3 项目竣工收尾和维保阶段

项目竣工收尾和维保阶段是指已按照合同约定基本完成各项施工工作任务，但仍有零星收尾工作需要处理。需在竣工验收前后完成零星收尾工作，并需要按照法定及相关标准要求，进行各专项验收工作及将完备的档案资料移交城建档案机构。该阶段的工作内容相对施工阶段比较单一，但工作强度相对较大，需要完成大量程序、档案及整改工作。该阶段标志着项目部整体工作接近尾声，商务结算工作开始全面推进。

在竣工收尾和维保阶段，生产经理在各实施系统主要的工作内容，总结汇总按参与类型分共有主导型 2 项、参与型 2 项。现场清理和工程实体移交 2 项主要工作是生产经理主导负责，工程资料归档及移交和工程保修与回访 2 项主要工作是生产经理参与负责的。

1. 现场清理

（1）项目部根据施工现场情况研究确定工地清理方案，制定《现场清理工作计划》，有序开展工程清理及剩余工作收尾、临时设施拆除、设施设备及剩余材料清理、场地清理、道路清理、废物垃圾清理、现场周边设施清理恢复等工作。

（2）现场清理工作由项目部工程管理部门牵头实施，负责现场清理工作的内外部协调，根据清理工作安排制订清理总体计划及每日作业计划，下达各工区或作业面，项目部物资、商务、安全、质量、环保等部门共同参与并实行分工负责制。各作业面做好《施工日志》，向项目部反馈《每日情况报告》，项目部工程管理部门及时督促协调。

（3）项目部工程管理部门督促现场各专业分包单位按计划开展现场的收尾清理工作，对剩余工程完成情况统计报量，掌握总承包合同范围内专业分包单位的施工任务完成情况，项目部商务管理部门依据合同向业主办理结算业务。

2. 工程实体移交

（1）项目部在工地清理完成后，由项目经理或委托生产经理牵头组织工程技术、质量、商务人员对工程收尾情况进行全面检查，确保工程设计图纸、变更等要求的全部施工内容无遗漏，向公司本部提出项目移交申请。

（2）公司本部组织相关方对工程进行检查验收，确认已满足合同要求，具备移交条件后，由项目部向业主提交工程移交申请，协商移交事宜，办理移交手续。

（3）工程移交后，按合同规定履行交工后服务，公司本部与业主协商交工后服务方式。根据需要确定留守工程现场的服务人员，提交现场维修人员及公司本部维修管理部门的通信联系方式等。

1.6 生产经理的职业规划

1.6.1 生产经理职业培养三步骤

项目施工主管在掌握一定的专业技能、沟通艺术、管理方法后，通过施工生产管理手册流程引导、导师带徒传帮带、带着业务去锤炼，在项目不同阶段分步骤地实施，基本上按照三阶段三十三步骤来实践，能够快速培养成长为一个合格的项目生产经理。简单概述如下：

1. 施工准备阶段

（1）将对项目起主要作用的相关资料动态归档、合理使用，并组织主要施工管理人员认真学习，理解合同文件、招标图纸、招标文件、协议书、施工图纸、建设单位下发的各种文件和行业规范、标准、规程、验标、指南等，建设单位及当地政府行业主管部门发布的文件，各种项目调查资料，与项目相关方的协议或书面往来资料，企业上级相关管理办法或制度或文件，竣工资料管理办法等。

（2）认真学习招标文件及合同文件，梳理出合同履约要求、项目总工期、分阶段节点工期、质量验收标准规范要求、安全环保要求、预付款条款、变更及签证条款、各项施工资料提交上报时限等，提供给相关部门负责人员办理相关资料，确保各项前期工作能够针对性地开展。

（3）项目所在地原材料调查、取样等，计算开工所需的各项工程物资材料总需求量和月度进场计划量，为及早做好开工需要的物资招采计划提供基础材料。

（4）组织召开施工准备策划分析会，认真梳理各种边界条件，并进行认识、分析、评估。

（5）组织施工技术人员进行图纸核对，发现问题后及时与项目总工汇报沟通（确保向有利于项目部的方向沟通），协助做好图纸会审及设计优化的前期策划工作。

（6）组织施工管理人员进驻施工现场开展调查和测量工作，筹划并确定临建方案和总平面布置及临建设施标准。

（7）编制项目策划文件（掌握各种边界条件，分析项目特点、重、难点及对策，明确项目区段划分及总体施工顺序、各种资源需求、工期目标、临建规划、成本商务策划等），达到企业要求的标准深度。

（8）组织施工管理人员进行各分项、分部工程危险源辨识、环境因素识别，列出危险源清单、环境因素清单；编制项目安全生产管理措施、环境保护措施；编写项目应急预案、重大环境因素管理方案。

（9）组织施工技术人员参与编制实施性施工组织设计及开工报告需要的各种资料（原材料调查及确定来源、劳动力计划、人员设备配置及进场计划等）。

（10）组织施工技术人员参与编写各种施工专项方案（临电、临建、深基坑支护、降水、塔吊安拆、施工电梯安拆、模板、钢筋、混凝土、外架、二次结构等），需要专家论证的，按照项目危险性较大分部分项工程专项方案编制并按规定进行论证。

（11）负责编制施工总进度计划和各分项工程施工进度计划，按照业主的建设工期规定，提前确定关键性节点形象进度计划。

（12）明确各种施工内业资料用表样式。各种施工记录、原材料检验批、测量交底、监测记录、安全巡查、技术交底、培训记录、会议记录等，当地政府和业主有专门要求的，必须符合属地的相关要求。

（13）规划并完成现场施工所需的各种图、表、牌的设计、制作及确定悬挂安装的位置，既要符合业主方的要求，同时又要符合所属企业的标准化标识管理的相关规定。

（14）编制项目部内部施工生产管理办法及其他管理制度，组织施工生产人员进行培训学习。

（15）负责编制施工分包策划，明确具体分包项目和内容，并对各种劳务分包、专业分包协议进行细致审查，确保其条款具有可操作性及严密性，确保条款权责全面界定清晰。

（16）加强与建设单位、设计单位、监理单位、检测机构等各方的密切联系，为项目的顺利施工创造更多有利条件。

（17）参与组织测算各分项的施工成本，为项目商务目标管理指标的确定提供基础依据，提出施工方案优化建议等。

（18）编制较好的项目策划及开工准备汇报材料，为本项目以后的各种汇报打好基础。确保汇报内容完整清晰，资料排版合理。

2. 项目实施阶段

（1）熟悉并掌握已经批准的项目实施性施工组织设计各项内容，实施性施工组织设计是项目生产管理的总纲领。

实施性施工组织计划是指导项目实施的纲领性文件，经批准的施工组织设计即作为项目实施的重要依据，具有强制性。施工组织设计由项目部组织，生产经理组织各工区与项目总工组织技术人员共同参加统一编制。编制原则要满足合同、设计、规范、标准要求，满足建设项目安全、质量、工期、投资效益、环境保护和技术创新“六位一体”管理目标要求，实事求是，合理配置资源，优化工艺，确保质量，降低成本。编制分类为每施工标段应编制总体施工组织设计，每个单位工程编制单位工程施工组织设计，重点工程（包括控制工程、技术复杂工程、施工难度大的工程、风险等级高的工程）编制专项工程施工组织设计。编制完成后按照规定报公司审批或备案，施工组织设计经内部审批后方可送交外部审查，外部审批按合同约定办理。

（2）科学制订进度计划，统筹平衡生产资源，控制项目关键线路，确保关键节点工期，按期实现合同约定。按照项目总体进度计划，制订年度进度计划、月（季）度进度计划、周进度计划，并分解各分项、各专业工程进度计划，下发项目生产年度进度计划和月度、季度进度计划，落实到具体分包商和劳务队。周、月、季进度计划由工程部主管进度工程师负责编制，部门复核后报生产经理审核，项目经理批准实施。

（3）建立日、周、月生产例会制度，定期组织召开每月生产例会。工程部部门负责人主持日生产例会，汇总当日完成情况，安排次日计划，协调调度生产资源，形成记录，工程调度记入调度日志中；生产经理主持周、月生产例会，分析进度，提出措施，形成会议纪要，经项目经理或生产经理签署意见，工程调度记入调度日志；生产经理要定期参加业主、监理和公司组织的生产例会，会议内容应及时在项目部生产例会上传达、贯彻执行。生产统计员每日、周末、月底根据现场施工员提供的基础数据，填报项目周施工进度统计表和月施工进度统计表。

（4）项目生产计划调整。生产经理应定期对进度计划和控制目标进行评价，当出于业主、监理的要求调整，不可抗力的影响，设计变更，公司批准等原因时，可进行调整。如出现生产计划调整事项后，当月生产例会研究提出计划调整方案和落实调整计划的主要措施，形成会议纪要，编制项目调整计划报告，按程序报批。项目调整计划报告包括：调整原因、调整措施、存在风险、需要公司解决的主要问题、调整后的项目总进度计划、当年进度计划以及相应的网络计划图等内容；调整计划按程序批准后，按合同要求办理工程联系单，及时向业主和监理办理相关手续。

（5）编制施工作业指导书。组织工程部门全体施工管理人员和现场施工技术人员，根据分部、分项工程施工具体要求，针对特殊过程、关键工序向施工人员交代作业程序、方法及注意事项，落实各项验收规范和标准，指导现场施工作业，严格控制工程质量，确保施工安全，满足节能环保要求。施工作业指导书应按照标准化管理理念，将先进成熟的工艺工法、科学合理的生产组织与建设标准、质量目标、安全要求以及现场施工条件结合起来进行编制，做到图文并茂，简明易懂，可操作性强。新开工大中型工程项目的分部、分项工程以及工艺复杂或技术难度大的工程，必须结合工程特点和实际情况编制施工作业指导书，并按照施工作业指导书组织施工，应编制而没有编制施工作业指导书的不得组织开工。

施工作业指导书主要内容包含：

①适用范围；

②作业准备；

③技术要求；

④施工程序与工艺流程；

⑤施工要求；

⑥劳动组织；

⑦材料要求；

⑧设备机具配置；

⑨质量控制及检验；

⑩安全及环保要求等。

施工作业指导书由项目生产经理组织项目工程部、主要施工管理人员、专业工程师认真审核设计文件，进行施工现场调查，领会设计意图，依据技术规范、验收标准、安全规定，采用成熟、先进的工艺工法，结合本企业的技术装备水平进行编写，根据试验段情况进行修订完善。 建设项目设计文件或验收标准中有工艺性试验要求的，应编制工艺性试验作业指导书，经建设单位组织审查后，以施工企业为主，设计、监理单位参与，进行试验，试验成功后形成施工作业书，经一个阶段实践检验后形成施工作业指导书。

施工作业指导书审核应满足业主要求。经审核后，应及时发布，针对不同人员及需要将作业项目内容及资料进行摘要并下发至现场管理人员及相关作业人员。在实施中要积极组织现场作业交底和人员培训，确保施工现场负责人、技术人员及主要作业人员全面掌握作业指导书的内容和要求。施工作业指导书不得与验标、补充验收标准、暂行技术条件和施工指南发生矛盾。

（6）典型（首段、首件）施工、工序及隐蔽工程验收。

1）典型（首段、首件）施工范围示例如下：

①采用新结构、新技术、新材料、新设备、新工艺的项目；

②施工条件、施工要素（人员、机械设备等）或工艺有重大变化的项目；

③必须通过试验确定或验证工艺、参数、质量标准的项目；

④创优样板或示范项目；

⑤对观感质量有特殊要求的项目；

⑥合同约定的项目；

⑦其他需要典型（首段、首件）施工的项目；

⑧典型（首段、首件）施工范围和计划应在施工组织设计中明确。

2）典型（首段、首件）施工方案由主管工程师编制，项目生产经理审核，监理有要求时，典型（首段、首件）施工方案应经批准后，方可实施。施工方案内容包括：

①典型（首段、首件）施工的目的；

②主要施工方法或工艺；

③技术组织措施；

④工程数量、实施时间、进度安排；

⑤典型（首段、首件）施工的检测；

⑥数据及记录等。

典型（首段、首件）施工技术交底可与其他施工技术交底共同进行，由生产经理组织，技术交底应形成交底记录。典型（首段、首件）施工由项目经理主持，生产经理具体承办。合同约定和设计有要求的典型（首段、首件）施工由企业技术负责人或分管领导主持，并邀请设计、监理和有关部门参加，安排专人做好过程详细记录，施工成果获得鉴定（或批复）后，正式工程才能实施。

（7）统筹做好现场综合调度与协调工作，对现场劳动力、材料、设备等生产要素进行动态管理和优化配置。项目部生产经理按照施工组织设计或分部分项工程施工方案统筹规划现场总平面布置，合理划分工区和作业面。做好分包商工作面、总平面与运输等方面的协调工作，并根据各个不同施工阶段的特点和要求，对总平面布置实时进行合理调整。各专业分包对作业场所、运输设备、场内交通、材料堆场、加工车间、仓库、临时设施及临电、临水等方面的需求，由专业分包和主管工程师向项目工程部提出使用申请，项目部生产经理通过生产月、周计划统筹安排垂直、平面运输计划，并下发相关部门和各专业分包。项目部应按划分的工区或作业面，明确施工、安全、质量、物资、设备等主管工程师，实行作业面的责任挂牌制管理。主管工程师就现场平面布局、垂直运输、平面运输方案对作业队伍进行交底，并做好现场协调与监督检查。

（8）项目劳务管理。《项目劳务实施计划书》是项目部《项目实施性施工组织设计》的组成部分，由工程部主管劳务管理工程师负责编制，经项目部生产经理审核后，由项目经理审批后实施，同时报企业职能部门备案。项目部生产经理组织编写人员对项目部全体管理人员进行交底。

施工阶段，项目部应严格按劳务计划开展工作，计划编写人员为相关板块实施责任人，跟踪、核实计划落实情况，结合现场实际进行定期调整修正。劳务分包作业队伍每月向项目部劳务管理工程师提交月度进度计划和劳动力计划，现场主管工程师对劳务分包商申报的进度计划和劳动力组织方案进行指导、审核、纠偏。劳务管理工程师向劳务分包作业队伍下达劳动力需求计划，经项目部生产经理审核后实施。生产经理应每月组织相关人员对《项目劳务实施计划书》中的工作事项和阶段性目标完成情况进行检查评估，在月度生产例会上予以通报。

（9）施工现场质量管理。项目部应建立质量管理体系和加强施工中现场质量控制工作。

施工前应建立质量保证体系，成立项目质量管理组，明确项目相关部门和岗位的质量职责，收集有关质量法律、法规、规范、图集、质量管理文件并组织学习且做好记录，建立健全质量制度，建立质量管理对外沟通机制，开展与业主、监理、地方质量主管部门、质量检测单位的对接工作。

施工中质量控制。项目部根据质量目标、《关键工序、特殊部位质量监控计划表》内容，分阶段组织质量交底，各工区或作业面工程师再对各作业队进行技术交底或生产培训；根据质量通病防治措施和工程实际情况，将易出现的质量通病及治理措施做成宣传牌，张挂于施工现场明显部位。工序交接中做好“四检制”（即操作者“自检、互检”和主管工程师中间“交接检”及质量工程师“专检”）记录；质量工程师应坚持巡检和周检，发现问题时下发《质量整改通知单》，并对整改情况跟踪落实；生产经理组织开展实体实测实量，并对检查结果进行统计分析，制订对策加以改进，同时将检查结果在分包月度生产例会上进行通报；对于项目当地建设主管部门、上级单位、业主和监理提出的书面整改要求，要及时建立整改落实台账。对进场原材料和半成品、中间产品、已完工序、分项工程、分部工程及单位工程的保护工作进行监督检查，每项工程施工完成后，及时报请监理工程师和业主代表，组织分部分项工程阶段性或交工验收评定。

（10）项目现场安全管理。项目部应建立健全安全生产管理体系，加强现场安全生产管理工作。

项目部组建安全生产领导小组，负责项目安全技术措施与方案、安全技术交底、安全生产教育培训、安全设施验收等管理工作。项目部负责对新上岗作业人员进行三级教育，对所有分包单位和其他相关方进入施工现场人员进行入场安全教育，培训时间按照国家法规执行；每月对项目部作业人员进行一次日常安全教育，并记录各类安全生产教育培训。对施工现场动火作业、吊装作业、土方开挖作业、基坑支护作业、受限空间等危险性较大作业活动进行识别，编制危险作业控制计划，按程序由生产经理批准后方可实施危险作业活动。

项目部要全面落实项目领导安全生产带班制度。安全生产检查由生产经理带队，各部门及分包单位参加，每周组织 1 次安全生产监督检查，覆盖在建工程所有分部分项工程，对存在的安全生产隐患，下达《安全隐患整改通知书》，对存在重大安全生产隐患的，下达《安全隐患局部停工整改令》。项目部安全工程师每日对施工现场进行安全监督检查，施工作业班组专、兼职安全管理人员负责每日对本班组作业场所进行安全监督检查，根据检查下达的隐患检查通知书，制订隐患整改措施，在规定时间内完成隐患整改。每月、每季度生产经理要对项目安全生产管理情况进行总结、分析，在月度、季度安全例会上予以通报，并提出下月、下季度安全监控重点。

（11）加强与各参建方的沟通（包括业主、监理、设计、地方政府、公司等），要在项目生产过程中形成畅通的沟通渠道，使项目生产管理得到各参建方的支持，使项目施工生产进度、质量、安全等目标能够始终按照计划实现。

（12）做好施工原始记录。各种施工记录要做到及时、准确、闭合、签证完善、分类归档，工程部要负责向现场施工工长和施工员定期收集各种施工影像资料，按期进行分类、整理、归档。要养成施工记录的好习惯，督促检查施工日志记录及时、准确、全面。项目各种生产大事要作专门记录（大事记）。组织各种会议时要求做好会议记录，按要求存档备查。

3. 竣工验收收尾阶段

（1）对所有未完项目进行梳理，针对每个单项排出销项计划，包括时间、资源计划，确保项目生产要素资源分阶段合理释放，按时完成所有项目。

（2）按照工程交工验收规定，现场配合项目总工分阶段组织各参建方进行工程交工验收。做好半成品、成品的保护工作，在移交完成前确保外观质量不受损坏，保持工地的文明施工及企业形象，杜绝收尾时出现“脏、乱、差”的现象。

（3）做好各种施工总结的整理与上报工作。

1.6.2　生产经理的培养锻炼

（1）培养一名合格的项目生产经理，首先要熟悉项目施工现场管理。在进入企业初期，需要对建筑施工工地有一个全方位的了解和深入的剖析，明白施工项目管理流程，熟悉理解进度计划对现场安全、质量、生产管控的重要性，对业主、监理、劳务、各级供应商等人员的沟通协调；对施工方案执行情况的认知，对现场成本管理的认知，逐步积累自己的施工经验。

（2）要对专业技术知识和标准规范有全方位的理解和掌握。施工方案的编制，需要积累一定的现场施工经验，所以最好要在专业施工主管或工程师岗位轮岗 6 个月至 1 年的时间，对项目现场的实际情况有深入的了解和掌握，对基本的施工方案和技术交底工作有初步的理解认识，对组织工程实施的各项施工工艺流程和规范、图集要基本掌握，对现场施工方案实施中存在的安全风险进行识别和防控。

（3）要对项目施工进度管理必须熟练地掌握，不掌握项目施工总体进度及分项进度的安排管理，是没有条件担任项目生产经理的，进度管理是最重要、最关键的管控环节；能够定期或不定期地组织召开进度例会或进度分析会，提出问题并组织整改。

（4）要对项目安全生产管理有清楚的认识和底线管理的思维。对项目现场潜在的安全隐患和未按施工方案落实的问题，通过加强过程监督检查等措施，及时组织整改落实；对危险性较大的安全专项工程，必须加强现场交付验收关口，形成严格、规范的现场验收记录和影像资料。

（5）需要培养商务成本和物资设备供配的管理意识。为按照“项目管理目标责任书”要求控制项目成本，需要对施工现场所需要的材料有准确的物资供应进场计划，需和项目部商务人员进行核实和比较，控制好材料的实际进场使用量不能超出设计用量；对于已进场施工材料，要进行有效的仓储管理，采用限额领料制度，现场材料仓储保管堆放规范，尽可能减少材料二次搬运和现场看护现象。

（6）分阶段在不同施工管理岗位上进行锻炼。在毕业后参加工作 1 ~ 2 年的时间内，作为现场施工员或技术员，可以单独编写分项工程施工方案和分项工程进度计划，然后由生产经理以“传帮带”或“师带徒”的方式进行审核和把关，这个阶段锻炼年轻人的耐心和编写方案的基本要求，包括锻炼工程术语和书面文字的表达能力，都要有这样的施工经历。

在毕业 2 ~ 3 年的时间内，作为施工主管或工长，就可以进入到比较成熟的层次，这个阶段就能够对一些重要的专项方案有一个深入的理解，可以参与或独立编制危险性较大工程的专项施工方案，并参加方案讨论与修改，可以独立与设计单位、监理单位和业主或劳务分包等单位分析研究解决一些基本的现场施工问题和图纸设计问题。

毕业 3 年以上的，可以独立进行施工方案编制，处理工地上遇到的多种复杂问题，可以提职在项目生产经理岗位上担任助理，由有经验的生产经理传帮带 3 ~ 6 个月即可。若自身施工管理水平提升比较缓慢的，可以再锻炼 1 年以上，加强与巩固生产经理的基本知识。

1.6.3　生产经理职业规划

按照建筑施工企业目前通用的职位体系，一般分为职业项目经理、技术通道和管理通道三个类别。项目生产经理可以依据企业在不同发展时期的需要和生产经理的个人专业与兴趣，根据自身能力扩展为基础的发展模式，分别选择不同的职业发展通道。

1. 职业项目经理通道规划

按照职业项目经理通道规划，生产经理的职业晋升规划为：

生产经理—中小型项目经理—大中型项目经理—高级项目经理；

生产经理—项目常务副经理—项目经理—高级项目经理。

按照企业内部培养储备机制，需要企业业务主管部门和人力资源部门按照“三方共建”模式，充分了解各项目工作人员情况，积极将民主测评结果优秀、序列评价优秀、对外沟通能力好、内部管控能力强的人员纳入后备项目经理人才库。项目经理的培养和储备一定要有目的和层次，从项目的类别上、项目的规模上，分批次、分阶段选拔储备，并有针对性地对大型房建项目、大型总承包项目、EPC+ 施工总承包项目等储备合适的项目经理。

见图 1.6-1 项目生产经理成长示意。

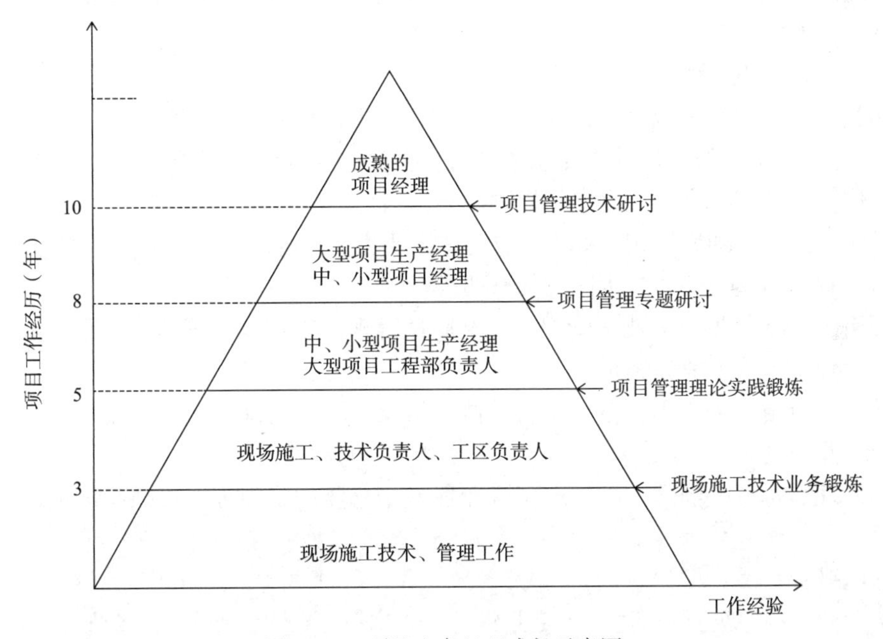

图 1.6-1　项目生产经理成长示意图

项目部是企业的人才培养基地。在员工日常管理中，要坚持“以人为本”的原则，营造良好工作氛围，充分调动员工主观能动性，要以大局为重，为企业“练兵育将”。项目部要高度重视员工的考核评价工作，根据员工的职责范围，公平、公正、科学地评价员工工作结果，要合理利用各类奖罚措施，促进员工持续改进工作绩效。

职业项目经理通道采取“三方共建”模式，一般是指“项目部 + 企业业务主管部门 + 企业人力资源部”共同培养模式。

企业业务主管部门要详细建立本系统人员台账，同时构建便捷有效的沟通渠道（如微信群、QQ 群等），要充分了解每个后备人才的性格特点和业务水平，关心、关注本系统人员的发展，及时帮助本系统人员解决工作中遇到的问题；要全面系统地分析本专业岗位的特点和要求，构建科学合理的人才结构，有针对性地为项目部提出人员配置建议；要结合本系统人员现状，在认真开展岗位分析的基础上，分层分级制订员工培训计划，并且采取多种形式、多种方法有效实施。通过培训与实践的良好对接，促进员工快速成长。

企业人力资源部要从企业层面构建适应企业发展战略的薪酬体系和考核体系，为企业人才发展创造具有活力和竞争力的体制机制。要拓宽人才引进方式，把好人才入口关；加强劳动关系管理，保障员工合法权益，大力提高员工在岗率和劳动生产率；要构建多通道的人才晋升体系，规范干部选拔聘用程序，使专业型、管理型、复合型等各类人才共同发展；要加强对后备干部的日常管理和考核，注重干部的党性修养和能力、业绩，形成“有为者有位，无为者无位”的干部选人用人文化。

项目部、业务主管部门和人力资源部要建立员工培养的联络沟通机制，创新思维、创新方法，多角度、全方位对员工进行评价和开发，让每一位员工时刻感受企业的温暖和关怀，营造“感情留人、事业留人”的良好氛围，全面形成人才成长的竞争优势和文化环境，建立一支数量合理、结构优化、素质优秀、业绩突出、凝聚力强的人力资源队伍，为企业稳定健康可持续发展提供坚实的人才保障。

2. 技术岗位通道规划

公司鼓励支持员工考取多个岗位资格证书。在本岗位强制取证范围外，考取其他岗位资格证书，并符合上一级岗位基本任职条件的，将优先提拔使用。符合优先提拔使用条件的，以取得岗位资格证书的多少，确定优先顺序。

公司所有岗位必须满足相应业务、技术知识要求，并通过考试认证取得相应聘任资格。岗位资格分管理岗位资格和技术岗位资格两类。

管理岗位资格分为施工技术管理、安全质量管理、物资设备管理、工程经济管理、财务管理、综合管理 6 个业务类别。

技术岗位资格分为工程测量、试验检测、桥梁、隧道与地下工程、路基路面、地铁工程等 6 个专业类别。

项目经理、常务副经理、副经理（含兼任安全总监的副经理）必须参加项目经理岗位资格认证。

专业职级：

（1）专业职级序列：公司建立质量监督、安全监督、测量、试验、设备管理、商务管理、施工管理、技术管理等各专业发展序列，建立专业等级体系。

（2）专业职级等级：各职位序列，从高到低可划分为特级专家级、资深专家级、专家级、高级、中级、初级等级别。

（3）专业职级确定：公司发布各专业序列职级标准，按照分级管理原则，分别成立专业职级晋级评审委员会，组织各序列评审确定。其中，特级专家级、资深专家级、专家级由公司初审、局评定。高级、中级、初级由分公司初审、公司评审确定。

（4）专业职级评审：职级评审程序由员工申报、基层单位推荐、人力资源部审核基本条件、评审委员会评审确定。见示例 1.6-1 某建筑公司项目生产经理三阶段成长过程。

【示例 1.6-1】某建筑工程公司项目生产经理三阶段成长过程

原则：一年跟着干，2 ~ 3 年独立干，3 ~ 5 年成骨干。

1）见习期（跟着干）

①经历岗位：跟随不同的师傅，要经历 3 个月的试验、3 个月的安全、3 个月的质量、3 个月的施工的历练；

②参加培训：手册培训、BIM 培训、QC 培训等技术质量基础知识的培训；

③参观学习：积极参加公司、当地建管部门组织的观摩活动；

④主动自学：力争每周学习一本规范，熟悉规范中的强条。

2）转正后 1 ~ 2 年（独立干）

①经历岗位：在专业工程师、技术工程师岗位历练；

②参加各类竞赛：积极参加各类 QC、BIM 竞赛，在比赛中不断学习；

③参加培训：手册培训、BIM 培训、QC 培训等技术质量基础知识的培训；

④专业能力：能编周计划、月计划、CD 类方案，作交底，能独立负责一个单体的工期、质量、安全、成本管理。

3）转正后 3 ~ 5 年（成骨干）

①专业能力：能独立编制总计划，一、二级节点计划，独立编制 AB 类施工方案，组织专家论证，积极总结科技成果，开展工程创优；

②优秀的专业工程师做施工管理或施工技术，优秀的专业工程师晋升项目生产经理或项目总工，具备项目副经理的要求，能够独当一面。

第2章 2

项目开工准备阶段生产经理工作重难点

2.1　项目管理策划

项目前期管理策划是指工程项目中标或施工任务确定后，根据（招）投标文件、现场调查报告等信息，按照安全可靠、经济适用、优化比选的原则，有效规避项目风险，合理降低工程施工成本，明确项目各项管理目标，形成“项目管理策划书”的活动。主要目的是通过对项目组织、现场管理和生产经营等方面的科学分析和论证，实施项目过程预控管理，优化资源配置，防范工程风险，促进项目施工科学、有序推进，全面提升项目管理水平，实现项目合同圆满履约。

2.1.1　项目策划组织与分工

项目前期管理策划工作实行分级管理，全面覆盖。分级是指企业级、总承包指挥部（经理部）、施工项目部和项目分部三个层级，各层级相关部门应在主要分管领导组织下开展项目前期策划各项工作。

1. 项目策划工作组织

（1）符合下列条件之一的工程项目，由公司负责组织项目策划工作：

①列入公司的重点工程项目；

②技术复杂、风险较高或管理难度大的工程项目。

除以上之外的工程项目，由项目部负责组织项目策划工作。

公司工程管理部是项目前期策划工作的主责部门，负责组织、督促、检查、指导各项目开展项目前期策划工作；公司成本管理部、物资设备部、人力资源部、技术管理部、质量安全环保部、财务管理部、党委宣传部、审计部等部门结合部门职责，开展相关策划、交底和评审工作。

（2）公司工程管理部是公司项目策划的归口管理部门，全面负责公司的项目策划管理工作，主要职责是：

①负责制定公司项目策划管理办法，对公司项目策划实施情况进行检查、督促、考核。

②组织对公司级的重点工程项目进行策划，组织审批项目策划书，监督业务范畴内的项目策划执行情况。

③统筹规划公司的资源配置，收集发布本部门的资源信息。

④组织公司策划项目的后评价工作，对公司项目策划后评价工作进行检查、督促、考核。

（3）公司各相关职能部门负责本业务范畴内的项目策划工作，主要职责是：

①参与项目策划管理办法的制定，指导公司项目策划对口业务策划，对业务范畴内的策划情况进行检查、督促、管理。

②参与公司策划项目的评审工作，监督业务范畴内的策划执行情况。

③负责本业务范畴内的资源配置，收集发布本部门的资源信息。

④参与公司组织策划项目的后评价工作。

2. 项目策划工作分工

（1）公司级项目策划：

项目中标或施工任务确定后，由公司总经理或主管生产的副总经理带队，公司工程管理部组织公司相关部门开展项目前期策划工作。项目部由项目经理组织项目总工和生产经理及工程部、工经部、物机部、安质部、财务部、办公室、试验室等部门参加公司组织的项目前期策划工作。

项目部重点负责施工调查、设计图纸及投标文件复核等各方面的准备工作，配合公司策划组编制《项目管理策划书》。

（2）项目部级项目策划：

项目部负责编制项目策划书，具体落实项目的各项资源配置，并按照审批后的策划方案组织实施。项目完工后，编制项目策划后评价报告。

在中标后开工前的阶段，施工企业需要对投标阶段的项目策划进行细化和完善，形成项目管理实施规划或实施用《施工组织设计》，正式任命项目经理和项目管理团队的主要成员，施工企业要明确项目经理的管理责任和技术责任，特别是项目经理的责任成本目标，项目经理则要编制各种计划，特别是施工进度计划和成本计划，识别并收集施工中将使用并遵循的各种标准、规范、图集等文件，最终编制完成项目策划施工文件。

项目管理实施规划或实施用《施工组织设计》是投标人中标并签订合同后，根据项目管理规划大纲编制的指导项目实施阶段管理的纲领性文件。

见表2.1-1《项目策划书编制任务表》

项目策划书编制任务表　　　　**表2.1-1**

项目名称			项目编码			
序号	策划内容	要点	责任部门/人	完成时间	审核人	批准人
1	项目战略定位					
2	投标策略					
3	合同谈判策略					
4	项目目标（质量、安全、环境、工期、成本等）					
5	项目部组成及人员配备					

续表

项目名称				项目编码		
序号	策划内容	要点	责任部门 / 人	完成时间	审核人	批准人
6	项目部权限					
7	成本测算及控制策略					
8	资金情况分析及保障策略					
9	重大风险点及防控策略					
10	项目安全生产策划					
11	重大工期节点					
12	设计及技术管理策略					
13	主要资源组织方式（临时设施配置、分包采购、物资采购、周转材料采购、施工设备采购等）					
14	文化风俗禁忌					
15	税务筹划					
16	其他					
17	汇总					
制表		审核		批准		
时间		时间		时间		

2.1.2　项目策划工作流程

1. 项目部策划工作流程

公司接到中标通知书→公司组织营销交底→项目部进行施工调查→项目部编制项目策划书→提交项目策划书→公司召开项目策划会→项目部修订、完善项目策划书→公司审核批准项目策划书→项目部组织实施→动态调整→公司检查与考核→公司项目策划后评价。

2. 分项步骤

（1）营销交底。项目中标后，拟任项目经理、总工程师、生产经理（俗称“铁三角”）必须参与投标单位组织的项目营销交底工作，深入了解项目投标过程情况和业主对项目的合同要求，以及不平衡报价实施情况、后期变更索赔方向及相关资源情况等重要内容，同时获取招标投标文件。

（2）施工调查。公司组织营销交底后，项目部“铁三角”要第一时间赶赴项目现场，立即组织项目管理团队开展施工调查工作，并形成施工调查报告，为公司或子公司策划组现场施工调查及策划工作提供翔实的前期基础资料。

（3）策划书编制。项目部“铁三角”和相关部门人员要全程参与项目策划，积极配合公司或子公司完成项目策划相关工作。策划书编制要立足策划的系统性、纲领性、实用性，从项目管理模式、生产组织方式、施工组织安排、技术方案编制、成本管理及二次经营、财务资金管理、考核激励政策等方面入手，由表及里、综合施策，对新中标项目实施全方位管理策划。

（4）策划书审批。

①公司组织策划项目的策划书审批流程：

项目部提交项目策划书（修改稿）→分（子）公司工程管理部组织相关部门会审→分（子）公司分管领导审核→公司工程管理部组织相关部门会审→公司分管领导审批。

②项目部组织策划项目的策划书审批流程：

项目部提交项目策划书（修改稿）→分（子）公司工程管理部组织相关部门会审→分（子）公司分管领导审批→报公司工程管理部备案。

报公司审批的项目策划书，分（子）公司必须先有明确的审查意见。所有审查意见作为项目策划书的附件随项目策划书一起存档。

（5）策划交底。项目策划书批准后，项目部主要管理人员必须接受公司或子公司组织的项目策划交底，充分了解项目管理目标、思路、方法以及项目管理重点和风险防范措施；项目经理要组织对项目全体管理人员进行项目策划交底，重点将项目策划的目标、管理要点、风险防范措施传达至一线管理人员。

（6）策划执行。项目策划书一经上级批准，未经审批单位同意，原则上任何单位和个人不得更改。如因国家或地方政策、施工环境、设计方案、业主工期发生重大变化，及时作出调整，并报请原审批单位审批。

项目部要按照策划明确的各项管理目标、生产组织模式，不折不扣地执行施工计划安排和施工技术方案，确保项目施工均衡有序推进；要依据项目策划给出的思路、方法和措施，做好风险辨识和防控，搞好二次经营及增收、索赔，确保项目风险可控，效益可期。

项目部要根据审批后的项目策划书进行细化、分解，建立各项制度和编制实施性施工组织设计、各类专项方案及责任落实表，制订相应管理策划卡控和奖惩措施，以保证策划书在项目上得到切实有效的贯彻和落实。

项目经理是项目策划实施的第一责任人，对项目策划的实施负总责。在实施过程中要根据项目实施过程和具体运行情况，每季度组织对项目策划执行情况进行对比分析和评价，并制订纠偏措施。

（7）项目策划后评价。工程项目竣工前，项目经理要牵头组织项目相关部门，对照项目策划书全面回顾项目管理全过程，查找本项目管理的得与失，对出现的类似问题提出预防性措施，总结经验与教训，并认真评价，形成项目管理后评价报告并报上级单位策划管理主责部门。由上级单位负责策划的项目，由上级单位主责部门负责组织，评价该项目策划书的实际运行效果。

2.1.3　项目策划编制内容与要求

1. 项目策划编制内容

项目管理策划书应按照《项目管理策划书编制指南》认真编制，做到思路清晰、内容简洁实用、重点突出、图文并茂，抓住施工中所需要解决的核心问题，深入分析，对重难点工程施工方案要进行优化，保证施工过程中成本、质量受控，提出具有针对性和可操作性的对策，为后续工作提供指导。项目策划应以项目实施为目的，主要内容应包括：项目管理总体目标、项目管理组织模式、进度计划、主要施工方案策划、资源配置计划、安全管理、质量管理、资金管理、成本管理、二次经营、沟通与协调管理、风险管理、企业文化建设等。主要内容由编制说明、项目概况、项目管理目标、项目组织及管理职责、项目主要风险辨识、主要施工工序与工艺、项目生产资源配置计划七方面组成。

生产经理在项目管理策划书编制阶段，主要负责项目实施性施工组织计划编制，组织工程部和一线施工生产技术管理人员，编制施工实施计划书，报项目经理审核。

（1）编制说明

为规范项目管理策划，满足履约要求，实施风险控制，推行精细化管理，提高盈利水平，作编制说明。

（2）项目概况

1）工程概况；

2）工程特点难点分析。

（3）项目管理目标

1）进度目标：按照合同工期要求，制订项目总工期、阶段性工期、节点工期等，并明确提前工期的可行性；

2）质量目标：根据项目规模和重要程度确定创优目标；

3）职业健康安全和环境管理目标：符合职业健康安全和环境管理体系要求，并制定否决性指标；

4）成本目标：进行项目成本分析，估算项目目标成本；

5）文明施工目标：根据项目规模和重要程度，确定创建文明工地目标；

6）科技创新目标：新技术、新材料、新工艺、新设备的推广应用，四新技术实施的可行性；

7）绿色施工目标：根据项目规模和重要程度，制定星级标准要求；

8）节能减排目标；

9）其他。

（4）项目组织及管理职责

1）项目组织模式；

2）项目部机构设置；

3）管理职责和权限。

（5）项目主要风险辨识

1）业主风险：是否初次合作；是否具有良好的信誉；管理经验是否丰富：经营状况是否良好；经济实力是否可靠；是否存在不切实际的、不现实的期望。

2）合同风险：是否存在加大投入的合同条款；是否存在不平等条款；是否能够承受违约罚款；是否能够承受计量与付款条件；是否能够按期交工验收；是否存在闭口合同条款。

3）施工风险：项目策划定位是否准确；业主前期手续是否齐全；项目资金是否到位；是否存在自然风险；项目重点、难点判断是否准确；是否存在设计缺陷与设计风险；是否存在难以避免的施工干扰。

4）质量风险：是否存在特殊质量要求；是否存在重大质量事故隐患；是否存在重大技术难点。

5）安全、环保风险：是否存在重大危险源；是否需要编制专项施工方案；是否有特殊环保要求。

6）工期风险：是否存在重大政治事件影响正常施工；是否存在资源配置困难导致的工期延长；项目的复杂性或规模是否大到交付困难；是否存在资金不到位所导致的工期延长的风险。

7）分包商风险：是否有可供选择的合格分包商；分包商的信誉、能力是否可靠；是否存在劳务工季节性返乡。

8）其他风险。

（6）主要施工工序与工艺安排

1）优化施工工艺；

2）评价主要施工工艺的经济性；

3）提出主要工序的施工方法。

（7）资源配置计划

1）人力资源：根据项目类别及合同要求，确定人力资源需求计划，编制项目劳动力使用计划表。

2）机械设备：根据工程规模、工程性质和主要施工工艺，确定项目机械设备配置及需求计划，编制项目主要机械设备配置及需求计划表。

3）物资供应：编制物资使用计划、工程用料、主要施工用料及周转性材料使用计划，编制项目主要材料计划表。

4）项目资金：编制项目启动资金使用计划及资金收支计划，填报项目资金收支计划表。

5）技术及工艺：编制技术和工艺资源需求计划，填报项目技术工艺清单。

6）分包：编制分包计划，填报项目分包工程计划表。

2. 项目策划编制要求

主要编写人员应对工程项目现场进行调查，充分掌握有关的现场自然条件和社会经济条件，熟悉有关的技术和合同文件，了解公司人员、设备、物资等关键资源的信息情况，调研掌握类似工程的施工经验。在深入分析项目特点和管理重难点的基础上，进行有针对性的编制。项目策划书的格式和内容可参考《项目策划书编制指南》，达到切合项目实际、重点难点突出、关键资源配置合理、指导性强和可操作性好的要求。

项目策划具体要求如下：

（1）项目策划工作是全员参与、集思广益的过程，应广泛征求相关部门和人员的意见，提高项目策划实效。公司、分（子）公司应分级建立项目管理专家库，充分发挥专家库在项目策划工作中的作用，推广和共享成功的管理经验，指导项目的生产管理。

（2）项目管理模式应充分考虑项目自身特点，鼓励项目管理和技术创新，积极培育和完善内外部专业市场，提倡专业人做专业事。项目部的组建应精干高效，机构设置合理，职能划分明确，结合公司或本单位的实际情况，能对项目的实施进行有效管控，优质高效实现项目的各项管理目标。

（3）项目策划应进行合同交底，交底内容包括项目经营过程、节点工期、材料供应及要求、合同主要条款（特别是罚款条款）、投标报价总体情况等。有合作单位的项目（含联营项目）应介绍项目合作模式及合作单位基本情况。

（4）进度策划应以合同履约为目的，综合考虑项目所在地环境因素的影响，制订施工总进度计划及主要单位工程进度计划和关键里程碑计划，建立完整的进度控制体系。

（5）HSE 策划和风险评估应符合业主、公司和相关方管理要求。环境、职业健康和安全风险识别要有针对性，重点突出，风险等级评估要准确，控制措施易操作，HSE计划应简单、实用、全面。

（6）项目设备物资资源配置应根据进度计划的要求，编制详细的资源需求计划，配置过程严格按照公司相关管理规定和制度执行，同时，加强片区关键资源管理，优先采用公司内部资源，实现公司内部资源共享。

（7）项目分包应制订详细的采购计划，合理划分分包任务及内容，并执行公司相关管理规定，严禁整体分包和非法转包。严把分包准入关，引进和培育合格分包商，打造核心分包链。

（8）项目资金策划应结合公司财务管理要求，重点关注项目现金流、税务、保险等情况。

（9）项目风险策划应详细地预测和评估施工合同范围内所涉及的风险，并有相应的应对措施。

（10）项目信息策划应包含项目部网络策划、软硬件配置、兼职信息化管理员配置等方面，确保项目部网络畅通，信息沟通顺畅，数据信息上报及时。

项目经理是项目策划实施的第一责任人，对项目策划的实施负总责；生产经理在项目策划中主要负责项目生产管理、安全管理、环保管理、物资管理、机械管理等，对上述五项策划起到牵头抓总的作用。

3. 项目策划编制依据

（1）项目合同文件、业主及相关方的要求；

（2）项目设计文件；

（3）适用的法律、法规、标准、规范等；

（4）公司的管理手册、标准化体系等制度、办法、指南类；

（5）项目现场自然条件和社会经济条件；

（6）少数民族地区涉及的文化、宗教、信仰、习俗等情况；

（7）确定的施工技术方案；

（8）项目所需设备和物质资源；

（9）公司或分（子）公司的人员、材料、设备等关键资源的信息；

（10）公司同类型项目的施工管理经验等。

4. 某工程项目策划编制提纲

（1）工程概况及边界条件

1）工程概况

具体项目名称、地域位置、起止里程、管段长度、合同总价、详细工程数量及子项目清单（附工程平面图、结构图）等。

2）工程所在地环境

工程所在区域气候区气候特征对工程实施影响，是否频发自然灾害；所在地居民民族、民风、风俗习惯、经济收入来源等。

3）水文地质条件

环境水是否有侵蚀性；地表水是否丰富；项目地貌特征、总体地质情况、不良地质（如：地基土是否有膨胀土、高液限土等，是否需要软基处理；桩基钻孔是否存在岩溶、孤石、涌流砂地质等）分布、地质灾害等。

4）施工条件

①交通条件：项目位置是否紧邻国道，进入工地的市政道路是否硬化，是否需要拓宽、过渡硬化以及进入施工工点是否需要新修便道、便道长度等。

②施工用水：施工、生活用水是否充裕，可就近满足供应，是否需水车运输等。

③施工用电：业主提供永临专线解决或由项目部自行与所在地电力部门联络引入电力干线方式等。

④资源（劳务、材料、机械）分布、市场供应情况：当地的普通劳动力数量、工价行情；合格材料供货商，尤其是地材砂石料场数量、分布位置、储量、生产能力、市场价格、价格动态变化趋势；商品混凝土搅拌站情况；钢材、木材等供应情况；机械设备租赁市场相关机械种类、租赁价格行情等。

5）业主、设计、咨询、监理单位情况

业主、设计、咨询、监理单位名称，与公司有无合作经历，合作是否融洽，各单位的联络情况等。

6）合同价以及价款水平分析

从投标报价工程量清单合同价编制原则、取费标准、降造幅度、当地资源调查价与投标编制价差、中标单价与当地市场成本价的横向对比、限制性条款等方面进行经济分析，分析合同单价中关于增值税方面的相关规定。

7）合同类型

属于 FIDIC、总价、单价承包何种类型合同模式，风险包干范围。

8）合同价款调整条款

从招标文件与价款调整相关的通用、专用条款，施工合同相关具体价款调整条款以及挖潜、开展二次经营突破口方面进行分析。

9）合同对承包商行为的限制条款

依据招标文件、施工合同对承包商在管理人员、机械设备、分包模式、材料采购、纳税（即增值税）管理等方面的强制要求进行分析。

10）有关承诺

公司标前相关进度、资金、特种设备等方面的履约承诺情况。

11）招标投标阶段设计文件的深度

对招标设计图属于初步设计、技术设计或施工图设计的何种深度进行分析，以及分析招标设计图与已到位的施工图在工程项目、工程数量等方面的差异。

12）其他相邻标段承包商情况

主要了解工程标段划分情况以及与其他承包商相关情况。

13）合同目标

包括合同工期、质量、安全以及环保目标等。

（2）项目评估

1）工程特点、重点、难点分析

工程特点从工程专业类别和资源配置的整体要求方面进行分析；

工程重点从工法、工艺难点、水文地质、特种设备要求等方面进行分析；

工程难点从工程新工艺、管理跨度、施工环境、自然灾害、水文地质、是否紧邻城区、工期情况（从工期的紧迫性，因渣土清运、征地拆迁、市政工程交通疏解、临时过渡等因素影响有效施工时间等方面阐述）、制约工期实现的具体单位（影响总体工期实现的瓶颈工程）或分项工程（影响总体工期实现的关键工序）等相关情况方面进行分析。

2）风险评估

从招标文件的各方面（具体包括强制要求、合同种类、合同总价、单价水平、当地资源预测涨幅、风险包干费用范围、重难点工程实施的安全风险、兑现合同目标、资金支付风险等）进行定性定量识别，从发生风险的可能性，单一、多项风险的损失程度，企业承受能力等方面进行分析评估。

3）总体评估

从项目实施的施工环境、自然环境、重难点工程的施工难度、安全风险、中标价、项目盈利能力、经营风险、合同目标约定的实现难易度等方面，基于现状对承担项目进行总体评估分析。

（3）项目管理总体目标策划

1）工期目标

立足满足、兑现合同工期，针对项目实际资源配置，达到经济合理，确定具体工期目标。

2）质量目标

以满足合同目标为基本条件，结合公司相关要求，等于或高于合同约定目标确定质量总体目标。

3）安全、环保、文明工地目标

以满足合同目标为基本条件，等于或高于合同约定目标确定安全、环保、文明工地总体目标，争创标化工地。

4）经济效益目标

通过对投标书进行认真研究分析，确定二次经营目标（不得低于公司规定目标）和资金筹划目标。

5）信用评价目标

业主组织的各种评比考核和信用评价必须保证前1/3或满足公司要求。

6）标准化样板工地创建目标

根据工程具体情况确定创建股份公司级或集团公司标准化样板工地。

（4）项目组织机构

1）项目部班子配置及工作分工

根据项目具体情况和业主的相关要求，策划精干高效的项目部领导班子。

2）部门设置和工区划分

按照公司的规定以及业主的相关要求，设置满足要求的部门。根据工程专业类别、工程分布、现场条件，依据策划配置资源，进行工区和楼栋号划分。

3）项目部岗位责任书

明确每个岗位的工作职责，执行“一岗双责”。

4）绩效考核

明确项目部领导班子、部门、员工以及工区的绩效考核办法，工区采取管理承包绩效考核。

（5）项目分包策划

1）分包模式划分

综合各种因素，确定采用工序分包、专业分包以及综合分包等何种模式。

2）明确分包任务

明确每个任务包的工作范围和内容。

3）分包合同设计

明确分包的主要合同条款，工作边界、管理边界以及扣款边界，明确劳务分包队伍的纳税人性质认定；明确约定提供增值税专用发票的责任、发票保管责任、发票提供的时间和交接签收等手续。

（6）进度计划

1）总工期、里程碑节点工期

依据总工期目标，按照工程项目的重难点工程、关键节点、重点工序转换等方面确定里程碑节点工期。

2）主要工序时间安排

依据总工期目标，对里程碑节点工期进行分解，确定工程项目主要工序进度计划时间及完成主要工序的时间指标。

（7）主要施工方案策划

1）总体施工思路及顺序策划；

2）重难点项目施工方案；

3）需制订的技术专项方案目录及审批层级；

4）项目拟推广的工艺工法目录及策划。

（8）资源配置策划

1）班组组织

根据分包任务确定班组。

2）物资供应

确定物资供应计划，按照自购、甲供、自控等确定供应方案；明确供应商的纳税人性质认定，明确各方物资采购发票符合现行税务政策具体要求。

3）设备配置

确定项目设备需求计划，按照分包内和分包外进行配置策划；明确设备供应商的纳税人性质认定，明确各方机械设备采购或租赁发票符合现行税务政策具体要求。

（9）资金计划

1）现金流分析

根据招标文件、计量规则、生产计划进行分析。

2）资金使用计划

根据业主的工程款支付规定、内部合同支付办法等进行分析；提出关于增值税发票管理的要求、流程、措施。

3）计量工作管理

包括对内对外计量，对外计量及时，不漏计、不少计；对内计量结算及时，合同外时间及时清理。

（10）临时工程策划

根据业主要求、集团公司和公司相关管理办法策划。

1）项目部及营地；

2）便道；

3）临时设施；

4）材料库；

5）钢筋、木工加工厂等；

6）其他。

（11）安全管理工作策划

1）安全责任体系建立。

安全管理制度要做到横向到边、纵向到底。用图、表表示。

2）重大风险源辨识及应急预案等措施。

3）安全生产教育培训。

根据工程特点确定培训方案，制订培训计划。

4）安全费用管理。

足额提取，分解到月，落实到位，按月分析。

5）需制定的安全专项施工方案目录及审批层级。

（12）质量管理工作策划

1）质量责任体系的建立

质量管理制度要达到横向到边、纵向到底，做到项目全覆盖。

2）质量通病的防范措施

识别质量通病并制定防范措施，要分解到部门和班组。

3）首件工程制

确定进行首件工程制的分项工作，按照计划、实施、评估和改进推广进行。

4）QC 管理活动

确定需要进行工法、工艺攻关的项目，制订计划及方案。

5）质量检查月报

针对容易产生重大质量问题的混凝土楼板渗漏、结构尺寸、保护层厚度、质量通病等建立台账，定期检测，对于存在的问题建立销号制度。

（13）成本管理策划

1）分包成本预算

根据分包的策划，按照成本测算办法编制分包预算。

2）分包例外管理和风险预控

分析分包可能出现的例外事件并制订防范措施。

3）成本要素管理思路

从构成成本的分包单价、材料单价、施工方案等多个要素进行分析，确定可行的管理思路。

（14）二次经营策划

1）工程变更；

2）工程索赔；

3）材料差价调整；

4）保险理赔；

5）业主奖励。

（15）审计风险防范策划

1）转分包风险；

2）工程数量扣减风险；

3）材料量、价风险；

4）财务收付与成本风险；

5）增值税发票风险防范。

（16）项目文化建设与宣传策划

参照企业工程项目管理标准进行编写。

（17）项目相关奖惩办法

结合项目实际情况，本着奖先惩后，调动、激发各参建单位、员工、劳务队伍积极性等原则编制项目考核奖惩办法。

2.1.4　项目策划审核程序及时限要求

1. 项目策划审核程序

项目管理策划书编制完成后，应由编制单位分管领导牵头，工程管理部按照规定的工作流程组织相关部门进行评审，并填写项目管理策划书审核意见表，编制人员按照评审意见修改完善。工程管理部修改完善后，由分管领导签认审批。

列入集团公司直管重点项目的《项目管理策划书》，经公司评审通过及分管领导审核签字后，报集团公司进行评审。

需要报集团公司评审、批复的施工调查报告和项目管理策划书必须首先由公司组织评审，评审通过后报项目主管单位或总承包项目部，由项目主管单位或总承包项目部统筹形成整个标段的调查报告和策划书，经项目主管单位或总承包项目部评审通过后报集团公司。不得以工区为单位将项目管理策划书向集团公司报审。

《项目管理策划书》初步编制应在项目中标或施工任务确定后 30 天内完成，按照规定组织评审并批准发布。

项目生产经理在项目管理策划中，主要负责项目部施工驻地及临时生产生活设施、项目主体工程施工生产计划及过程控制，涉及施工现场的主要生产任务的安排与调度，应确保工程按期履约，在保证现场施工质量、安全、环保的基础上，能够以最经济的施工成本，按期完成项目施工生产任务，确保项目按期交竣工验收。

2. 项目策划工作时限要求

某公司项目策划管理办法中涉及的工作时限要求如下：

中标项目施工调查工作应在营销交底后 10 日内进行，且于项目中标后 10 日内编制完成施工调查报告，并按规定组织报批。

需要报集团公司评审、批复的施工调查报告，编制单位应在收到集团公司评审意见后 5 日内将进一步完善后的施工调查报告回复至公司工程管理部，3 日内由公司工程管理部上报集团公司完成审批和发布。

项目管理策划书应在施工调查报告形成、管理交底、策划交底进行后，且于项目中标后45日内编制完成，并按规定组织评审和报批。

公司各部门应在收到项目管理策划书后5日内完成评审并填写审核意见表，公司工程管理部将评审意见汇总反馈至编制单位。

编制单位应在收到公司评审意见后5日内，将进一步优化后的项目管理策划书回复至公司工程管理部。

公司工程管理部应在对项目管理策划书复审通过后3日内填写《项目管理策划书审批表》，报公司分管领导完成审批和发布。

编制单位应在收到集团公司评审意见后5日内，将进一步优化后的需要报集团公司评审、批复的《项目管理策划书》回复至公司工程管理部，由公司工程管理部3日内上报集团公司完成审批和发布。

2.2 实施性施工组织计划

2.2.1 实施性施工组织设计编制方法和要求

1. 总体要求

实施性施工组织设计是工程项目施工的纲领性文件。项目经理部应根据建设单位和企业指导性施工组织设计或合同协议要求，编制本项目总体实施性施工组织设计、单位工程实施性施工组织设计，根据实际需要编制阶段性施工组织设计。

2. 施工组织设计的分类

施工组织设计按设计阶段的不同、编制对象范围的不同、使用时间的不同和编制内容的繁简程度不同，分为以下几类：

（1）按设计阶段不同的分类

施工组织设计的编制一般同设计阶段相配合。

1）设计按两个阶段进行时

施工组织设计分为施工组织总设计（扩大初步施工组织设计）和单位工程施工组织设计两种。

2）设计按三个阶段进行时

施工组织设计分为施工组织设计大纲（初步施工组织条件设计）、施工组织总设计和单位工程施工组织设计三种。

（2）按编制对象范围不同的分类

施工组织设计按编制对象范围的不同可分为指导性施工组织总设计、单位工程施工组织设计、分部分项工程专项施工组织设计三种。

1）指导性施工组织总设计

指导性施工组织总设计是以一个建筑群或一个建设项目为编制对象，用以指导整个建筑群或建设项目施工全过程的各项施工活动的技术、经济和组织的综合性文件。指导性施工组织总设计一般在初步设计或扩大初步设计被批准之后，由总承包企业的总工程师负责进行编制。

2）单位工程施工组织设计

单位工程施工组织设计是以一个单位工程（一个建筑物或构筑物，一个交工系统）为编制对象，用以指导该单位工程施工全过程的各项施工活动的技术、经济和组织的综合性文件。单位工程施工组织设计一般在施工图设计完成后、拟建工程开工之前，由工程处的技术负责人负责进行编制。

3）分部分项工程专项施工组织设计

分部分项工程专项施工组织设计是以分部分项工程为编制对象，用以指导分部分项工程施工全过程的各项施工活动的技术、经济和组织的综合性文件。分部分项工程施工组织设计一般与单位工程施工组织设计的编制同时进行，并由单位工程的技术人员负责进行编制。

指导性施工组织总设计、单位工程施工组织设计和分部分项工程专项施工组织设计之间具有以下关系：

①指导性施工组织总设计是对整个建设项目的全局性战略部署，其内容和范围比较概括；

②单位工程施工组织设计是在施工组织总设计的控制下，以指导性施工组织总设计和企业施工计划为依据编制的，针对具体的单位工程，把施工组织总设计的内容具体化；

③分部分项工程专项施工组织设计是以指导性施工组织总设计、单位工程施工组织设计和企业施工计划为依据编制的，针对具体的分部分项工程，把单位工程施工组织设计进一步具体化，它是专业工程具体组织施工的专项设计。

（3）按编制内容的繁简程度不同分类

施工组织设计按编制内容的繁简程度不同可分为完整的施工组织设计和简单的施工组织设计两种。

1）完整的施工组织设计

对于工程规模大、结构复杂、技术要求高以及采用新结构、新技术、新材料和新工艺的拟建工程项目，必须编制内容详尽的完整施工组织设计。

2）简单的施工组织设计

对于工程规模小、结构简单、技术要求和工艺方法不复杂的拟建工程项目，可以编制仅包括施工方案、施工进度计划和施工总平面布置图等内容的简单施工组织设计。

3. 施工组织设计的编制准备工作

（1）合同文件的研究

项目合同文件是承包工程项目的施工依据，也是编制施工组织设计的基本依据，对合同文件的内容要认真研究，重点弄清以下几方面的内容：

1）工程地点及工程名称。

2）承包范围：该项内容的目的在于对承包项目有全面的了解，明确各单项工程、单位工程名称、专业内容、工程结构、开竣工日期等。

3）设计图纸提供：要明确甲方交付的日期和份数，以及设计变更通知方法。

4）物资供应分工：通过对合同的分析，明确各类材料、主要机械设备、安装设备等的供应分工和供应办法。由甲方负责的，要明确何时能供应，以便制订需用量计划和节约措施，安排好施工计划。

5）合同指定的技术规范和质量标准：了解合同指定的技术规范和质量标准以便为制订技术措施提供依据。

以上是需要着重了解的内容，当然对合同文件中的其他条款，也不容忽略，只有对其进行认真的研究，方能制订出全面、准确、合理的施工组织设计。

（2）施工现场环境调查

研究了合同文件后，就要对施工现场环境作深入的实际调查，才能做出切合客观实际条件的施工方案。调查的主要内容有：

1）核对设计文件，了解拟建建（构）筑物的位置、重点施工工程的工程量等。

2）收集施工地区的自然条件资料，如地形、地质、水文资料等。

3）了解施工地区内的既有房屋等建筑物、通信电力设施设备、给水排水和雨水污水管道、墓地及其他结构物情况，提前制订和准备拆迁、改建计划。

4）详细调查项目所在施工地区的技术经济条件。

①地方材料物资供应情况和当地地材的生产情况。如当地有无劳动力是否可以利用；地方材料砖、瓦、砂、碎石等的供应能力、价格、质量、运距、运费以及当地的加工维修能力是否可以利用等。

②了解项目所在地的交通运输条件。如铁路货运、公路、水运等情况，通往施工工地是否需要修筑临时便道；公路桥梁的最大通行承载力；水运是否可以利用，码头至工地的距离等。

4. 实施性施工组织设计的编制原则和依据

（1）编制原则

1）贯彻执行国家有关法律、法规和技术准则，地方政府及行业有关规范、标准、规定，企业相关标准和制度。

2）科学组织、合理部署、突出重点、兼顾一般，充分考虑项目的特点、重点和难点，做到各阶段、工序、工种间有机衔接。

3）统筹安排各工程的施工顺序和进度目标，实现均衡生产。

4）积极采用新技术、新工艺、新材料、新设备，不断提高施工技术水平和施工机械化、工厂化、装配化水平。

5）根据项目所处地区自然和气候特点合理安排，充分利用当地资源，就地取材，减少施工运输及投入。

6）贯彻“永、临结合”的原则，凡有条件利用的正式的永久性工程均应优先安排施工，充分利用永久性征地减少临时租地。

7）贯彻国家环境、水土资源、文物保护政策及节能减排、职业健康、绿色施工等方面的相关要求。

（2）编制依据

编制依据应包括以下方面：

1）与建设单位签订的施工合同、协议、会议纪要。

2）建设单位提供的工程设计文件、图纸。

3）建设单位指导性施工组织设计下达的工程施工安排要点、工期和质量要求。

4）施工调查报告、公司管理交底、施工组织设计前期策划书。

5）工程设计文件采用的施工技术规范、规则、规定以及现行的施工定额。

6）施工单位满足其承包工程项目的施工能力，包括机械设备、项目经理及各类人员配备等基本情况。

7）以往类似工程的施工经验。

5. 实施性施工组织设计编制内容

建筑工程应按照《建筑施工组织设计规范》GB/T 50502 的相关要求进行编制，实施性施工组织设计的内容应根据建设单位要求编制，但至少应包括以下 20 个方面。

（1）编制原则和依据

根据上述要求，结合项目自身特点编写。

（2）工程概况

从项目简介、本标段施工范围及内容、设计概况、合同工期、主要技术标准、自然条件、施工条件、主要工程数量、建设相关单位等几个方面介绍，具体的工程地点（细化到地块位置）以及项目所在地的具体位置应附以地图并进行标注。

（3）工程特点、重难点分析及施工措施

在充分审核设计文件、招标投标文件和现场施工调查的基础上对工程特点及重难点进行分析，并根据分析情况和现有技术力量提出切实可行的施工措施。

（4）管理目标

明确项目部的管理方针、目标、职责和权限。其中，管理目标应参照公司的年度目标和建设单位的要求制定，如安全目标、质量目标、进度目标、创优规划、环境保护及文明施工管理目标、节能减排目标等。限制性目标（如伤亡率等），不得高于公司目标；提倡性目标（如质量要求等），不得低于公司内部目标。

（5）项目部组织机构和主要人员

以文字和图表形式表述项目部的组建及主要人员配置情况。组织机构框图按照直线职能组织机构形式绘制。项目部主要人员应以表格形式体现，包括项目部领导以及工程部、安质部、工经部、财务部、物机部、试验室、办公室等部门负责人。

（6）施工部署

1）总体施工布置应以施工平面布置图表示，包括：主体工程，临近线路的既有道路或铁路（含主要建筑物），便道引入点及布置，便桥规格及位置，引入电力或变压器规格、位置，主要供电线路走向，给水干管管路，项目部驻地，作业队驻地，大临设施、弃土场、主要材料及周转性材料库房位置等。

2）施工任务及队伍按工程专业进行划分和选择（如钢筋一队、钢筋二队，混凝土一队、混凝土二队，砌筑一队、砌筑二队，水电作业队等）。施工任务划分应做到专业清晰、任务均衡、进场有序、避免干扰。

3）结合前期策划阶段主要工程施工方案和临时工程设计方案比选，对选定的施工方案进行介绍，叙述时简单明了，但必须抓住关键点，重点介绍施工方法，施工工艺可以相对简略。

（7）施工进度安排

生产经理是项目施工进度计划安排的直接领导，具体负责项目进度总计划和分年度计划及关键节点计划。

1）根据合同工期确定总体进度安排，明确关键线路，对后续工程有影响的单位工程或分部工程，应充分结合后续施工提前筹划开工时间，并设定最迟完工时间。总体进度安排应采用图表形式体现，如横道图、网络图、斜率图等。

2）单位工程应结合拆迁进度情况和可能在施工过程中遇到影响工期的因素进行统筹规划，避免后期抢工；同类型的分部工程力求采用工序流水法施工，以便最大限度地利用周转材料、机械设备，合理安排劳动力。

3）根据对工期的影响程度由高到低，依次划分为一级节点、二级节点、三级节点。

一级节点（集团公司管控）：确保整个项目总工期目标的重要阶段性节点和控制性工程的关键节点（包括重难点工程阶段性节点、施工组织关键线路上的控制性节点、建设单位指定的关键节点）。

二级节点（子分公司管控）：主要单位工程（或单项工程）的开工和完成时间节点。如主体楼栋正负零、地下车库、主体楼栋封顶、二次结构、建（构）筑物的开工和完成时间。

三级节点（项目经理部管控）：主要单位工程（或单项工程）的分部分项工程开工或交工的时间节点。

（8）施工准备

1）对临时工程（包括施工驻地、混凝土拌合站、便道便桥、材料库房、钢筋加工场、小型构件预制场等）建设描述其规模和使用功能（根据需要单独编制专项施工方案），混凝土拌合站、钢筋加工场、小型构件预制场、材料库房等应对拟配备主要工装设备的规格和产能等进行说明。

2）电力、通信及生产生活用水应明确其来源和使用方式。如采用外接电时，应说明变压器的功率和设置地点；生活、生产用水需要对水质检测情况进行简单说明。

3）结合建设单位的要求和现场实际情况明确自有试验室或委外试验情况。当采用自有试验室时，应说明试验室的建设规模、主要设备配置、资质申请（授权）情况、试验检测计划（检查项目、检测频率、所依据的标准等）；当采取委外试验时，要明确委外单位地点和名称、委外单位资质情况、委外检测计划等。

4）交接桩的时间、参与单位和人员、平面及水准点加密复测和施工控制网布设情况。

5）征地和拆迁情况，针对现场实际情况说明目前可开工的工点和后续拆迁的安排部署。

6）技术人员配备、技术管理制度建立、技术交底及培训情况等。

（9）资源配置

1）根据工程施工规模大小，合理配置施工技术管理、专职安全生产管理、特殊工种、施工作业人员的数量。

2）根据施工工期安排、施工顺序和施工方案，对配备或采购的主要物资、周转材料进行统计计算，并根据施工计划明确其分批次进场时间。

3）根据工程进度安排和工作量的需要，结合建设单位要求，确定各施工阶段机械设备的来源、配置数量、规格型号、进场时间等。

4）结合建设单位投资计划、现场进度安排统筹制定项目部资金使用计划。

5）结合场地填方、挖方土石方数量分布、土质要求以及运距，编制场区内部土石方调配计划，对土石方进行合理调配安排。

（10）主要工程施工方案

生产经理牵头负责编制主要工程施工方案。

1）重点介绍经过比选后确定的施工方案总体思路，首先介绍工程概况，包括工程位置、结构形式、主要工程数量等，然后明确施工工序流程，最后按照流程对各工序施工方法进行简略介绍（如采用“四新技术”应详细），尽量采用图文结合的方式描述。

2）对项目拟编制的主要工程施工方案进行梳理，制定本项目施工组织设计（专项施工方案）编制审批计划表，明确拟编写方案数量、名称、编制负责人、计划编制时间、评审时间、审批单位等，并对施工组织和施工方案的编制、审核、发放、修改等情况，建立施工组织设计（专项施工方案）管理台账，跟踪管理。

（11）特殊过程、关键工序界定和管控措施

结合工程特点和自身施工能力进行特殊过程和关键工序界定，提出相应的管理措施，如编制作业指导书、培训人员、过程监控等。

（12）安全风险、重要环境因素辨识及相关措施

对施工过程中可能出现或潜在的安全风险和重要环境因素进行识别、分析和评价，并制订相应的应对措施。

（13）安全保证措施

建立项目部安全管理组织机构，绘制安全保证体系框图。措施包括已建立的安全生产管理制度、针对项目安全风险制订的主要安全保证措施、通用安全措施条款等。

（14）质量保证措施

建立项目部质量管理组织机构，绘制质量保证体系框图。措施包括已建立的质量管理制度、针对项目技术重难点制订的主要质量保证措施、通用质量保证措施条款等。

（15）进度保证措施

建立项目部进度管理组织机构，绘制进度保证体系框图。结合施工组织、技术方案、人员配置、机械设备、材料物资、资金等方面制订进度保证措施。

（16）文明施工及环水保措施

建立项目部文明施工及环水保管理组织机构，绘制保证体系框图。措施包括针对项目特点制订的主要文明施工及环境保护保证措施、通用文明施工及环境保护保证措施条款等。

（17）节能减排降碳保证措施

建立项目部节能减排降碳管理组织机构，绘制保证体系框图。措施包括执行的国家、地方和项目的节能减排减碳管理制度、针对项目特点制订的主要节能减排降碳措施、通用节能减排降碳措施条款等。

（18）季节性施工保障措施

结合项目所在地的特点，制订针对性和可操作性强的冬期、夏期、雨期和麦收季节以及其他特殊气候下的施工技术措施。

（19）应急预案

明确项目部应急预案领导机构、应急预案内外部联系方式、应急预案清单，编制应急预案及演练计划等。

（20）附件

1）施工平面布置图。

2）施工计划总进度图。

3）临时设施工程设计图。

4）重点工程形象进度图（如主体楼栋、地下车库、二次结构、钢结构、幕墙装饰等）。

5）根据工程类别需要附的其他图，如临时供电线路图、地下管线布置图、交通疏解图、监控量测点位布置图等。

6）项目所用的标准、规范、文件清单等。

6. 实施性施工组织设计编制审核程序

（1）施工组织设计由项目经理主持，项目部总工、生产经理、商务经理等项目主要管理人员共同编制。编制完成后，首先由项目经理组织召开自评会，经过项目部内部评审修改，签署意见后按照审批权限，逐级报批。

（2）正常情况下，公司下达《项目管理策划书》30天内完成编制；特殊情况在合同未签订情况下60天内完成编制；"三边"工程项目进场不超过90天完成编制。

（3）在项目管理机构成立后60天内、标段工程全面开工前，项目部必须完成项目总体施工组织设计编制和审批；单位工程施工组织设计的编制和报审工作必须在开工前完成。

7. 实施性施工组织设计的分解

（1）施工组织设计经审批后，由项目经理牵头向项目全体管理人员进行交底。

（2）项目部要根据业主、公司下达的年度生产计划，编制年度施工组织设计；根据业主最新工期要求，编制剩余工程施工组织设计；年度、剩余工程施工组织设计（施组）要对产值、节点目标进行明确，对物资、设备、资金、劳动力等生产资源进行安排。

（3）项目部要对季度、月度生产计划进行分解，将施工生产任务细化到每周，指标要分解到每个作业队和每个工点。

8. 实施性施工组织设计的实施、纠偏与考核

（1）施工组织设计一经批准，未经审批单位同意，任何单位和个人不得更改。

（2）在实施期间，必须对施工组织设计实行动态管理，项目经理每月要组织各部门对施组执行情况进行梳理，当进度滞后、指标不满足施组要求时，要分析原因，及时采取措施进行纠偏，确保实现节点（阶段）工期目标和总工期目标。

（3）项目部要制定施工生产考核制度，对作业队、施工班组下达施工任务，将施工生产目标下达到各工点，明确考核标准，并严格落实奖罚制度。

2.2.2 项目临时设施施工组织设计

项目临时设施施工组织设计是项目进场后必须首先要做的第一个专项施工组织设计，要在项目开始临建前迅速完成。"兵马未动、粮草先行"就是这个道理。该施工组织设计成功与否，决定着项目会不会有一个良好的开局，决定着能否给业主及相关方留下一个良好的印象，也决定着项目后期是否能够顺利推进。

项目临时设施施工组织设计包括项目经理部临建设计、试验区临建设计、辅助生产区临建设计、农民工临建设计、临时用电用水及消防设计、办公后勤设施设计6部分。其中，前4个临建设计的关键是选址，用电用水及消防设计的关键是利用好当地资源，确保安全性、可靠性和稳定性，办公后勤设施设计的关键是需求计划、选型和确定来源。

1. 项目临时设施施工组织设计定位与思路

（1）项目临时设施施组设计定位

因地制宜、合理布局、功能划分明确，满足项目生产经营工作需要。

（2）项目临时设施施组设计思路

从项目地理环境出发，按照集团公司和子分公司视觉识别系统要求，本着有利于生产、便于生活的原则，融入和谐、安全、方便、节俭的建设理念，因地制宜、合理布局，功能健全、明确划分，充分体现生活与生产的和谐、人与环境的和谐等内涵，对外形成统一的视觉效果，展示良好的项目形象。

2. 项目临时设施施工组织设计总体规划

（1）项目临时设施总体布局

1）项目前期人员进场后，要对施工场地及沿线环境进行仔细勘察，根据项目总体策划中对项目总体情况的分析，对项目的总体定位分析和总体目标设定，特别是项目施工段落的划分和工作分解，通过不同的选址方案对比，科学地规划项目经理部驻地、农民工驻地、各辅助生产区、试验区的选址。

2）项目进场后应识别图纸，结合地形地貌、水文地质情况，当地电力和水源分布情况，以及交通道路分布情况，绘制施工总平面图，尽快确定各主要临时设施的位置，对项目临时设施要有一个总体上的规划和蓝图。

总平面图应包括施工便道及主要临时设施的位置设计和布点设计。

（2）项目临时设施临建标准以及业主和相关方的要求

1）项目进场后，应根据公司对本项目的定位，确定临建标准和规模。临建标准不得超过集团公司和公司规定的统一标准（业主有明确要求的除外）。

2）项目在研究确定好各项临时设施临建方案后，应按照要求尽快形成本专业设计，设计中应包含各项临建费用明细及总费用，报备公司工程管理部审核。

3）项目临时设施应按照 VI 识别系统要求进行规划（业主有统一要求的除外），要做好平面布置示意图、消防示意图、强弱电示意图、供水线路示意图等。

4）项目进场后，应第一时间与业主及相关方沟通，了解业主对临时设施建设的要求。如业主有统一的规划布局，原则上应按照业主的统一布局实施。

5）项目在规划临时设施时，要与业主、当地政府、土地管理部门做好沟通，按规定办理好相关手续。在城市或城郊要与城管部门接洽，临近公路的要与公路路政部门接洽，如涉及铁路或其他设施的应与相应的管理部门进行接洽。

6）项目临时设施建设征地协调工作需要进行周密策划，确保项目权益不受侵害，确保临建及工程施工的正常开展。

（3）项目临时设施设计的原则

1）安全可靠、环保原则

项目临时设施的选址和临建必须考虑水文地质及自然灾害发生的可能情况，必须保证建筑质量，确保安全可靠，符合临时建筑的质量标准、职业健康安全要求和环保要求，充分考虑废水、废气、废弃物、烟尘、噪声等对环境的影响。

2）人性化原则

项目临时设施建设必须充分考虑人的健康、舒适要求，要坚决贯彻人性化原则。特别是项目经理部和农民工的临建，要确保设施齐全，尽量为全体参建员工创造一个舒心、方便的工作和生活环境。饮用水必须经过严格检测，以符合饮用水标准。

3）利于施工生产原则

所有选址和临建设施的投入，必须有利于生产。临时便道尽量选择最短路线，运输便道必须坚固耐用。生产区域的临时设施应尽量选择在对施工干扰少并便于运输的地方。

4）节俭原则

在坚持以上原则的基础上，还要坚持节俭原则，不能突破集团公司和子分公司规定的配置标准，不能突破项目预算的费用。

3. 项目临时设施职责分工与规定要求

（1）项目部临时设施临建工作职责分工

项目经理负责基础设施总体规划，负责审核项目基础设施专业策划。

项目书记及项目办公室负责项目经理部及行政后勤临时设施的策划和临建，负责配合、协助做好各类临时设施的临建用地审批与临建施工，负责各类临时设施的临建验收及撤场拆除工作。

项目总工或技术质量主管领导及项目试验室负责项目实验区临时设施的策划和临建工作。

项目生产经理负责生产区域临时设施包括临时便道、运输便道及其他临时设施的策划和临建，负责项目辅助生产区临时设施的策划和临建工作，负责配合、协助做好各类临时设施的临建及验收工作。

（2）项目临时设施管理的规定和要求

主要涉及集团公司和子分公司的规定和制度示例如下：

《项目文明施工规范》《项目经理部临建标准》《行政后勤设备管理办法》等。

4. 项目经理部驻地建设设计

项目经理部是企业对外形象展示的窗口，项目经理部驻地建设仅指项目经理部管理层办公区和生活区的设施建设。项目经理部驻地建设是有效实施项目管理和对外业务活动的必要条件之一，也是企业形象、企业文化、管理水平、团队作风的有形体现。

项目经理部驻地建设标准应遵循的原则：

考虑工程规模大小、工期长短、当地条件等因素因地制宜的原则；

经济实用、安全方便、整洁环保、形象统一；

坚持勤俭节约原则；

满足业主和相关方的要求；

总费用不突破项目预算。

（1）项目经理部临建方式、选址及标准

1）项目经理部驻地建设方式有两种：一是租用房屋，二是自建房屋，采用何种方式应按业主要求、公司要求、工程规模和当地条件而定。

2）对于标志性工程、特大型、大型工程，项目经理部驻地一般应以自建房屋为主，在条件具备的地区可以租房；对于中、小型工程，项目经理部驻地一般应以租房为主，个别无租房条件的地区，可选择租地自建房屋。

3）项目经理部驻地建设要进行合理规划。办公区与生活区须分区设立，不能办公、居住混为一体，以确保项目正常的工作和管理秩序，树立良好的项目管理和文明施工形象。

4）项目经理部选址要合适，应尽量靠近工地，出入交通方便，利于生产指挥和对外联系，项目经理部驻地距工地现场一般应控制在 1km 以内。

5）项目经理部选址要考虑自然情况，比如洪水、泥石流、雪灾、抗台风，以及高寒、高温地带的自然因素等。

6）项目经理部驻地建设若采用自建房屋形式，应就地取材，采用经济、合理、快捷的方案。东部发达地区的项目经理部办公用房宜使用装配式彩钢板活动房建造，生活区根据情况采用彩钢房或砖木结构。其他地区，根据实际选用建造方案，要求牢固、安全、美观。

7）对于自建房屋，不可避免占用耕地、林地时，场地硬化时不使用石灰，减少硬化污染。退场前必须恢复原土地状况，必要时复耕、还林。临建房屋应尽量少破坏植被。

8）项目经理部驻地建设租用土地应贯彻节约使用耕地的原则，临时租用土地（含办公区和生活区）的控制标准见表 2.2-1。

项目经理部临时租用土地控制标准　　表 2.2-1

项目规模	东部发达地区（亩）	中部地区（亩）	西部欠发达地区（亩）
标志性工程	10	12	12
特大、大型工程	8	10	10
中、小型工程	6	8	8

注：①地区划分按国家公布的地区类型划分执行；
②居住区可租用房屋时，办公区租地面积按表中一半控制。

（2）项目经理部驻地用房标准

1）项目经理部管理层办公区用房标准（人均使用面积）（参考建议值）见表 2.2-2。

项目经理部管理层办公区用房标准　　表 2.2-2

项目规模	项目经理（m^2）	其他项目领导（m^2）	部门管理人员（m^2）	其他人员（m^2）
标志性工程	43	22	6	5
特大、大型工程	22	11	6	5
中、小型工程	18	9	6	5

注：①中、小型项目经理办公室可与小会议室连通使用；
②每间房规格为 $3.6 \times 6=21.6m^2$ 和 $3.6 \times 5=18m^2$ 两种。

2）项目经理部其他功能区用房标准见表 2.2-3。

试验区及其他功能区用房标准　　表 2.2-3

项目规模	小会议室或接待室（m^2）	大会议室（m^2）	试验室（m^2）	行政库房（m^2）
标志性工程	22	86	175	40
特大、大型工程	22	65	155	30
中、小型工程	18	54	130	18

3）项目经理部生活区住宿用房标准见表 2.2-4。

生活区住宿用房标准　　表 2.2-4

项目经理（m^2）	项目副经理（m^2）	部门其他管理人员（m^2）	普通员工（m^2）
20	10	6.5	5

注：①每间房规格为 $3.6 \times 5.5=19.8m^2$；
②不分项目规模。

4）项目经理部生活区后勤用房标准见表 2.2-5。

生活区后勤用房标准　　表 2.2-5

项目规模	食堂、餐厅（含操作间）（m^2）	洗衣间（m^2）	卫生间（m^2）
标志性工程	130	20	40
特大、大型工程	108	15	30
中、小型工程	86	10	20

注：①除项目规模外，主要根据项目类型和员工人数确定实际面积；
②必须确保后勤保障要求，满足项目施工高峰期的需要。

（3）项目经理部驻地建设示意图

项目经理部和农民工驻地都要绘制详细的驻地建设平面示意图，包括办公室、宿舍、食堂、澡堂、卫生间、活动室、绿化、安全设施等。

项目经理部驻地建设平面示意图见图 2.2-1。

说明：场地西侧布设管理人员办公生活区、安全体验馆及质量样板区。

图 2.2-1　项目经理部驻地建设平面示意图

5. 项目经理部试验区（室）设计

（1）项目经理部试验室设计

1）项目经理部试验室要按照相关标准和业主要求建设，一般设在项目部驻地内并单独分区，根据项目规模和实际情况也可单独设置。

2）经理部试验室要根据招标文件及相关规定，结合施工现场和环境设置，试验室内设施放置台面或试块放置台架必须结实牢固。

3）为了确保试验室保持合适的湿度和温度，必须配置符合要求的空调等设施，试验室的标准养护室和办公室不能混合，试验材料必须有专门场地堆放。

（2）分部或拌合站临时试验室

设置原则同项目部试验室，必须满足规范要求。

（3）项目试验室示意图

1）项目部试验室平面示意图；

2）分部或拌合站临时试验室平面示意图。

【示例 2.2-1】某安置房住宅楼新建工程项目部试验区（室）设计（部分内容）

1）根据招标文件及相关规定，结合施工现场和高某镇环境，试验区选择在项目部隔壁，租用民房进行改建。试验室设试验办、水泥室、混凝土室、集料室、力学室、标准养护室、土工室、留样室。各室岗位职责、工作制度、仪器操作规程上墙，各室根据要求配备相应的试验检测设备和冷暖空调；标准养护室面积 16m^2，试件容量 720 组（以 150mm × 150mm × 150mm 每试件计算），设不锈钢架子，结构结实可靠，同时配置标养室温湿度自控仪及感应设备一套，保证满足规范要求。

2）计划配置混凝土搅拌站一座，拌合站设临时试验室，拌合站试验室设试验办、操作室、标养室。

试验设备：混凝土拌合站临时工地试验室主要对进场砂、石料各简单技术指标进行初检，并负责混凝土施工配比计算和混凝土试件的制取。临时工地试验室所配备仪器由中心试验室根据工程需要负责购置和标定。

混凝土试件标养室：混凝土试件标养室面积 15m^2 以上，试件容量不低于 500 组（以 150mm × 150mm × 150mm 每试件计算），增配水泥浆等小试件养护设备。标养室设铁架子（具体尺寸同项目部试验室标养室），结构结实可靠，配置标养室温湿度自控仪及感应设备一套，保证满足规范要求。

6. 项目辅助生产区设计

（1）拌合场（混凝土拌合站、砂浆拌合站）

1）拌合场设置需要充分考虑交通运输的经济合理性，设置位置应位于居民居住区、学校、医院等敏感地点 300m 以外。场地要宽大、平整，排水设施完善，对环境及周围居民无影响，且不受洪水侵扰。

2）各种原材料的堆放场地应作硬化处理，设置装配式桁架彩钢瓦顶棚全封闭，每种材料之间均采用砖墙或其他隔断方式，不同种类、不同规格的材料要严格分档、隔离堆放，不得出现混堆现象。

3）拌合场设置应方便物料运输，卸料码头、运输便道应及时进行整修，场内运输道路要平整、方便，进出的各种机械车辆要方便调头，减少相互之间的干扰，以免道路状况恶化后造成交通噪声值的增加。

4）加强设备及原材料的安全管理，场区内注意用电安全，搞好“三防”（防火、防灾、防事故）工作，将油料及润滑油等易燃物品与电源及各种加热设施隔开。

5）在拌合设备前设置施工标识牌，标明混合料配合比，材料堆放区应按照材料标准分类设立原材料标志牌，注明原材料名称、规格、数量、产地和检验状态等内容。

6）注意环境保护，应选用效率高、噪声低的机械设备，并注意维修养护和正确使用，使之保持最佳工作状态。

7）设备作业过程中的废油及其他固体废物应及时清运至当地允许放置的地点或依据有关规定处理。

8）废水不得直接排入河流、水井等水源中，可在拌合场地或附近设临时沉淀池（可就近利用废弃的沟坑），废水可循环利用，待施工结束后覆土掩埋并恢复现场植被。

（2）小型构件预制场

1）小型构件预制场应按工程施工分布情况和可选场地实际情况，以方便、合理、安全、经济和满足工期为原则，选择集中在一个或几个预制场进行，一般情况下不应占用场内建筑物等位置作为预制场；预制场地占地面积应满足施工需要，并不小于合同文件规定的面积。

2）小型构件预制场应设置材料堆放区、梁板存放区、拌合区、作业区、模板、钢筋制作区，各施工区域布置合理；场内主要作业区、场内道路等应作硬化处理，排水设施完善。

3）砂石等地方材料堆放场地应作硬化处理，不同规格砂石料应分隔堆放，并严格分仓隔离堆放；应修建钢材、水泥存放仓库。

4）预制场内设置施工标识牌，要结合监理工作规程中有关原材料及混合料报验制度的规定，在材料堆放处标注材料品名、规格、产地、抽检时间、检验结果、监理工程师是否同意使用等内容；在拌合设备前设混合料配合比标牌，并严格按施工配合比施工。

5）施工期间含油废水和生活污水经沉淀池、隔油池、化粪池等设施收集处理后排放，禁止随意排放未经处理的废水。

（3）周转材料集中存放区

1）高层建筑施工周转材料数量巨大，场地规划如果不合理，则会造成材料堆放不整齐，容易造成脏乱差现象，影响文明施工。项目进场前对周转材料场地进行详细规划，根据计划用材料数量和规格进行规划。

2）堆放场地应按照周转材料的类别，按照规格型号统一分区，场地选择应有利于材料运输、调转，尽量集中并靠近作业区，应着重从场地大小和安全两方面进行考虑。

钢筋堆放示意见图 2.2-2；模板堆放示意见图 2.2-3。

图 2.2-2　钢筋堆放示意

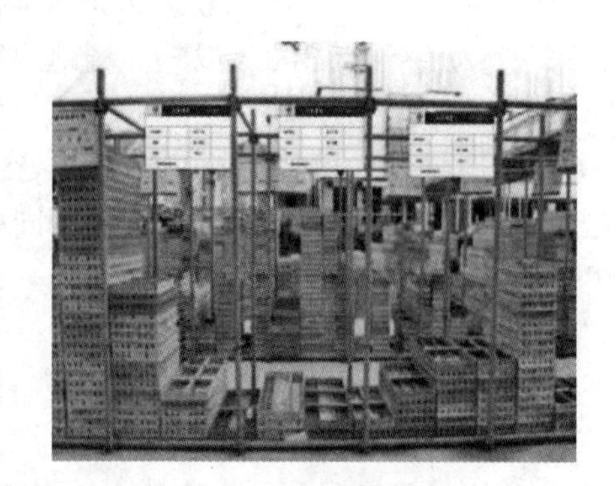

图 2.2-3　模板堆放示意

（4）其他辅助生产区

1）本着有利于项目工程施工、方便生活、易于管理、安全可靠的原则进行。

2）绘制现场实施性平面布置图。

3）确定现场临建配置数量、材质、配置方式、进场时间、使用时间。

4）合理确定临时便道设置走向、宽度、长度。

5）确定钢筋棚和木工棚场地的大小，与施工现场之间的合理距离等。

7. 施工工区和农民工驻地建设

项目经理部施工工区和农民工驻地建设应统一规划，施工工区和农民工驻地的布局、标识标牌等应保持一致，施工工区的办公区、生活区、停车场等设施标识设置须规范、清晰、醒目，农民工驻地周围应设置排水设施和临时隔离栅，驻地内外应有安全保卫设施。

（1）项目工区工作区

1）项目工区驻地的选址应按照工作分解（WBS）及工程结构的划分，由项目经理部统一规划。选址按照方便施工、方便管理、方便交通、方便生活的原则，距离本标段施工现场不应超过 1km。

2）项目工区驻地范围内除建筑物占地和道路、停车场、活动场所硬化外，其他空闲地面需进行适当绿化。绿化的格调和采用的品种应与周边环境相协调。

（2）项目分部生活区（包括操作层、劳务队生活区、农民工驻地）

1）项目工区驻地办公区和生活区分开，生活区尽量采用集中原则。如确因场地原因无法集中的，可租用当地民房，但也应集中租赁，避免分散。

2）项目应把操作层、劳务队生活区和农民工驻地临建和后勤生活区纳入统一管理范畴，应按人性化原则，与项目部临建同步实现标准化，提升项目整体形象。

3）特别是高层建筑等用工量大、工人生活较集中的项目，应切实建好、管好劳务班组生活区，对防火、防风、防洪、防泥石流、防疫等考虑周全，确保安全卫生。

（3）材料堆放区（包括零星周转材料）

1）要采取有效措施，按原材料质量管理程序，检验合格材料与未检验材料分别堆放，不合格材料不得入库。

2）预制（拌合）场地内不同规格砂石材料要严格分档、隔离堆放，严禁混堆；砂石材料应堆放成梯形，力争做到“条直层平”，并设置细集料覆盖设施。

3）钢筋、水泥的主材应在室内存放，并架空堆放。

4）易燃易爆物品要分类存放，不同物品按相关标准设计建设。

5）在材料堆放处设立原材料品名及报验牌。

（4）设备停放区

1）设备停放区以方便、合理、安全、经济为原则，可设置一个或几个停放区。

2）停放区场地要平整，设置围墙，排水设施完善，对环境及周围居民无影响。

3）设置有照明、通信、消防等设施，建立健全管理制度和防范措施，配备相应管理人员。

4）停放区应设置燃油、淡水加注点，以方便机械设备加注。

5）各种机械设备的摆放要整齐有序，方便进出，减少相互之间的干扰。

（5）辅助生产区

1）施工工区的辅助生产区包括：钢筋加工区、预制作业区、拌合作业区、维修区等。

2）辅助生产区应尽量靠近材料堆放区和现场作业区域，确保运输便捷。

3）辅助生产区要做好安全保卫设施的配置，做好安全隔离。

（6）项目分部示意图

项目分部平面示意图见图 2.2-4。

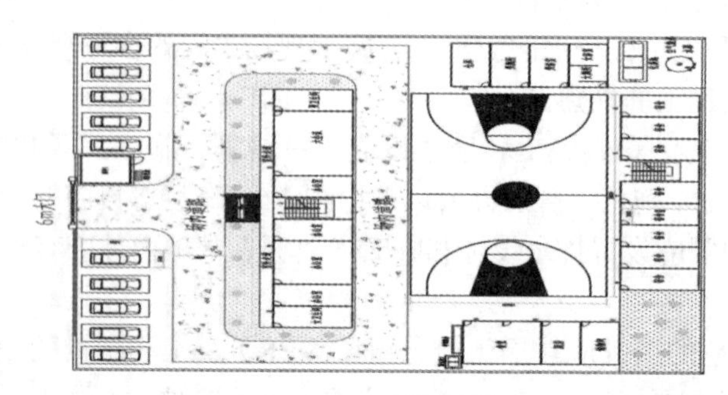

图 2.2-4　项目分部平面示意图

1）项目工区和农民工驻地平面示意图，见图 2.2-5、图 2.2-6。

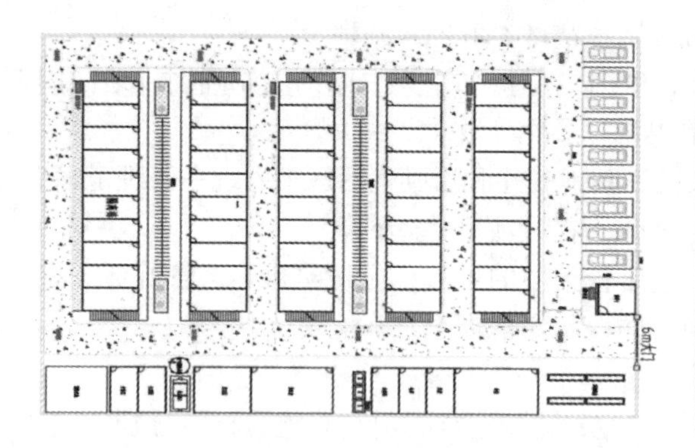

图 2.2-5　项目工区和农民工驻地平面示意图（一）

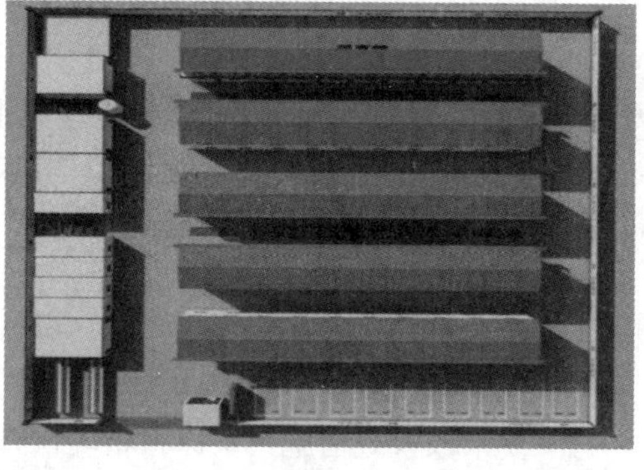

图 2.2-6　项目工区和农民工驻地平面示意图（二）

2）项目工区作业区平面示意图。

项目部基坑基础作业平面示意图见图 2.2-7。

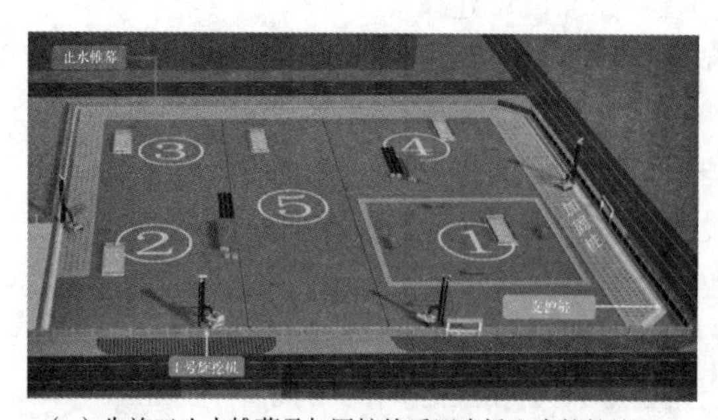

（a）先施工止水帷幕及加固桩然后逐步插入支护桩施工

（b）优先开挖塔楼区域土方及内支撑施工

图 2.2-7　项目部基坑基础作业平面示意图

8. 临时用电、用水设计

（1）临时用电设计

1）项目部驻地临时用电

必须首先核定经理部办公用电（照明、电脑及各种办公设备等）及生活用电（厨房设备、锅炉、热水器、照明、生活电器等）的消耗总功率上限，然后测算总用电量上限，再根据当地实际决定线路引入方式。电路引入应与当地供电部门联系，尽量使用社会电，如有必要还应架设变压器。必须确保用电安全、可靠、稳定，如当地电力供应不充足或经常断电，项目部应考虑购置备用应急发电机。

【示例 2.2-2】某安置房住宅楼新建工程项目部用电设计（部分内容）

①食堂用电约 20kW，职工宿舍用电约 25kW，办公楼用电约 25kW，试验室用电约 30kW，根据以上计划累计用电量约为 100kW，为确保办公生活用电，方便管理，按供电可靠性要求，项目部申请安装 85kW 变压器一台，通过正确的计算，合理分配负荷，使三相均衡，配电箱内需设置自动空气开关、漏电开关、闸刀（三相或单相根据负荷类型确定），各配电箱必须作重复接地，现场所有设备必须实施一机一闸一漏电开关制，电器类型和规格按常规选择。在电气装置和线路周围不堆放易燃、易爆和强腐蚀物质，不使用火源。

②在电气装置相对集中场所，配置绝缘灭火器材，并禁止烟火，加强电气防火知识宣传。办公用电由部门负责，每间办公室均安装电表，合理使用办公用电设备，定时开关灯，杜绝浪费，生活用电由办公室按月进行核算。

办公室用电标准根据各部门办公设备功率及使用时间核算项目各部门用电控制标准：办公室、工程部平常每月 150kW・h，7 月至 9 月合计 3 个月用电标准 750kW・h，12 月至次年 2 月合计 3 个月用电标准 750kW・h。其他部门平常每月 100kW・h，7 月至 9 月合计 3 个月用电标准 600kW・h，12 月至次年 2 月合计 3 个月用电标准 600kW・h。

③项目部生活用电控制标准：日常每月每间为 40kW・h，按月统计核算；7 月至 9 月合计 3 个月用电标准：项目领导宿舍每间为 450kW・h，安装空调的员工宿舍每间为 400kW・h，未安装空调的员工宿舍每间为 300kW・h；12 月至次年 2 月合计 3 个月用电标准：项目领导宿舍每间为 400kW・h，安装空调的员工宿舍每间为 400kW・h，未安装空调的员工每间为 300kW・h。

2）项目部生产用电

项目生产用电要综合考虑各个作业区的用电量，根据生产需要设计详细的生产用电方案，在本专业策划中，主要对生产用电进行总体规划。项目前期为了尽快投入生产，可以发电为主。发电成本高，因此生产临时用电必须在项目前期策划中作为重中之重，提前策划考虑，用最短时间完成生产用电的接入。

生产用电要以满足项目生产高峰期最大用电量为参考值设计，同时要首先满足安全性、可靠性、稳定性要求。临时电路的架设、变压器的安装、与各工区费用的核算、与电力部门施工合同的签订要综合考虑，既要不影响生产，又要节约费用、便于维护管理。因此，要与电力部门密切联系，确保大电架设施工费用合理，工期最短。

（2）用水设计

1）项目部驻地用水

项目部驻地用水要根据当地居民用水情况来策划，在条件允许范围内尽量使用社会集中供应的居民饮用商品水（自来水），不具备条件的可以自行掘井。不管是用自来水或掘井，水质必须满足职业健康安全的要求，水质必须经权威机构检测合格。其中，重点关注水中所含超标元素、传染病菌和有害寄生物。基本指标是可溶性固体总含量（*TDS* 值）必须达到饮用水要求（$TDS < 300\text{mg/L}$）。如达不到水质要求，必须使用净化设备，包括超滤及反渗透（RO）设备。

2）施工生产用水

施工现场生产用水要根据当地供水情况和水系布局，尽量使用当地水系资源或使用市政管网由社会集中供应。水质必须通过权威机构的检测，经试验室验证满足生产用水要求。生产用水同时要考虑作业区的消防用水需要，确保消防用水正常，不被占用。

9. 办公后勤设施设计

（1）办公后勤设施设计主要内容

办公后勤设施设计主要考虑办公设备、后勤设备的基本配置需求，根据配置需求确定是由公司其他项目调入、新购或租赁。同一种办公设备尽量采用同一型号，以性价比、耗材成本、售后服务等作为选择指标。

其中办公设备包括：办公桌椅、微机及外备（打印机、扫描仪、投影仪等）、网络设备（服务器、路由器、交换机）、通信设备（电话程控机、电话机）、其他办公设施。

后勤设备主要包括：厨房设备（炒锅、和面机、冰柜、蒸饭机等）、浴室设备（热水器等）、洗衣房设备（洗衣机、烘干机等）、健身设施、娱乐设施、其他生活电器等。

办公后勤设施的配置要坚持实用节俭原则。所有办公设备的配置以中低档为主，要满足项目需要，又要轻便可组合，易于搬迁，且耐用、可靠性高。办公后勤设施的配置既要考虑购置费用，同时要考虑其耗材费用，以及售后服务；还要核算比对租赁和购置费用，能租赁的要尽量租赁。

部分设备可分期配置，如复印机既要考虑日常文件资料的复印，还要考虑后期竣工资料的复印，因此前期可用一般档次的或旧的，后期可根据机况和海量资料复印的需要，添置一台性能较好的。

后勤设施的配置要坚持人性化原则，项目部为临时驻地，生活工作条件尽量考虑方便员工工作生活，设施要配备齐全。后勤设施要考虑舒适性，要考虑便于拆装，可在多个项目周转长期使用，可以尝试配置标准化的公寓配套设施。

（2）办公设备及设施配置

1）办公家具配置

坚持耐用易搬迁原则，建议配置现代轻质办公家具，避免配备传统的厚重办公桌椅，传统重型的桌椅笨重，不便于拆装、搬迁。

项目部应按照项目办公家具配置标准严格执行，业主有特殊要求且不可变更的按业主要求的标准配置，以节俭为原则，上一个项目能用的不再新购。

项目部应按照配置标准和项目需求制定“项目办公家具配备计划表”，并明确来源（调入、租赁、新购），项目部办公家具配置标准见表 2.2-6。

项目部办公家具配置标准　　表 2.2-6

办公用品	项目经理			其他项目领导			部门管理人员	小会议室
	标志工程	特大型工程	中小工程	标志工程	特大型工程	中小工程		
大办公桌	1	1						
中办公桌			1	1	1	1		
普通办公桌							1	
文件柜	2	1	1	1	1	0.5	0.5	
大沙发	1	1	1	1	1	1		2
小沙发	2	2	2	1				2
转椅	1	1	1	1	1			
普通椅						1	1	

2）项目办公设备配置

主要办公设备配置清单见表 2.2-7。

主要办公设备配置清单　　表 2.2-7

序号	设备名称	规格型号	数量	价格	费用	使用部门	来源
1	台式电脑						
2	复印机						
3	打印机						
4	传真机						
……	……	……					

（3）生活设施配置（食堂、浴室、洗衣间等设施）

1）食堂设施的配置清单可由食堂管理人员提出，配置必须满足施工高峰期人员就餐的需要。必须配置足够容积的冰柜，餐厅必须配置消毒柜；所有食堂设施的配置必须符合食品卫生和职业健康安全的规定和要求。

2）浴室设施可根据项目所在地的实际，配置电热水器、太阳能热水器或其他类型的热水器，尽量让员工能洗热水澡。如当地有集中供热水（温泉水），供水成本低于热水器费用的，也可采用定期外供热水的方式。

3）洗衣间要配置大容积洗衣机，满足员工洗床单、被罩等大物件的需要。根据员工人数，确定洗衣机的配置数量。同时，洗衣间内要配置一定数量的室内晾衣架，满足雨天员工晾晒衣服的需求。

（4）职工之家设施配置

1）职工之家设施的配置以健身设施和娱乐设施为主，由项目部工会提出计划，按照“项目职工之家创建方案”进行落实，具体按照集团公司或子分公司先进职工之家创建标准执行。

2）项目在前期临建和临时设施策划中，须充分考虑职工之家建设对硬件设施的要求，要策划采购，为创建职工之家工作打好基础。

3）按照目前项目部整体布局情况，建议条件允许的项目部要为员工建标准化篮球场，场内同时可规划羽毛球场，项目部可购置乒乓球台、桌球台、棋类等文体设施。可为员工购置室内或室外健身器材。

职工之家设施配置清单见表 2.2-8。

职工之家设施配置清单　　表 2.2-8

序号	设备名称	规格型号	数量	价格	费用	使用部门	来源
1	篮球架						
2	乒乓球台						
3	健身器材						
……	……	……					

2.2.3　项目工程施工生产组织设计

项目工程施工生产组织设计是项目部进场后在对施工图纸、工程量清单、技术质量、资源配置要求、工程进度要求等进行充分识别的基础上，结合现场勘察及对施工力量的配置和施工进度的均衡而编制的一个专门围绕施工生产的总体性施工组织设计。

项目工程施工生产组织设计作为一项专业的生产组织策划，由项目生产经理负责组织工程部和施工技术生产管理人员进行编制。初期（最迟不超过正式开工后一个月）完成，并向公司工程管理部报备工程施工生产组织管理专业策划。该策划的核心内容是：施工单元划分、施工进度计划、施工准备计划、（专项）施工方案。

项目工程施工生产组织管理设计的内容包括：工程施工生产组织的综合分析、总体安排、保障体系和控制措施。其中控制措施包括：施工准备及部署、生产计划、施工方案和施工方法、施工保障措施、专项施工方案编制计划等。

项目工程施工生产组织设计是项目实施性施工组织设计中有关施工准备、施工组织、进度管理部分的前期策划设计，项目部根据业主要求编制的实施性施工组织设计是根据本策划模块展开并细化。其中核心内容可作为实施性施工组织设计组成部分。

首先要对项目工程特征包括工程图纸及工程量清单（数量）进行分析，对业主施工组织要求、进度要求及业主施工组织模式进行识别分析，对影响项目施工组织的内外部因素进行识别分析，对施工关键过程、关键工序、特殊过程进行识别分析，对工程施工的难点、重点进行识别分析。

根据分析结果确定进度目标并分解，确定项目施工组织的总体安排，建立施工组织管理体系并明确分工和职责，明确项目施工组织的核心流程、规定和要求；在此基础上，确定本项目的施工组织控制措施，包括：施工准备及施工部署，总体施工方案和施工方法，施工组织管理保证措施。

1. 项目施工生产组织设计定位与思路

（1）项目施工生产组织设计定位：是指导现场施工的纲领性文件，符合客观的经济、技术规律，对工期、进度、质量、安全、环保、文明施工等作出合理的安排，使整个施工过程处于有序的受控状态。

（2）项目施工生产组织设计思路：贯彻执行工程施工的政策、法规，执行技术标准、质量标准、施工规范、安全规定、环保要求，采用科学的方法统筹安排项目生产，全面指导工程施工，确定质量、工期、安全、文明施工目标。根据项目总工期要求，分析影响施工生产的各种因素，采用倒排工期等方法，制定详细的进度计划及保障措施，确保圆满履约完成施工任务。

2. 施工生产组织分析

（1）施工现场勘察

1）根据项目总体策划中对工程概况、地理环境、施工条件的分析，由项目前期进场人员组织专题会议对施工图纸进行全面细致的学习研究，对照图纸进行现场勘察。

2）对照施工图设计中的文字介绍，详细勘察内容包括标段内施工条件、地形地貌特征、工程地质、地层结构、地貌条件、地势分布、气候等，并形成项目现场勘察记录。

3）根据施工图设计和工程量清单，对项目的建筑范围、平面位置、标段范围内的工程内容进行现场勘察，列出主要工程数量表，并对工程内容和数量进行初步核定。

4）根据施工设计图、施工技术及施工工艺要求，对施工技术难点、施工技术难度进行把握，分析施工组织中应注意的主要技术问题。

5）对照施工设计图纸对标段内逐点进行勘察后，由项目经理召集相关人员进行分析总结，形成现场勘察分析报告，其中涉及施工组织的核心内容纳入本节。

（2）施工生产的内、外部因素的识别

1）项目部进场后，组织相关人员学习招标文件、合同文件及业主指令（文件），充分掌握业主对项目整体进度的安排和对施工组织的要求。

2）要积极主动地与业主沟通，了解工程指挥管理程序，分析业主施工组织管理模式和特点，了解业主对前期施工准备的要求。

3）项目进场后，要及时将前期现场勘察报告提交公司工程管理部门，充分识别公司对本项目施工组织的要求和进度安排。

4）项目进场后，要充分了解周边劳务队伍资源、材料来源、设备租赁市场等情况，按照公司规定，以便提前招标选择、组织施工力量。

【示例 2.2-3】某安置房住宅楼新建工程施工生产内外部因素的识别（部分内容）

本项目是一个复杂的建筑工程项目，影响进度的因素很多，综合起来，主要有以下几项：

1）设备：施工所需的大型设备较多，设备调遣和进场以及设备完好率与工程进度密切关联。设备的调遣和配套是项目施工的重点。

2）材料：本项目所处区域交通不便，各种材料供应存在较大问题，黄砂、钢筋、水泥等材料能否及时到位是项目计划能否顺利实现的关键。

3）资金：本项目所需的材料、设备很多，所需资金量很大，资金短缺会直接造成工程进度迟缓。

4）变化：本项目地基基础工程施工中，地质的变化、水位的变化、施工顺序是否能合理化安排会影响施工进度，是本项目的难点。

5）气候：

①突发性暴雨促发的洪水将对主楼基础和正负零以下的混凝土施工造成较大影响。

②本项目所属地区每年 5～8 月份为雨季多发期，地下水上涨幅度快，基础和地库施工受影响较大。

6）人员：人员管理集中，环保要求高。

7）质量、安全：任何质量和安全事故都会严重影响工程进度。

8）环境的影响：项目各利益相关方对本项目的需求。特别是本项目处于城市湿地公园保护区外围，环保要求高，是本项目的重点。

（3）施工生产的重点、难点分析

根据项目现场勘察分析和对内外部要求的识别，项目要客观掌握自身管理资源状况及所处施工环境和工艺特点，进而准确作出施工重点、难点分析，包括：重点、难点施工内容，重点、难点施工阶段，关键、特殊施工过程（工序）。通过分析，为下一步建立工程施工生产组织管理体系和制订工程施工生产组织控制措施提供依据。

1）重点、难点施工内容（楼栋号）

对施工合同段分部分项工程施工组织进行充分分析的基础上，着重从项目位置、资源运输、施工组织难度、工艺技术难度、工程量、进度要求进行考虑，特别是从全标段内施工组织的总体安排以及业主要求进行考虑，对那些施工组织难度较大、对全标段其他施工部分影响较大（“卡脖子”楼栋）、对全标段形象进度甚至项目整体形象进度影响较大的施工楼栋号作重点关注，分析其难点所在以及施工组织的特别措施。对于重点、难点施工内容和施工楼栋号，必要时应制订专项施工方案，相应地要加大管理力度，加大资源投入，加大技术支持，确保按期甚至提前保质保量完成。

2）重点、难点施工阶段

项目部进场后，按照进度总目标要求，倒排工期，制订项目施工进度总体计划，同时按照工作分解（WBS）和施工工区划分，制订各施工工区施工计划，并对各单项、分项、分部工程制订详细的计划。按照计划，项目要识别、分析影响施工组织的重点难点施工阶段，以及影响质量安全的关键施工期，针对这些施工阶段，项目部应制订专门的大干计划，适时组织大干活动，确保重点、难点施工阶段的工期质量得以落实。

3）关键、特殊施工过程（工序）识别

根据施工项目部的实际情况，对施工过程中影响关键线路的关键过程、关键工序与特殊过程等进行具体分析，根据分析得出关键过程、关键工序与特殊过程清单，就关键过程、关键工序与特殊过程的施工组织注意事项进行分析。

3. 施工生产计划与施工方案

（1）施工生产总体计划安排

根据对项目工程施工生产的现场勘察、内外部因素识别、重点难点分析，通过综合分析，按照业主进度目标、里程碑关键节点事件总计划和公司整体安排要求，尽快形成系统的施工组织思路，进而确定项目施工生产总体计划及总体安排，使施工组织科学、合理、高效，更好地为现场生产服务。其中，施工生产总体计划可用图表的方式，总体施工生产计划要有文字具体说明。

【示例 2.2-4】某建筑工程项目总进度计划纲要（部分内容）

某建筑工程项目工程量大，交叉作业多，有些分部工程（如钢结构、玻璃幕墙等）技术难度高，工程风险大，工期相当紧迫，需采取多种措施保证目标的实现。但要实现项目的总进度目标，首先应进行总进度目标的论证，即通过编制总进度纲要来论证目标实现的可能性。

1）总进度纲要编制的指导思想

大型建设项目的进度计划构成一个系统，在不同的时间段，针对不同的项目应编制不同深度的进度计划，如图 2.2-8 所示。对于该项目，进度计划可形成总进度纲要、总进度规划、分区进度计划和单体进度计划等四个层面，如图 2.2-9 所示。

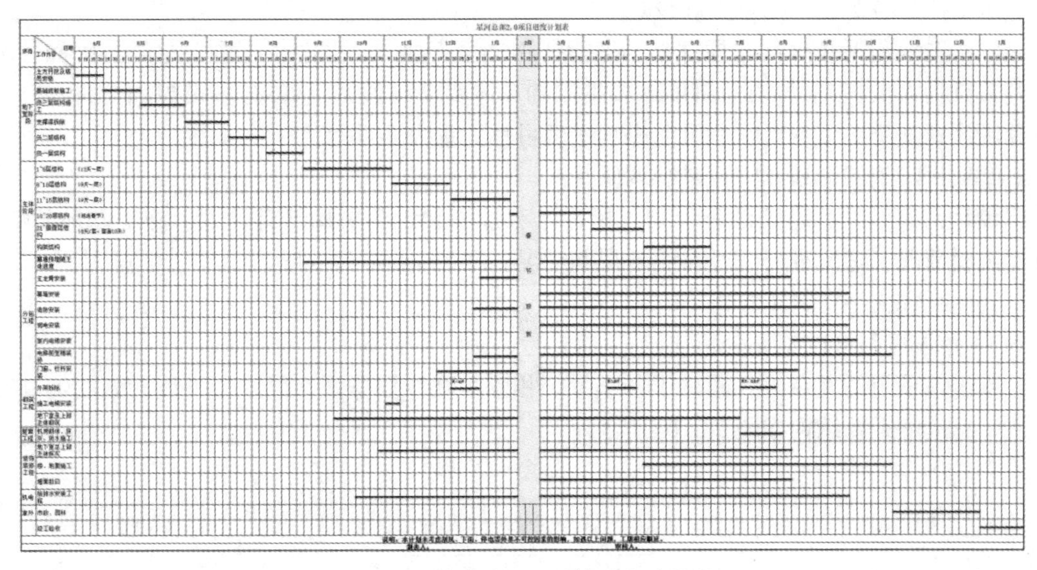

图 2.2-8　某建筑工程总体进度计划图

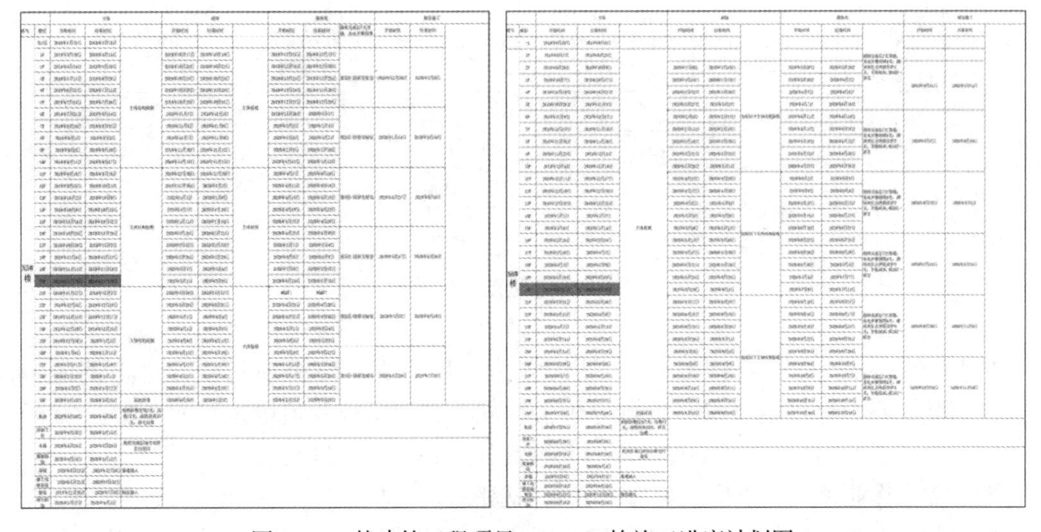

图 2.2-9　某建筑工程项目 N5、N6 栋施工进度计划图

编制总进度纲要的目的是进行工程总进度目标的论证。因此，在本总进度纲要中，全部的工作时间均以最早可能开始时间、最早可能完成时间进行安排。在总进度目标论证时，往往还不掌握比较详细的设计资料，也缺乏比较全面的有关工程发包的组织、施工组织和施工技术等方面的资料，以及其他有关项目实施条件的资料。因此，总进度目标论证并不是单纯的总进度规划的编制工作，它涉及许多工程实施的条件分析和工程实施策划等方面的问题。

2）总进度纲要编制的依据

总进度纲要的编制必须首先对项目目标、项目概况、项目特征、建设环境、项目现状和项目资料等进行详尽分析，论证项目建设的合理工期，因此对影响项目进度的环境调查应作为编制总进度纲要的第一步，环境调查及分析的成果也应是总进度纲要编制的依据。

①指挥部各级领导的意见和设想

调研对象包括指挥部的指挥长、副指挥长、总工程师、副总工程师、总经济师和各部门有关负责人员，以了解对总进度纲要编制的具体要求和意见、总体分区设想、总目标要求、各分区计划安排、工程现状和可能影响进度目标的重大事件等。

②项目实施的计划和实际进展调研状况

设计已有计划、施工已有计划、招标已有计划、设备采购已有计划、施工基地条件、设计进展情况、施工进展情况及设备采购情况。

③图纸和文字资料（省略）

3）总进度目标的论证分析

鉴于该项目的复杂性，建立了各子系统相互关联计划体系，以助于进度计划的编制和协调，总进度纲要结构如图 2.2-10 所示。

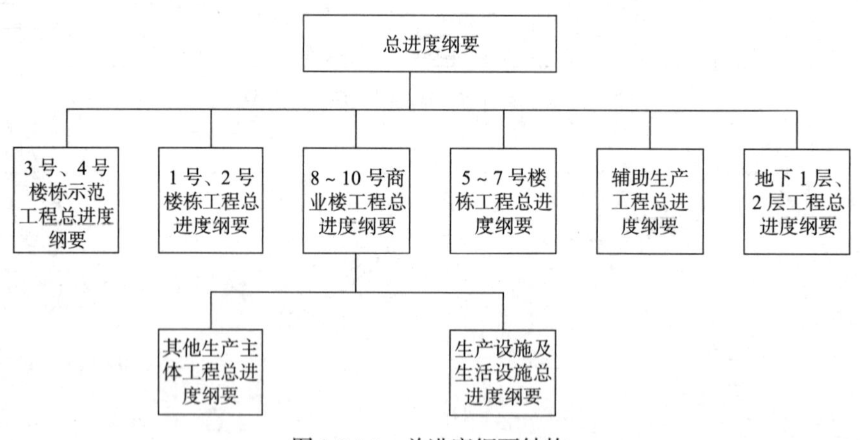

图 2.2-10　总进度纲要结构

3 号、4 号示范楼栋工程和 5 ~ 7 号住宅楼工程是决定整个项目建设总工期的关键工程，因此，在总进度纲要中，重点分析了影响总进度目标的关键工程——3 号、4 号示范楼栋工程和 5 ~ 7 号住宅楼工程，同时兼顾其他工程对总进度的影响。

（2）施工作业单元（单位、分部、分项工程段落）划分

1）项目部应按建筑施工技术规范要求和监理工程师指令，进行单位、分部、分项工

程划分，报监理工程师审批，并依此进行工程质量评定，计量交验，建立工程管理台账。

2）根据项目工程内容及施工环境及进度目标要求划分施工作业单元，严格按施工组织设计执行，并在实际进度过程中不断进行调整，确保实现项目目标。

3）施工作业单元划分要按照业主进度要求、施工内容划分、施工力量均衡等因素综合考虑、统筹分析，在划分施工作业单元的同时，将施工任务落实到各个作业分部及班组。

4）施工作业单元划分一定要按照施工内容的难易程度、工程量大小、施工力量的强弱来科学划分，划分是否科学是决定日后工程施工成败的关键。划分结果要形成表格和文字。

（3）施工平面图设计

本专业策划为前期策划，因此仅要求绘制施工总平面图，各施工单元、各单位工程的详细施工平面图以及阶段性施工平面图在项目施工过程中绘制。总体要求如下：

1）施工平面图：根据现场工程量分布、工程结构特点及业主提供的临时用地位置和面积，通过对现场详细勘察，对施工现场进行详细规划布设。项目经理部必须结合施工条件，按照施工方案和施工进度计划的要求，认真进行施工平面图的规划、设计、布置、使用和管理。

2）施工平面图的要求：施工平面图宜按指定的施工用地范围和布置的内容，分别进行布置和管理。施工平面图应按现行制图标准和制图要求进行绘制，施工平面图设计推荐采用 AutoCAD 绘制。

3）施工平面图的绘制必须符合以下要求：

①确定项目的具体位置；

②确定项目结构类型及各部尺寸，绘制现场布置图及必要的设计详图；

③确定临时设施各项工程的位置、类型及各部尺寸，绘制布置图和设计详图；

④确定环境保护设施的位置、类型及数量，绘制必要的布置图和设计详图；

⑤要标明项目主楼栋号的位置、结构类型及各部尺寸；

⑥要依据设计图纸和现场勘察标明施工便道、材料进出场运输便道等。

4）项目部要依据设计图纸，对施工现场进行详细的实地踏勘，在经过必要的方案讨论以及与业主和地方政府的沟通协调后，初步确定现场施工便道、材料运输通道的布设方案，并绘制施工图。

5）施工平面图宜根据不同施工阶段的需要，分别设计成阶段性施工平面图，并在阶段性进度目标开始实施前，通过施工协调会议确认后实施。

6）项目部严格按照审批的施工总平面图或相关的单位工程施工平面图划定的位置，布置施工项目现场的施工临时道路，供水、供电线路，施工材料制品堆场及仓库，土方及建筑垃圾，配电间，消火栓，现场的办公、生产和生活临时设施等。

（4）施工进度计划

1）根据项目特点，以项目的关键工作为进度控制的依据，利用动态、系统、封闭循环等原理，采用实际进度前锋线记录法、图上记录法等技术，日常检查与定期检查相结合，动态观测项目进展情况；采用网络技术、信息反馈技术等，对项目的实际进度与计划进度进行比较分析，找出影响进度偏差的主要原因，采取有效措施，对项目的进度计划进行更新调整，通过 PDCA 循环，确保实现本项目的工期目标。

2）按照施工总体安排，根据施工单元划分和施工平面布局，科学合理地制订施工进度计划。无论编制总体计划和分项工程计划均应反映关键线路，并进行各种要素优化后最终确定施工进度计划。要对计划实现动态管理，施工进度计划是项目总体策划中里程碑计划的细化和分解，也是项目工程施工生产组织设计的核心内容。

3）施工进度计划以合同总工期及业主要求的阶段性目标为依据进行编制，采用网络技术并用计算机软件完成绘制，如工程项目计划管理系统：同洲软件（TZ-Project V7.2）、P3 计划软件、梦龙智能网络计划编制系统、微软 Project 软件等都是项目网络计划管理的应用软件。

4）编制时标双代号网络计划。一般应用网络计划方法编制进度计划的项目具有工序繁多、协作面广的特点，常常需要动用大量人力、物力和财力。对于此类项目除需要总控制进度计划以外，还需要制订更详细的阶段性工期计划和周计划，这就是所谓的三级网络计划，如图 2.2-11 所示。

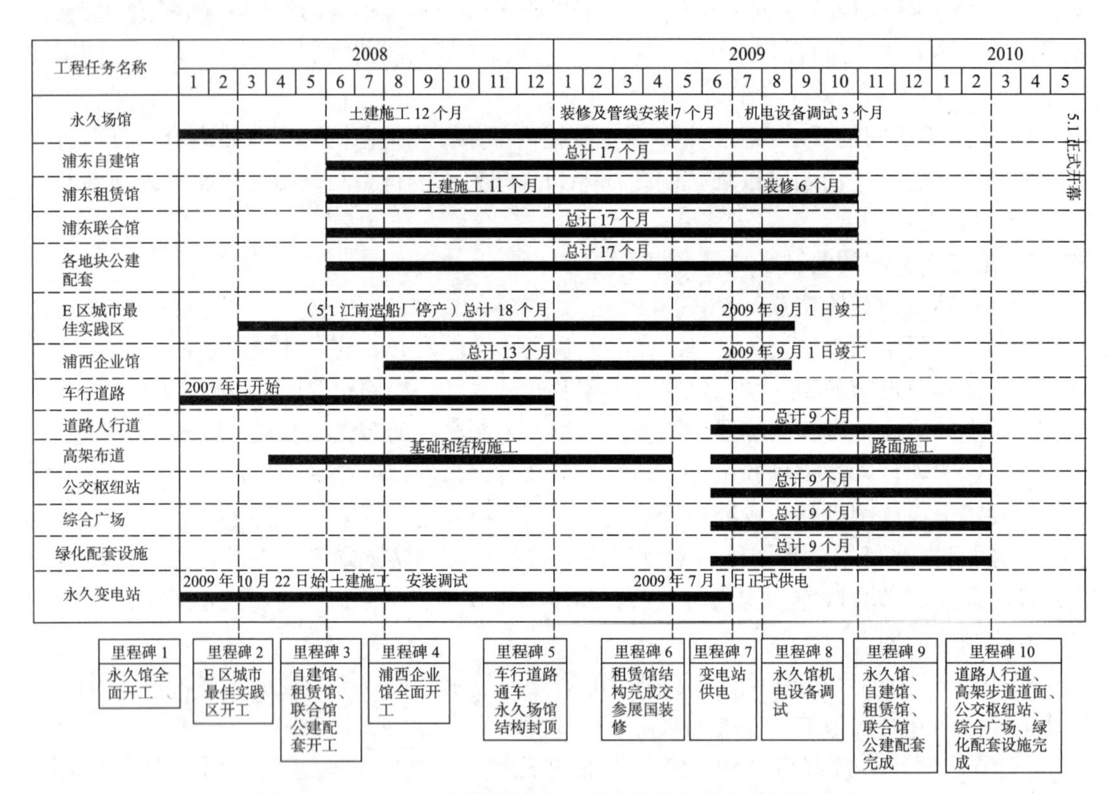

图 2.2-11 2010 年上海世博会工程建设重大节点计划进度图

①一级计划——总控制进度计划。

该计划能为项目指出最终进度目标，为各主要分部、分项工程均指出明确的开工、完工时间，并能反映各分部、分项工程相互间的逻辑制约关系，以及各分部、分项工程中的关键路线。计划中各分部、分项工程的工期制定，原则上要满足现场施工的实际需要，同时要符合各项已签合同的工期规定。总控制进度计划由甲方牵头制订，各专业负责人和总包、分包共同参与，经过认真研究后确定。计划一经确定，便成为项目施工的纲领性文件，各方均要严格遵照执行，不作轻易调改，且应在合同中规定建设各方必须遵守总控计划，任何一方符合或违反工期规定，均应按合同中的规定实施奖惩。

②二级计划——阶段性工期计划 / 季度 / 月度计划。

为了保证一级计划的有效落实，需有针对性地对具体某一阶段的生产任务作出安排，这就形成了二级计划。二级计划的制订，由施工单位项目部负责具体编制，原则上必须符合总控制进度计划的工期要求，如出现不一致情况，需经甲方认可，或修改后再报。

③三级计划——月度 / 周计划。

周计划的制订是将二级计划进一步细化到日常的施工安排中，是最基本的操作性计划，应具备很强的针对性、操作性、及时性和可控性。周计划的制订最主要的是切合现场实际需要，可以具有相当的灵活性，可以在灵活性、全面性和可操作性等方面给一、二级计划作出补充和完善。

5）标准化的施工进度计划要绘制形象进度图（甘特图 / 横道图）、网络计划、施工管理曲线图等各类图表，并有详细的施工计划文字说明。

（5）施工生产组织准备计划

1）扎实充分的施工准备，是保障施工顺利实施的前提和基础。项目部应针对工程特点，结合施工现场实际，从人员组织、交通组织、工程技术、机械材料、临建工程和各项保障等方面认真扎实地做好准备，并要围绕施工生产组织制订详细的“工程施工生产组织准备计划”，并严格按计划落实，确保施工生产组织准备工作及时到位。

2）工程施工生产组织准备主要包括：施工便道、材料运输通道施工计划，施工技术准备，人工、材料、机械、资金的准备，施工力量组织准备等几个主要方面。作为生产计划，本计划板块仅对以上几方面作总体安排，详细的施工便道、材料运输通道施工应有施工计划和设计，详细的技术准备在具体施工前有专项技术方案，工、料、机和资金在相关板块有详细计划，施工力量的详细安排在分包策划中，临时设施及其他准备见各专业计划板块。

3）工程施工生产组织准备计划应建立相应的计划表，有明确的责任部门、责任人和完成时限，按照急用先上、统筹计划的原则合理安排。其中要明确：

①施工准备工作所需人员、资金、设备和材料的总体数量及其来源、组织形式、筹措方式，到达现场方法和组织运作的时间安排，钢筋加工设备基础完成时间等。

②项目所需施工现场工作环境和临建设施（承包人驻地建设、施工便道、拌合场、构件预制场），临时土地征用具体时间安排和计划。

③技术准备和时间安排，包括施工方案和施工过程中各项作业指导书和预防措施的编制计划，技术交底计划，图纸会审，设计交底、交桩、恢复定线计划等。

4）所有与施工准备无关的项目整体资源需求计划，在各专业板块中的详细策划，包括人员、材料、设备进场的详细计划，以及资金的整体计划。具体如下：

①项目所需主要材料、机械的数量、种类、规格及其来源（料场名称、位置），运到现场的方法以及到达现场后的储存或安装（或停放）场地（库房、堆料场等）安排。

②资金需求计划：为正常开展施工生产，项目部应筹集资金的总金额，以作为流动资金和预备金，以保证设备、人员及临建工程的正常进行。

③项目所需人员（包括劳务分包）的人才结构、数量和作业队到场计划，各职能部门人员应及时到达施工现场，着手各项前期准备工作。

5）施工技术准备：首批技术人员进驻现场后，立即开始进行技术准备工作，技术准备分为内业技术准备和外业技术准备。

①内业技术准备包括：

a. 认真阅读、审核施工图纸和施工规范，编写审核报告；

b. 进行临时工程设施建设的具体设计；

c. 编写实施性施工组织设计；

d. 制订各种有针对性的保证措施（质量检验保证措施，安全施工保证制度）；

e. 结合工程特点，编写技术管理办法和实施细则；

f. 准备施工资料；

g. 根据招标合同文件要求，提供给业主或监理工程师的其他资料。

②外业技术准备主要包括：

a. 导线点、水准点交接与复测；

b. 组建工地试验室，取得临时资质，对现场详细调查，包括各种工程材料调查与合格性测试分析，并编写试验报告，报监理工程师审批；

c. 技术交底：编制技术交流资料，进行技术交底；

d. 土地交接，记录遗留问题；

e. 调查施工单位能够提供的施工段落、构造物进度情况，施工现场贯通的受阻情况。

（6）施工方案和施工方法

1）施工总体方案和施工方法

施工总体方案是组织工程施工总的指导性文件。整体施工方案是遵守合同规定、科学组织施工，从而达到预期的质量和工期目标、提高劳动生产率、降低消耗、保证安全，不断地提高施工技术和管理水平的重要手段。

施工总体方案有别于具体的施工方案，是根据项目类型（基础、主体结构、二次结构、钢结构、幕墙、防水、水、暖、电等）、总体施工安排、施工方法、主要工艺流程及机械设备配置等方面确定总体施工方案和方法，并进行总体描述。

【示例 2.2-5】某安置房住宅楼新建工程总体施工方案及施工工艺、方法（部分内容）

施工方案及施工工艺（方法）见图 2.2-12、表 2.2-9。

坡道编号	宽度	坡度	拆除时间	拆除条件
马道 1	8m	15°	2019 年 5 月	负一层土方外运完成
马道 2	8m	15°	2019 年 6 月	负二层土方外运完成

图 2.2-12　某安置房住宅楼新建工程土护降阶段施工方案

某安置房住宅楼新建工程主要部位施工工艺　　表 2.2-9

<table>
<tr><th>序号</th><th>类别</th><th>部位</th><th colspan="2">施工工艺体系</th></tr>
<tr><td rowspan="6">1</td><td rowspan="6">模板</td><td rowspan="5">地下车库</td><td>梁模板</td><td>木模板 + 方木 + 轮扣架</td></tr>
<tr><td>顶板</td><td>木模板 + 方钢 + 轮扣</td></tr>
<tr><td>框架柱</td><td>木模板 + 槽钢 + 工具式方管抱箍</td></tr>
<tr><td>剪力墙</td><td>木模板 + 方钢 + 定型化钢背楞</td></tr>
<tr><td>楼梯</td><td>木模</td></tr>
<tr><td>高层</td><td>梁、板、墙、楼梯</td><td>铝合金模板</td></tr>
<tr><td rowspan="5">2</td><td rowspan="5">脚手架</td><td rowspan="3">结构施工</td><td>地下室</td><td>落地式双排钢管脚手架</td></tr>
<tr><td>3 号、4 号高层</td><td>落地式双排钢管脚手架 + 全钢自动升降附着式脚手架</td></tr>
<tr><td>1 号、2 号、5 ~ 7 号高层</td><td>落地式双排钢管脚手架 + 悬挑式脚手架</td></tr>
<tr><td rowspan="2">外装施工</td><td>3 号、4 号高层</td><td>电动吊篮</td></tr>
<tr><td>1 号、2 号、5 ~ 7 号高层</td><td>外脚手架</td></tr>
<tr><td>3</td><td>钢筋</td><td colspan="3">1. 本工程钢筋采用场内集中加工。根据招标图纸要求，钢筋直径 $d \geqslant 22$mm 时采用机械连接接头，接头性能等级不低于二级；其他接头采用搭接连接。
2. 1 号楼构造墙、楼板采用成品钢筋网片</td></tr>
<tr><td>4</td><td>混凝土</td><td colspan="3">本工程使用商品混凝土，基础及主体施工阶段配备汽车泵及车载泵进行混凝土浇筑，以确保混凝土浇灌连续，保证浇灌质量</td></tr>
<tr><td rowspan="2">5</td><td>外墙结构</td><td>1 ~ 7 号楼</td><td colspan="2">全现浇外墙</td></tr>
<tr><td>外墙装饰</td><td>1 ~ 7 号楼</td><td colspan="2">涂料、外墙砖</td></tr>
<tr><td rowspan="2">6</td><td rowspan="2">内隔墙</td><td>1 号楼</td><td colspan="2">ALC 墙板</td></tr>
<tr><td>2 ~ 7 号楼</td><td colspan="2">高精砌块 +L 形拉结片</td></tr>
<tr><td rowspan="2">7</td><td rowspan="2">预热构件</td><td>1 号楼</td><td colspan="2">预制楼梯、叠合板、沉箱、空调板、飘窗，屋面 PC 板，整体卫浴</td></tr>
<tr><td>2 ~ 7 号楼</td><td colspan="2">预制楼梯</td></tr>
<tr><td>8</td><td>抹灰</td><td>1 ~ 7 号楼</td><td colspan="2">薄抹灰</td></tr>
<tr><td>9</td><td>楼面</td><td>1 ~ 7 号楼</td><td colspan="2">地砖薄贴</td></tr>
<tr><td>10</td><td>设备管线</td><td>1 号楼</td><td colspan="2">管线分离</td></tr>
<tr><td rowspan="5">11</td><td rowspan="5">防水</td><td>地下室底板</td><td colspan="2">疏水层</td></tr>
<tr><td>地下室外墙侧壁</td><td colspan="2">2.0 厚聚氨酯 + 挤塑板保护</td></tr>
<tr><td>地下室顶板</td><td colspan="2">1.5 厚 SBS+1.5 厚耐穿测</td></tr>
<tr><td>裙房屋面</td><td colspan="2">1.5 厚 SBS+1.5 厚耐穿测</td></tr>
<tr><td>屋面</td><td colspan="2">渗透结晶</td></tr>
</table>

2）关键、特殊施工方案和施工方法

针对工程项目特征识别施工关键点及难点，针对特殊过程和关键过程编制施工作业指导书。结合项目特点，分析本工程所有作业的特殊过程和关键过程，列出清单，并分别编制其作业指导书。作业指导书应印发有关施工作业班组及操作者，并要做好分项工程施工技术交底，要求全体参建作业人员严格按作业指导书规定程序和注意事项作业，预防质量安全事故的发生。

3）专项施工方案编制计划

因项目工程施工生产组织策划为前期策划，而专项施工方案是在过程中出台的，因此本模块不包含专项施工方案，但应确定专项施工方案的编制计划。专项施工方案编制计划应涵盖施工过程中所有的有特殊要求的分部、分项工程施工，在计划中应明确编制时间、编制要点和要求、编制责任部门和责任人。

要结合项目实际及时编制专项施工方案计划，并在开工前反复研讨，直至满足要求，认真开展技术攻关，解决项目施工中的技术难题，同时，开展技术创新、管理创新活动，积极推广应用"四新"技术，促进技术管理改进和创新，不断提高自主技术创新能力，不断提高劳动生产率，增加经济效益。

针对施工过程中危险性较大的有特殊要求的分部、分项工程和施工技术措施编制的专项施工方案，如梁板现浇、结构吊装、梁板架设、高空作业、深基坑开挖、沉桩及钻（冲）孔灌注桩施工等。下列情况必须编制专项施工方案（项目所处行业、地方建设行政主管部门另有要求的应同时执行）：

①不良地质条件下有潜在危险性的土方、石方开挖；

②滑坡和高边坡处理；

③桩基础、挡墙基础、深基坑、深水基础及围堰工程；

④水下工程中的水下焊接、混凝土浇筑、爆破工程等；

⑤大型临时工程中的大型支架、模板、便桥的架设与拆除；

⑥其他危险性较大的工程。

4. 施工生产组织保障体系

（1）施工生产保障体系的机构及岗位设置

项目施工组织管理体系设置主要是根据施工段落的划分和工作结构分解（WBS），按照施工力量的配置和不同阶段对施工力量的不同需求，设置必要的生产部门，特别是设置必要的施工工区、作业班组，对于特大型项目或相对复杂、施工较分散的建筑工程项目，还可将标段划分若干区段，设置专门的管理组或项目分部。

项目施工组织管理体系的关键是对施工队（作业队）的确定、施工队段落划分和施工任务的确定，例如：根据施工需求和工程特点，全线拟设立若干作业队，其中有基础作业队、主体结构作业队、混凝土工程作业队、装修装饰工程作业队、幕墙工程作业队、机电消防作业队、供暖与通风作业队、附属市政工程作业队、绿化景观设施作业队等。

根据工程施工需要，为确保质量、进度和工期，项目部应在各自管理区段内设置管理指挥机构，安排技术管理骨干分段落或分楼栋负责，同时可建立项目领导责任制，由不同的项目领导分管不同的管理区段。在每个施工队要派驻一定数量的专业工程师，每一个施工队均设立技术、质量、安全专职人员，由项目部统一领导、统一协调、统一指挥。

（2）施工生产保障体系的职责和分工

1）项目经理

①负责健全本项目生产组织指挥体系并建立、落实生产责任制；

②负责审核本项目工程施工生产组织管理专业策划实施方案；

③负责相关资源配置及授权。

2）项目生产副经理

①负责组织开展工程施工生产组织管理策划、实施和应用工作；

②负责组织工程施工生产组织管理过程问题分析与处理；

③负责组织本项目工程施工生产组织管理分析、总结工作。

3）项目其他领导

根据职责体系的分工制订（略）。包括：项目总工、项目物资设备副经理、项目合同副经理、项目总会计师、项目书记。

4）项目工程主管部门

①负责现场施工生产组织工作；

②负责生产信息的传递；

③负责工程施工生产组织管理过程问题分析与处理；

④负责纠正措施的制订、实施工作；

⑤负责本项目工程施工生产组织管理分析、总结工作。

5）项目其他部门

根据职责体系的分工制订（略）。包括质检部（试验室、测量队）、合同部、物资部、机械部、安全部、财务部、综合办公室等。

6）项目各分部或工区

根据工程任务划分及分包（承包）合同制订（略）。

7）各生产作业班组和辅助作业班组

根据工程任务划分及分包（承包）合同制订（略）。

（3）施工生产组织管理流程

①施工生产组织管理的核心流程主要包括工程施工生产组织管理策划、工程施工生产组织管理以及生产信息传递、过程问题分析与处理、持续改进等内容。

②项目在编制核心流程时应结合项目实际情况，把项目施工组织的内容具体化，其中涉及的组织单元（岗位）应与“组织保障体系”及“职责分工”保持一致。

工程施工生产组织管理流程图如图 2.2-13 所示。

（4）施工生产组织的管理规定与要求

1）建立、健全生产组织指挥体系

项目部在正式开工前，应确定项目生产组织管理目标，并建立统一的生产组织指挥体系，建立并落实生产责任制，明确生产责任人，规定其职责、生产管理权利以及承担的责任。生产组织统一由项目经理领导，由项目生产副经理具体组织、管理和控制，现场技术人员、工班组负责人或作业队负责人是施工生产一线的直接责任人。

2）工程施工生产组织管理计划

对于施工项目部，工程施工生产组织管理计划作为其项目组织设计中的一项专业计划，应按上级公司的项目策划管理规定及相关要求在策划初期（最迟不超过正式开工后一个月）完成，并向公司工程管理部提交工程施工生产组织管理专业策划实施方案（包括生产计划、生产任务划分及队伍选择、影响因素分析及控制措施、管理制度等，可作为实施性施工组织设计组成部分），待公司工程管理部审核通过后正式发布实施。

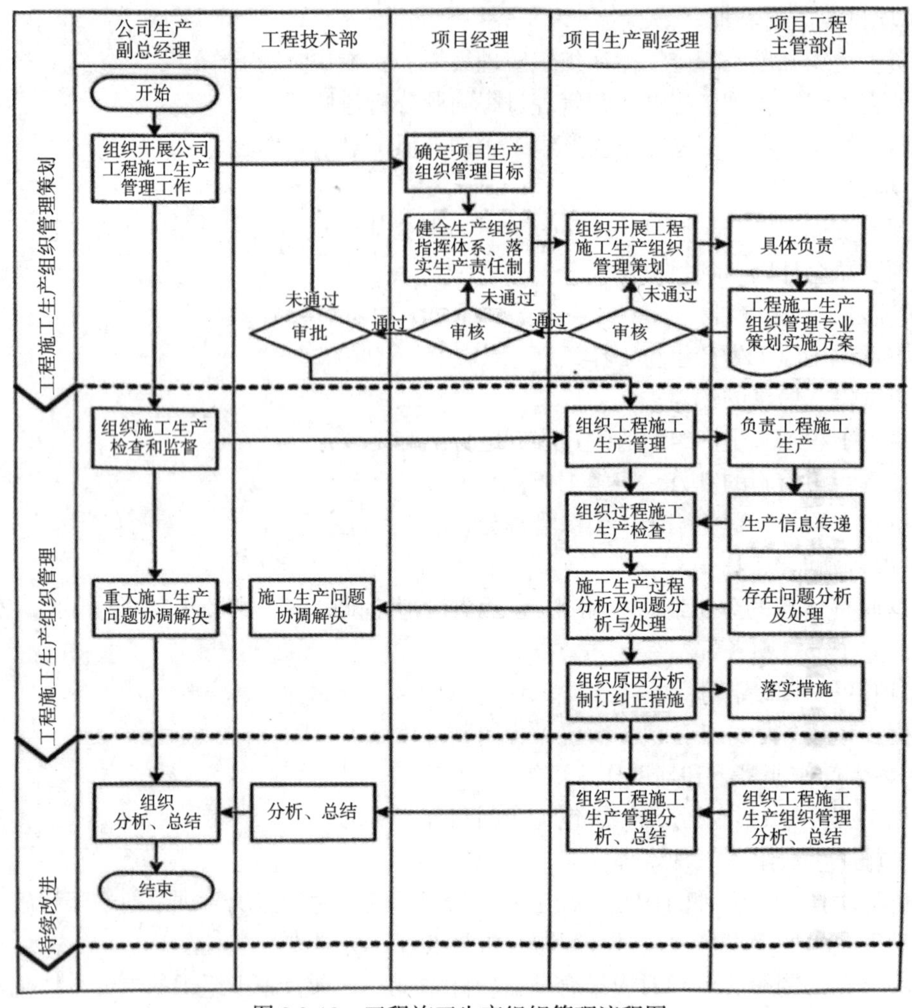

图 2.2-13　工程施工生产组织管理流程图

①生产计划制订

项目生产副经理应结合本项日资源状况（人员、设备、可选择外协单位等）及业主的主要要求，编制本项目生产计划，包括分项（分部）工程的开工时间及完成时间等。

②生产任务划分及队伍选择

项目生产副经理应就本项目的工程量即生产任务及生产计划进行划分，以结合工程现场实际任务选择与之匹配的作业班组或者作业队，该班组或者作业队必须具有同类工程施工能力和相应的业绩。

主体结构工程按照桩基工程、基础混凝土工程、标准层结构工程、钢筋工程、模架工程等分项或者分部工程进行生产任务划分。二次结构工程按照砌体工程、抹灰工程、植筋工程、防水工程、供水、暖通、强弱电、电梯工程等分项、分部工程进行生产任务划分。

③影响因素分析及制订控制措施

针对设备、资金、变化、气候、人员、质量和安全事故等可能会影响施工进度的因素进行分析，制订施工方案及控制措施，如日常检查、组织劳动竞赛、签订生产责任状等。

④制定管理制度

为确保工程施工生产组织的顺利实施，项目经理部应制定有关管理制度，包括生产信息传递制度或日报制度、计划实施考核奖惩制度、生产协调例会制度、分项工程现场观摩会议制度等。

3）工程施工资源配置

①项目生产管理人员配置

项目部在现场生产管理人员的选择和配置上必须遵循上级公司项目管理基本规定。人员配置要求必须具备相关工程或者业绩经验，对于施工生产主管人员必须具备相应的专业能力，同时要求具有同类岗位 2 年以上工作经验。在确认主要管理人员、班组负责人员以及作业队负责人员后向公司报备。

②设备资源配置

项目部根据本项目的生产任务情况，按照成套设备组合的生产能力以及以往成功项目的施工生产管理经验合理配置对应的机械设备。相关的机械设备配置与管理规定参照公司《项目机械设备管理办法》执行。

4）工程施工生产组织管理

①施工生产准备

对基础工程、主体结构、二次结构等项目，在每道工序、每个分项工程开工前都必须组织施工生产人员进行岗前教育和与生产相关的教育，诸如：技术交底、安全、环保以及应急处理等，并形成记录归档。

设备验证：在规模性施工生产开始前，项目部必需组织施工管理人员对各种设备的功能性、安全性、适宜性进行检查评估，对机驾人员、指挥人员进行交底教育，对设备故障与对应的生产风险进行应急方案的准备。

生产材料验证：对各类形成生产产品的材料，项目部物资与质量管理部门必须进行验证，确保生产材料合格，确保按照生产任务计划安排的阶段性工期内合格材料的供给，并形成记录归档。

工程施工安全生产许可：在施工生产各项准备工作就绪后，应由项目部专职安全员对该生产过程的安全状态进行评判，确认具备安全生产条件后方可组织施工生产。

②现场施工生产组织

现场施工生产的工艺或施工顺序必须由项目总工程师或经其授权的质检工程师确认后，由项目生产副经理或经其授权的现场生产管理人员组织实施，对项目总工程师给予的施工工艺、参数类确认资料文档，经双方签认后分类归档，作为施工生产过程管理交接的依据。

现场生产设备的使用调度由生产负责人具体控制，机械管理负责人负责设备的供给、维修、保养等服务工作。

现场施工生产半成品的交付与下道工序的衔接，必须遵守实施性施工组织设计或者质量管理规定等方面的文件要求，确保施工生产的“合法性”，有效传递施工生产组织管理成果。

③生产信息传递

现场生产信息传递是整个施工生产有效、持续向前推进的基础管理措施，项目部必须结合项目在同类工程上的实际经验，制定生产信息传递办法，确定信息传递路径，明确信息处理原则，规定信息反馈结果。

生产信息传递内容为施工生产过程中各项事宜及时处理、解决、沟通、反馈的信息，包括生产进度、生产环境的变换、机械设备的不良状况、施工人员的意识动态、施工现场表现出来的各种风险、施工生产中存在的各种问题以及与顾客的沟通信息等。

④工程施工生产组织检查与监督

公司生产副总经理定期（每半年一次）或不定期（随机）组织公司工程管理部对项目部施工生产组织情况进行检查，对项目部施工生产完成情况定期（每季度）进行监督、考核。

项目生产副经理应组织项目工程主管部门，定期（每月）对本工程施工生产组织情况进行大检查，通报定期（每月）检查结果，及时解决检查中存在的问题，并形成检查记录。

⑤工程施工生产组织管理过程分析及问题分析与处理

工程施工生产组织管理是一个持续、纠偏与改进的过程，对于在施工生产组织过程中的人工、材料、机械设备等关键要素，项目部必须进行持续纠偏，保证按照业主或者项目自身的管理策划规定的方向正常运行。

主体结构工程应根据各个施工阶段或者节点进行生产管理结果的确认，定期召开施工生产调度会议，逐个突破阶段目标，保持生产持续有效推进。

二次结构工程宜根据每日的施工生产情况适时召开生产调度会议，沟通解决现场施工生产中存在的各种问题，确保生产管理方向稳定，结果有效。

项目生产副经理应定期（每月）组织项目部工程主管部门对工程施工生产组织管理中存在的难点问题进行系统分析、及时处理、合理解决，对于存在共性的问题要分析原因，制订纠正措施并组织落实。对于超出项目部能力范围之外的，可将情况上报公司工程管理部，由公司相关部门协助解决。

5）工程预验收

项目部在每个分项工程或者每个工艺流程结束后，必须组织对完成工程进行预验收。工程预验收责任人为项目总工程师，工程预验收结果文档应纳入项目部工程记录中。

6）相关规定和制度

主要涉及上级公司以下方面的规定和制度（制度名称暂定）：

①工程施工生产组织管理规定；

②实施性施工组织设计（专项施工方案）管理规定；

③工程统计管理规定；

④工程记录管理办法；

⑤项目文明施工规范；

⑥现场施工过程控制手册；

⑦工程记录控制清单。

5. 施工生产组织保障措施

施工生产组织保障措施是施工组织专业计划的具体落实措施，也是前面几个章节计划成果的最终体现。主要从四个大的方面制订保障措施：施工技术保障措施、施工进度保障措施、季节性施工保障措施、现场文明施工保障措施。

所制订的四个方面的保障措施必须具有可操作性，必须具体、务实，必须结合项目实际，充分按照前面章节内容的分析、计划、体系要求来制订，越具体越好，措施中责任要明确到岗位。制订措施可按以下提示内容编制，避免空而泛。

（1）施工技术保障措施

1）施工技术保障措施是确保施工方案和施工工艺实现的保障措施，是施工方案的细化和落实。科学先进的施工方案是前提，但是施工过程中的技术创新、技术优化、层层技术交底和严格的技术检测才是关键的保障措施。

2）编制切实可行的施工方案，采用先进的施工工艺，确定科学的施工方法，以优化的施工组织指导施工。因此，在项目组织施工前，必须充分吃透技术方案，发动集体智慧和专家作用，尽量寻找最优化的施工方法。

3）每个分项工程开工前，由项目部技术人员对各班组操作人员进行技术交底和操作要点交底，熟悉图纸，理解设计意图，做到心中有数，对每项工程制订详细的施工方案。在操作过程中，由项目部质检工程师监督检查每道工序，先验收通过后再进行下道工序施工。

（2）施工进度保障措施

1）施工进度保障措施是确保施工生产计划实现的保障措施，科学、合理、周密的施工计划是前提，但是在施工过程中的不断优化、层层落实计划和严格考核才是关键的保障措施。

2）项目部应运用先进的技术管理措施，拟定科学合理的施工进度计划目标，在施工过程中，不断优化季、月、旬施工计划。

3）为确保优质、安全、高效、按期完成本合同段工程，项目部应根据自身工程特点和施工经验，经科学分析，通过以下六个方面确保施工进度，分别是：

①组织保证：建立健全项目部机构设置，从组织上对工期进行保证。

②技术保证：从执行技术规范标准、图纸复核、推广应用四新技术、优化施工方案、制订关键工期控制点及关键工序、编制作业指导书等方面进行技术保证。

③人员保证：配备足够的技术人员和管理人员并进行统一协调，加强项目激励机制，将施工进度与劳动报酬挂钩，奖勤罚懒，充分发挥职工的潜力和创造力，确保施工进度。

④机械设备、材料保证：配备和调遣良好的设备并确保设备的完好，按期供应各种合格材料，是确保施工进度的关键。

⑤施工保证：建立良好的施工环境，协调理顺地方关系，排除施工干扰。

⑥经济保证：项目部所需的材料、设备很多，确保资金链稳定是施工进度的有力保证。

（3）季节性施工保障措施

1）雨期施工

雨期施工排水系统应畅通，确保施工道路不积水；做好防雨措施，准备好防雨棚和塑料薄膜，备足防雨物资，及时了解项目所在地气象情况，选择合适的时间施工。

加强计量测试工作，及时准确地测定砂、石含水量，从而准确地调整施工配合比，确保混凝土施工质量。雨期施工前，应组织有关人员对现场的临时设施、脚手架、机电设备、临时线路等进行检查，针对检查出的问题及时整改以满足施工需要。对高耸物如塔吊等必须检查避雷装置是否完好，大风、大雨时，塔吊应立即停止使用；大风过后，应对上述设备复查试车，有损坏的及时采取补救和维修措施。

2）冬期施工

冬期来临之前，预先做好冬期施工的各项准备工作，根据项目所在地历年气候条件对需要采取防冻措施的设施、物资进行必要的保护。当室外日平均气温连续 5 天低于 5℃时，应按照冬期施工要求组织施工。

冬期混凝土拌合时，根据具体条件，在拌合机旁设置 1 台 $1m^3$ 以上锅炉对拌合用水进行加热，同时混凝土上的搅拌时间应较正常情况下延长 50%。混凝土的运输时间尽可能地缩短，泵送混凝土的管道采用包裹矿棉保温措施，降低混凝土温度损失，提高混凝土的防冻能力。

对普通水泥、硅酸盐水泥配制的混凝土，在气温条件达到 5℃以下和 0℃左右，其强度未达到设计强度的 40% 或 5MPa 时，分别采取蓄热法和暖棚法对混凝土进行养护。对矿渣水泥配制的混凝土，在气温条件达到 5℃以下和 0℃左右，混凝土强度未达到设计强度 50% 时，也分别采取蓄热法和暖棚法养护措施。

对钢筋的冷拉和张拉制订专门的安全措施，即设置防止脆断安全设施和选择相对应的温度较高天气进行施工。

冬期混凝土施工时，在拌合机及混凝土浇筑区布置能连续记录的温度计，派专人连续观测，记录混凝土拌合、入模、养护温度。混凝土的浇筑时间应尽量安排在一天气温较高的白天进行，当室外平均气温连续低于 0℃时，暂停混凝土施工。在混凝土养生方面，可采取蒸汽养生、野外混凝土保温等措施，防止混凝土受冻，避免开裂。

3）夏季施工

夏季施工时既要保证质量、进度，又要做好施工人员的防暑降温工作，高温期间施工，应有防暑降温措施。

应合理掺用缓凝剂以延长混凝土的凝结时间，泵送混凝土的输送泵管应覆盖草包并浇低温水降温。混凝土振捣时，应派足够的人员对混凝土表面进行收抹，避免收抹不及时出现裂缝及表面不平整等质量病害。混凝土浇筑完毕应及时派专人浇水养护，避免出现收缩裂缝。对初凝较快的水泥应通过试验测定水泥的硬化过程，通过加入外掺剂调节混凝土初凝时间以满足质量要求。

4）春节和农忙季节

春节是我国的传统节日，节前要妥善安排职工轮流回乡探亲，对留守工地的员工给予适当补助，并安排工地职工精神文化生活。春节期间，要保证技术人员和劳务工人现场能正常施工作业，确保重点、难点、特殊工程的正常连续性，同时要储备足够的工程材料和生活物资。

农忙季节，劳务队伍要相对集中，确保重点、难点、特殊工程的正常连续性。根据农忙季节的特点，提前做好劳动力安排，保证施工所需的最低劳动力数量，确保关键工程进度不受影响。非关键工序的劳动力可以调节到关键工序上加以补充；确保机械完好率，提高机械使用率，以弥补劳动力的不足。

（4）现场文明施工保障措施

1）文明施工涵盖项目中工、料、机、法、环五大因素的各个方面，贯穿于项目施工的始终和生产管理全过程，贯穿施工计划、组织、指挥、协调、控制五大环节。

2）项目部应认真搞好施工现场管理，做到文明施工、安全有序、整洁卫生、不扰民、不损害公众利益。

3）项目部应编制科学施工程序，绘制施工工序网络图，标明关键施工工序及线路、技术关键点，组织科学施工，确保施工进度和质量。

4）施工现场在施工组织设计的基础上结合实地情况，依照现场规定的标准合理布局，划分作业区、生活区和办公区，并明确标记。

5）施工现场应统一设置施工总平面图、工程概况、安全警示等标牌，其他标牌依据业主的要求和工地实际情况自行设置。

6）机械设备应科学统筹、及时调配或租用，并保持良好状况，设备上应印有统一的企业标识和编号，摆放规整有序。大、中型设备应设牌标明名称、操作规程、负责人等。

7）项目部应根据施工需要，适时准备材料进场，科学存储，整齐堆放。大批量材料应竖牌标明名称、规格、数量、生产厂家、检验和试验状态、检验日期、存放期限、责任人等。施工现场残留物应及时清理归位，做到工完料尽场地清。

8）施工中应遵守国家有关文物保护的法规和政策规定，确保文物不受破坏。

9）施工中应遵守国家有关环境保护的法规和政策，采取有效措施，杜绝或减少对周围环境的污染。

2.3　施工总平面布置

项目部按照施工组织设计或分部分项工程施工方案，统筹规划现场总平面布置，合理划分施工工区和作业面。在合同范围内，满足各阶段、各分包单位、各专业施工对作业场所、场内交通、水平和垂直运输、工程材料设备及构件堆场、临时设施及临电、临水等需求，明确责任部门和责任人员，建立施工总平面管理制度，协调各方顺利完成项目施工任务。

施工总平面布置的设计意图能否在实际施工中 100% 地执行，过程控制十分重要，过程实施的情况直接会影响项目整体的施工进度，以及最终的成本管控。在此阶段，项目生产经理要牵头组建施工总平面布置实施管理小组，制定相应的管理制度，落实专门的施工管理人员，最终实现项目按期圆满履约。

2.3.1　施工总平面布置内容

1. 施工总平面布置定义

施工总平面布置是在拟建工程的建筑平面上（包括周围环境），布置为施工服务的各种临时建筑、临时设施及材料、施工机械等，是施工方案在现场的空间体现。它反映已有建筑与拟建工程间、临时建筑与临时设施间的相互空间关系。施工现场总平面布置得恰当与否，执行得好与坏，对项目现场的施工组织、文明施工及施工进度、工程成本、工程质量和施工安全都将产生直接的影响。

施工总平面图一般需分施工阶段来编制，如基础阶段施工平面图、主体阶段结构施工平面图、装修阶段工程施工平面图等。施工平面图按照规定的图例进行绘制，一般比例为 1∶200 或 1∶500。

2. 施工总平面布置内容

（1）施工场地状况：包括施工入口、施工围挡、与场外道路的衔接；建筑总平面上已建和拟建的地上和地下的一切建（构）筑物及其他设施的位置、轮廓尺寸、层数等。

（2）生产及生活性临时设施、材料及构件堆场的位置和面积。

（3）大型施工机械及垂直运输设施的位置，临时水电管网、排水排污设施和临时施工道路的布置等。

（4）施工现场的安全、消防、保卫和环境保护设施。

（5）相邻的地上、地下既有建（构）筑物及相关环境。

大型工程的现场总平面布置图一般按地基基础、主体结构、装修和机电设备安装三个阶段分别绘制（图 2.3-1 ~ 图 2.3-4）。

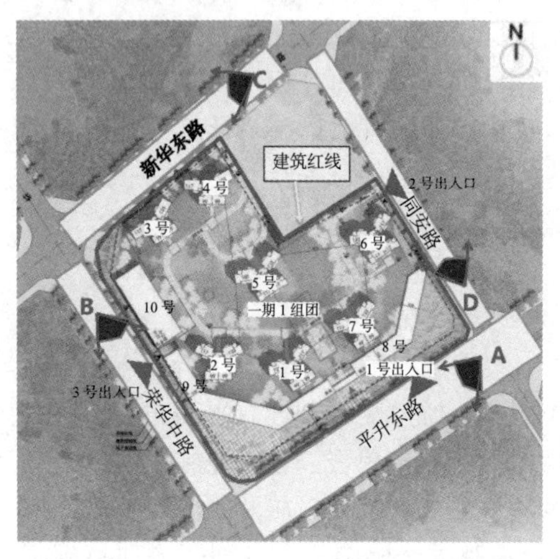

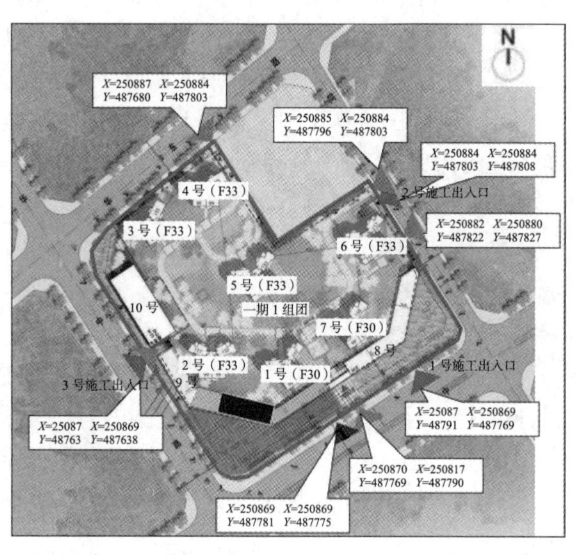

图 2.3-1　某住宅小区项目总平面布置图

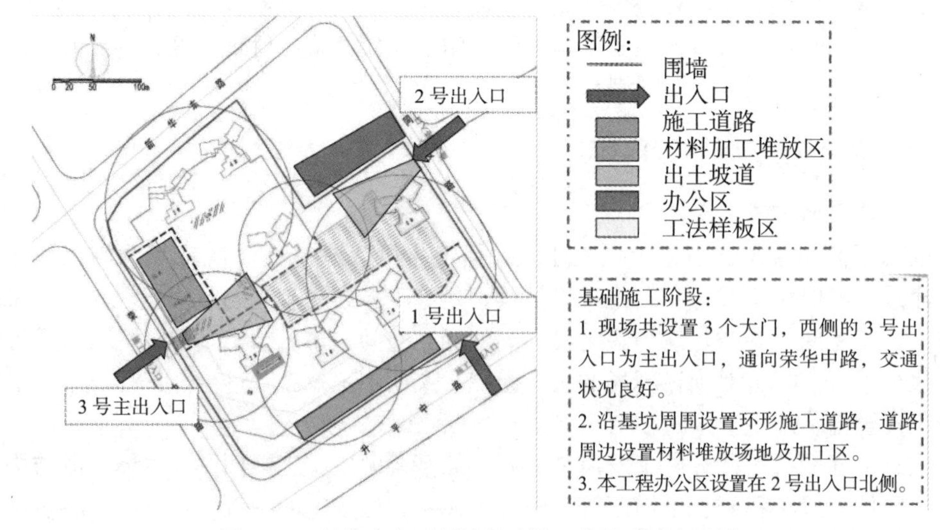

图 2.3-2　某住宅小区项目基础施工阶段平面布置图

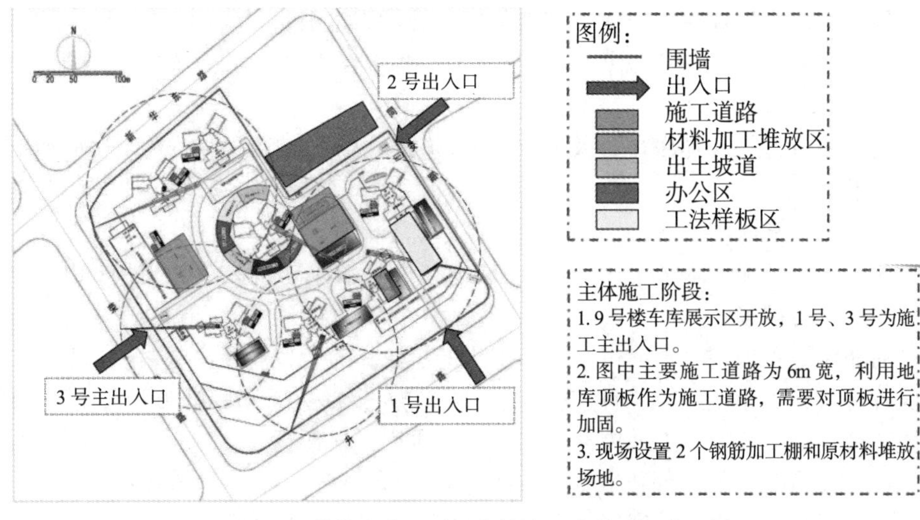

图 2.3-3　某住宅小区项目主体施工阶段平面布置图

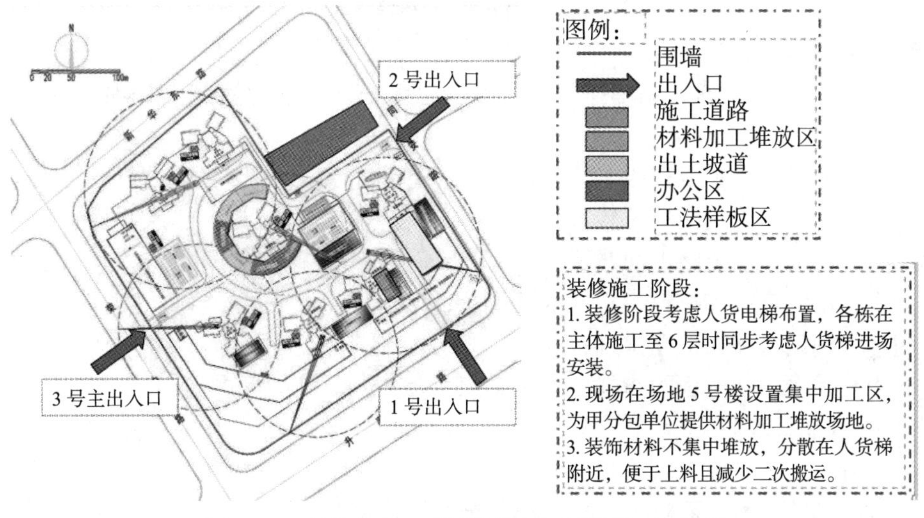

图 2.3-4　某住宅小区项目装修施工阶段平面布置图

2.3.2　施工平面布置依据与原则

1. 施工平面布置编制依据

（1）各种设计资料，包括建筑总平面图、地形地貌图、区域规划图、建筑项目范围内有关的一切已有和拟建的各种设施位置。

（2）建设项目的现场考察情况（周边道路及交通情况、原有建筑物情况、用水用电接驳口、现场排水口、施工区域及围墙出入口设置情况等）。

（3）建设项目的建筑概况、施工方案、施工进度计划，以便了解各施工阶段情况，合理规划施工场地。

（4）各种建筑材料构件、加工品、施工机械和运输工具一览表（含需要数量及外廓尺寸等信息），以便规划工地内部的储放场地和运输线路。

（5）各构件加工厂规模、仓库及其他临时设施的需求数量及规格。

（6）参考《建设工程施工现场消防安全技术规范》GB 50720、《施工现场临时建筑物技术规范》JGJ/T 188。

（7）当地主管部门和建设单位关于施工现场安全文明施工的相关规定，施工单位安全文明施工标准。

2. 施工平面布置原则

（1）在保证施工顺利进行的前提下，现场布置力求紧凑，以节约土地；市区施工时，临时性占道应获得批准。

（2）临建设施布置时，不能占用拟建工程的位置，避免发生不必要的二次搬迁。

（3）各种材料、半成品、构件应按进度计划分期分批进场，尽量布置在使用点附近或随运随吊，最大限度地缩短工地内部运距，减少场内二次搬运。

（4）临时设施的布置应有利生产、方便生活。

（5）充分利用原有或拟建房屋、道路，尽量减少临时设施的数量，降低临时设施费用，临时建筑可采用轻钢结构彩钢板活动房。

（6）符合员工劳动保护、技术安全、防火要求等。

3. 施工总平面布置步骤

在施工现场入口处常设置有“五牌一图”，其中一图指的就是工程项目的施工总平面图。

（1）施工总平面布置流程

第一步，确定起重机械的位置；

第二步，临时运输道路平面布置；

第三步，确定仓库和材料、构件堆场位置；

第四步，确定各种加工棚位置；

第五步，临水、临电管网布置；

第六步，临时设施布置。

（2）分阶段施工平面布置流程

第一步，基础阶段平面布置（加工厂、堆场、塔吊）；

第二步，地下室阶段平面布置（加工厂、堆场）；

第三步，地上主体阶段平面布置（加工厂、堆场、施工电梯），肥槽回填前；

第四步，主体、二次结构阶段平面布置（加气块堆场、砂浆），肥槽回填后；

第五步，装修结构阶段平面布置（专业分包堆场、大型机械拆除）。

2.3.3 施工总平面布置——塔吊布置

垂直运输设施的位置直接影响混凝土搅拌站、加工厂及各种材料、构件的堆场和仓库等位置和道路、临时设施及水电管线的布置等。因此，垂直运输设备的布置是施工现场全局的中心环节，要首先确定。

常用垂直运输设备有塔吊、龙门架、井字架、施工电梯等。见图 2.3-5 ~ 图 2.3-8。

图 2.3-5　塔吊 1

图 2.3-6　塔吊 2

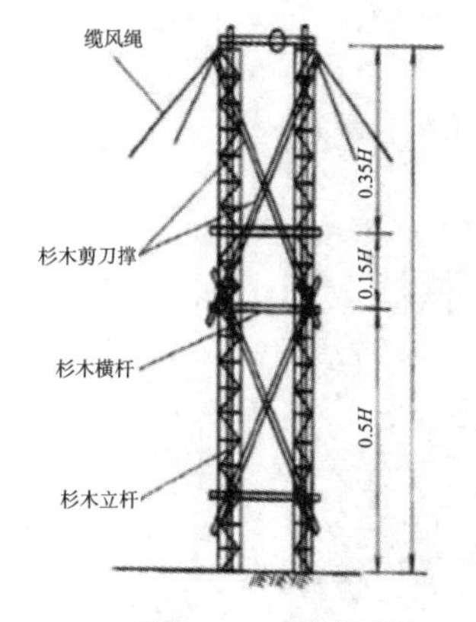

图 2.3-7　龙门架

图 2.3-8　塔吊 3

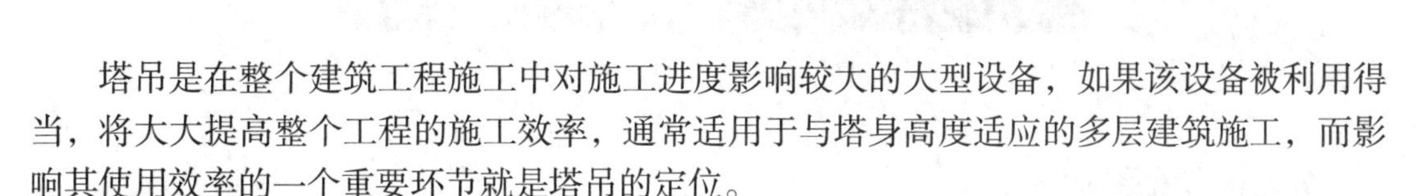

塔吊是在整个建筑工程施工中对施工进度影响较大的大型设备，如果该设备被利用得当，将大大提高整个工程的施工效率，通常适用于与塔身高度适应的多层建筑施工，而影响其使用效率的一个重要环节就是塔吊的定位。

1. 塔吊型号

主要有外附式和内爬式两大类型。

1）外附式塔吊：在建筑物外部布置，塔身借助顶升系统向上接高，每隔 14 ~ 20m 采用附着支架装置，将塔身固定在建筑物上。

外附式塔吊分为尖头式塔吊、平头式塔吊和动臂式塔吊等。见图 2.3-9 ~ 图 2.3-12。

（1）平头式塔吊，为近几年使用较多的塔吊，相较尖头式塔吊而言，平头式塔吊更适合群塔作业（平头式塔吊交叉高度差通常可降到 3m，尖头式塔吊需要 10m 以上），便于施工现场受限条件下的塔吊拆装（空中的截臂较简便）。

（2）动臂式塔吊，能够完全覆盖建筑物，能够使伸出建筑物的幅度相对较小，可以有效避开周围障碍物和人行道等；由于起重臂可以较短，起重性能得到充分的发挥，起重量较大。

2）内爬式塔吊：简称内爬吊，是一种安装在建筑物内部电梯井或楼梯间里的塔吊，可以随施工进程逐步向上爬升，不占用施工场地，适合于现场狭窄、超高层建筑等特殊条件

图 2.3-9　尖头式塔吊　图 2.3-10　平头式塔吊　图 2.3-11　动臂式塔吊 1　图 2.3-12　动臂式塔吊 2

的工程；小型工程一般不考虑动臂和内爬式塔吊，因为塔吊租金贵、拆卸较附着式塔吊施工难度大、高附着点受力要求高等条件限制，大型内爬式、动臂式塔吊经常和超高层建筑物配套使用（图 2.3-13）。

图 2.3-13　内爬式塔吊

2. 塔吊布置原则

1）施工区域应达到全覆盖，包括拟建建筑、场内外材料卸车吊运位置、道路和材料加工场。

2）起重能力满足施工要求。

3）设备安装拆卸道、起重条件满足要求。

4）最大限度地减少场内的运输，减少二次搬运。

5）塔吊位置与建筑物立面（含外脚手架）尽量避免冲突，尤其是弧形立面、错层立面，应该对最不利条件的截面进行验算复核。

6）塔吊位置如穿过地下室，应避开地下室框架梁柱结构、大型机房以及管线密集区域；如塔身穿越人防区域楼板应采取措施对楼板结构进行补强。

7）保证群塔作业安全距离。

8）塔吊附着点的结构应牢靠，附着点应选在框架柱、剪力墙、框架梁上；塔身平面与附臂角度应满足塔吊使用说明书要求。

9）优选大型长臂塔吊，增大覆盖面积，减少塔吊数量，降低机械管理风险，提升经济效益；塔吊配置应结合劳务队伍的栋号分配。

10）钢构、预制构件比例较大的工程应进行吊次核算；超高层项目、场馆类项目、受周围条件限制的项目应灵活配置动臂塔吊，动臂塔吊配置需由公司技术部、机械租赁公司牵头方案策划。

11）总平面布置图中塔吊需有详细的定位及尺寸、附着位置及与建筑物外边线距离。

3. 塔吊的选用

（1）型号确定

三要素：起重量、起重高度、回转半径。

起重量：为塔吊一次性起吊材料或构件的重量。

起重高度：为建筑物的高度 + 构件的高度 + 索具的高度 + 施工的安全距离之和。

回转半径：建筑物的平面形状及塔吊的位置。

（2）数量确定

采用项目施工现场日作业最高峰时塔吊的使用频率以及周转材料和施工用料的使用速度来确定。

4. 塔吊的定位

影响塔吊定位的因素：覆盖范围，塔身与建筑物的距离，群塔施工，高压线，方便安拆，塔身与地下室结构的关系，塔吊附墙的位置，塔吊视通良好等。

（1）尽量覆盖施工区域

应使塔吊的起重臂尽可能覆盖整个作业场地，减少盲区，避免二次搬运，提高机械使用效率；充分考虑材料堆场、仓库、施工道路、搅拌机等机械。

施工区域见图 2.3-14。

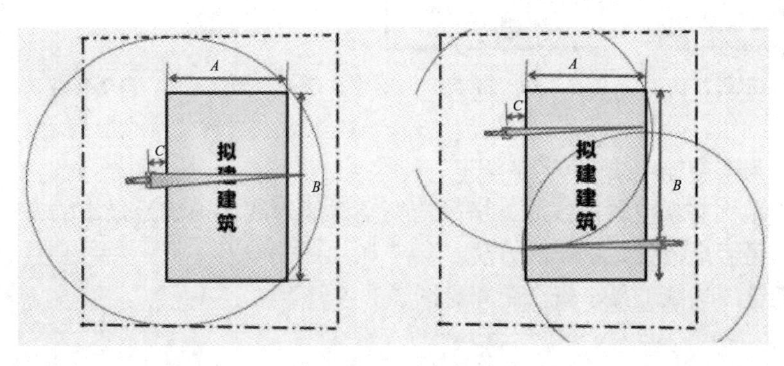

图 2.3-14　施工区域

（2）塔身与建筑物的安全距离

塔吊应与建筑物本身保持一定的安全距离，规范要求不小于 0.6m。塔吊定位时，需结合建筑物总体综合考虑，应考虑距离塔吊最近的建筑物各层是否有外伸挑板、露台、雨篷、（错层）阳台、廊桥、幕墙或其他建筑造型等，防止其碰撞塔身。如建筑物外围设有外脚手架，则还需要考虑外脚手架的设置与塔身的关系。

塔吊的尾部与周围建筑物及其外围施工设施之间的安全距离不小于 0.6m。

安全距离见图 2.3-15。

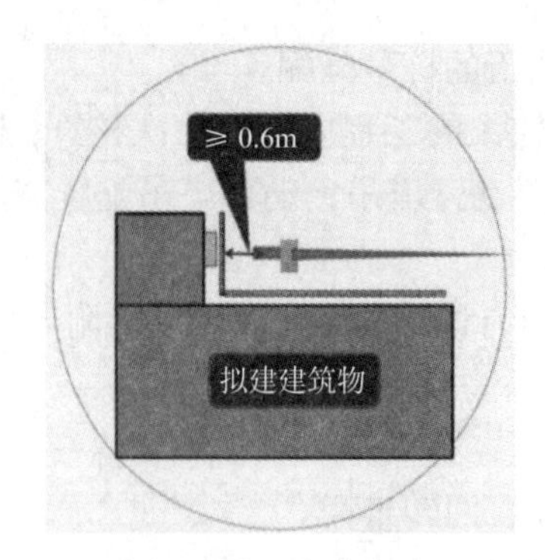

图 2.3-15　安全距离

（3）群塔作业

多塔——相邻塔吊之间的最小架设距离应保证处于低位塔吊的起重臂端部与另一台塔吊的塔身之间至少有 2m 的距离；处于高位塔吊的最低位置的部件与低位塔吊中处于最高位置部件之间的垂直距离不应小于 2m。

群塔作业见图 2.3-16 ~ 图 2.3-18。

图 2.3-16　群塔作业 1

图 2.3-17　群塔作业 2

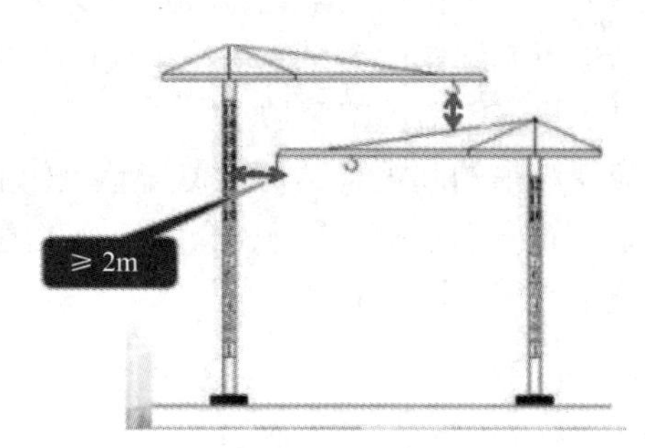

图 2.3-18　群塔作业 3

（4）塔吊与架空输电线的安全距离

施工场地范围有架空输电线时，塔吊与架空线路边线必须满足最小的安全距离，实在无法避免时，可考虑搭设防护架的方法。

塔吊和架空线边线的最小安全距离见图 2.3-19。

安全距离（m）	电压				
	＜ 1kV	1 ~ 15kV	20 ~ 40kV	60 ~ 110kV	220kV
沿垂直方向	1.5	3.0	4.0	5.0	6.0
沿水平方向	1.5	2.0	3.5	4.0	6.0

图 2.3-19　塔吊和架空线边线

（5）塔吊易于拆除

应保证降塔时塔吊起重臂、平衡臂与建筑物无碰撞，有足够的安全距离。

1）如果采用其他塔吊辅助拆除，则应考虑该辅助塔吊的起吊能力及范围。

2）如果采用汽车吊等辅助吊装设备，应提前考虑拆除时汽车吊等设备的所在位置，是否有可行的行车路线与吊装施工场地。

起吊能力及范围见图 2.3-20。

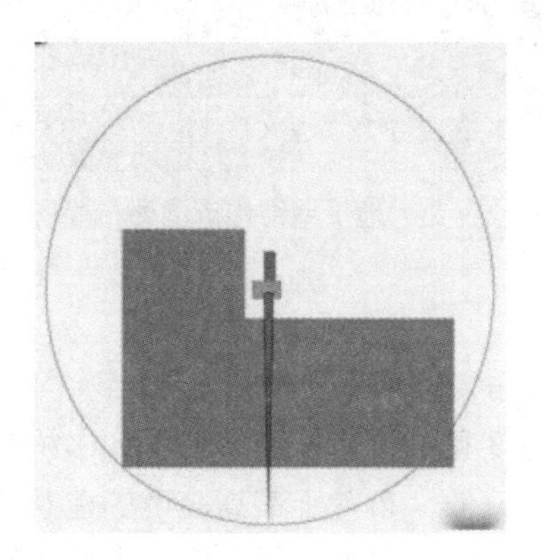

图 2.3-20　起吊能力及范围

思考：如图 2.3-20 所示的塔吊布置，在拆除时会出现什么问题？

（6）塔吊布置在地下室结构范围内

1）考虑塔身与各层地下室结构梁、板位置关系，应尽量避免与其发生碰撞，如将塔身设置于地下室天井中则较为理想。

2）如确实无法避免与结构梁、板冲突时，应考虑与塔身相冲突的梁、板的施工方案一般与塔身发生冲突处的梁、板之间留设施工缝，待塔吊拆除后再施工，施工缝的留设位置应满足设计要求。

塔身与各层地下室结构梁、板位置见图 2.3-21、图 2.3-22。

图 2.3-21　塔身与各层地下室结构梁、板位置 1

图 2.3-22　塔身与各层地下室结构梁、板位置 2

（7）塔吊布置在地下室结构范围外

在地下室结构范围外布置塔吊，应主要考虑附墙距离、塔吊基础稳定性、基坑边坡稳定性等问题。见图 2.3-23。

图 2.3-23　地下室结构范围外布置塔吊

（8）考虑塔吊附墙的位置

选择塔吊可以附墙的位置布置塔吊。

首先应考虑多栋建筑的高度和单体建筑的体形，如多栋建筑高度不同或单体建筑为阶梯式，则塔吊定位时应就高不就低，布置于最高高度的建筑或部位附近。其次应考虑在塔吊自由高度内，应能满足屋面的施工要求。再次应考虑拟附墙的楼层是否有满足附墙要求的支撑点。最后考虑塔身与支承点的距离是否满足塔吊说明书要求。见图 2.3-24。

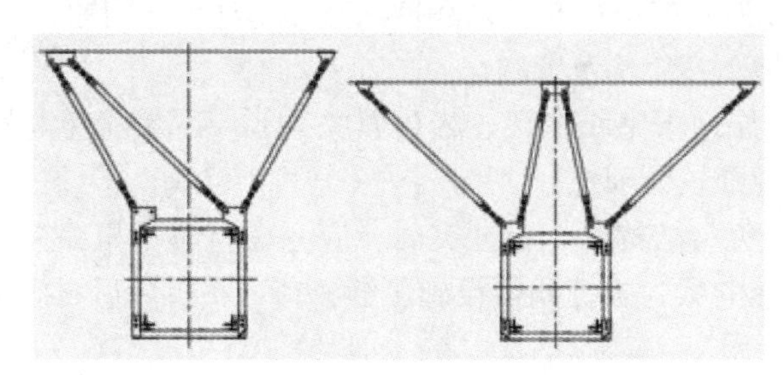

图 2.3-24　塔吊附墙

（9）考虑塔吊的通视性

在高层建筑施工过程中，塔吊往往有视线盲区，塔吊司机仅能通过信号工的指挥信号进行吊装施工，如果塔吊通视良好，尽可能减少塔吊司机的视线盲区，将在一定程度上有利于提高塔吊的使用效率，并防范盲区吊装作业的施工安全风险。

（10）考虑当地的风向

在沿海地区，布置塔吊时应适当考虑台风的影响，宜根据当地的风向，将塔吊布置在建筑物的背风面。

（11）其他

尽量减少与其他单位（场地）的相互影响；应积极响应绿色施工要求，尽量节约施工用地；应尽量避免塔吊临街布置，防止吊物坠落伤及行人。

（12）总结

塔吊型号不同、性能不同，在考虑塔吊定位前应根据厂家提供的使用说明书充分了解塔吊的技术性能参数，再根据工程的特点综合考虑以上诸方面，以有效地提高塔吊的使用效率，加快施工进度，降低建筑施工安全风险。

如果进行塔吊定位时，以上诸因素间存在冲突，则应在保证施工安全的前提下根据工程实际予以综合考虑。塔吊的布置没有对错之分，只有合理与否，应在多方案比较的基础之上选择最优方案。

（13）案例示范（图 2.3-25）

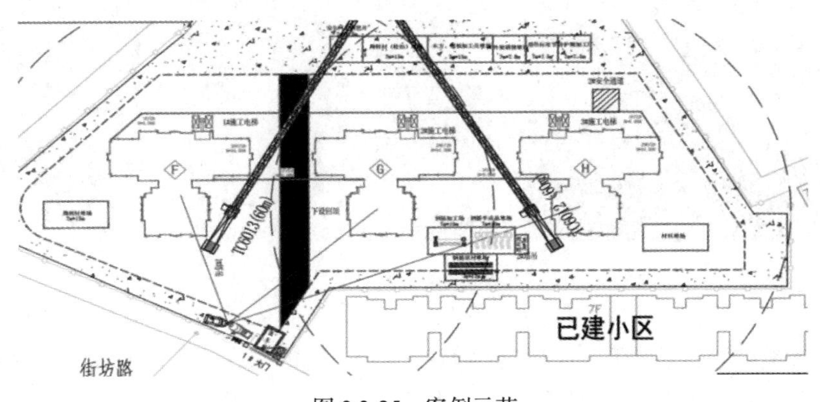

图 2.3-25　案例示范

①考虑塔吊布置与周边环境中建筑物的联系；②考虑塔吊的拆卸、基础的定位以及附墙的角度；③考虑塔吊与楼栋的关系，G 栋塔楼在进度中的角色；④群塔作业的距离要求；⑤考虑塔吊的覆盖以及材料吊运问题。

2.3.4　施工平面布置——施工电梯

1. 施工电梯布置原则

（1）满足施工电梯的各项性能，确保施工电梯能正常安装和拆卸。

（2）住宅类项目每栋主楼施工电梯尽量居中布置，多台电梯应均匀布置，减少材料楼层内运输。

（3）写字楼、商业综合体等有外幕墙的项目，应结合幕墙的施工进度，尽量减少幕墙的甩项。

（4）应考虑砌体、砂浆等的堆放场地，结合场区材料堆放位置，选择材料运送方便的位置安装施工电梯。

（5）施工电梯高度应能满足到达建筑物大屋面高度。

（6）布置位置时，应考虑不影响塔吊拆卸，施工电梯标准节与塔吊平衡臂、起重臂不得相碰；应考虑异形建筑物的立面限制条件以及对雨篷、连廊等结构的避让。

（7）尽量采用标准化施工电梯通道一体化技术，加快施工进度，减除通道架体搭设，节约架体材料及人工，保证施工安全，节约成本。

2. 施工电梯设置要求

（1）楼层接料平台防护做法

楼层接料平台临边防护要符合规范要求。

结构尺寸上：接料平台防护门为双扇对开门，单门宽度 0.75m、高度 1.8m；接料平台防护门采用 2cm × 2cm 方管焊制，并进行喷塑防腐；吊笼和对重升降通道周围应安装地面防护围栏，防护围栏的安装高度、强度应符合规范要求；停层平台两侧应按楼层高度均匀设置不少于三根防护栏杆，并满挂密目网，平台脚手板应铺满、铺平。

楼层接料平台临边防护具体做法见图 2.3-26。

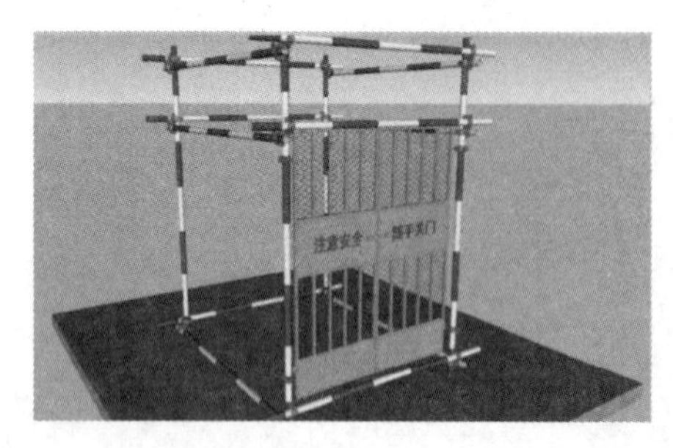

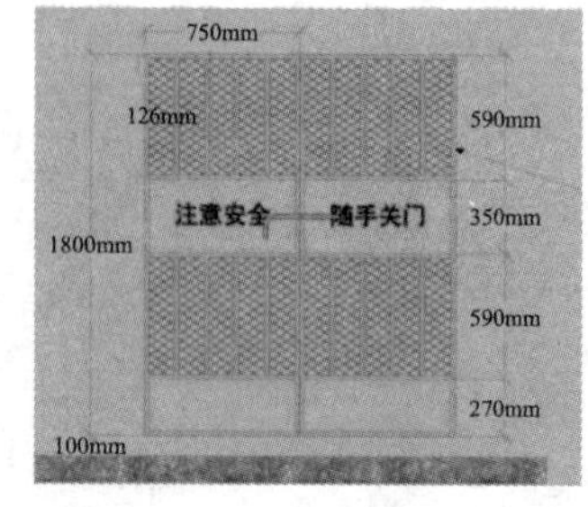

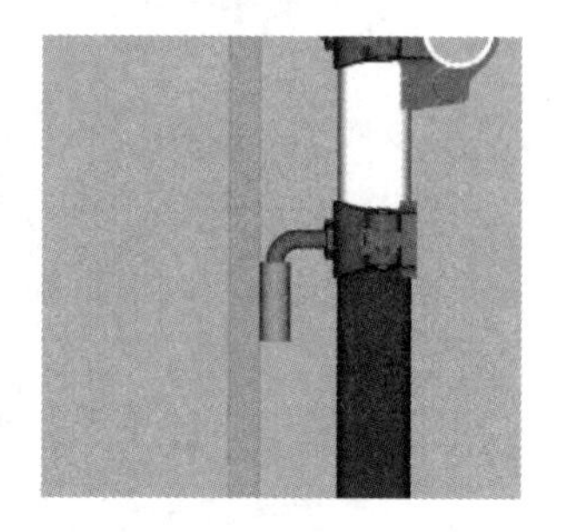

图 2.3-26　临边防护

使用要求上：正常工况下，关闭的吊笼门与层门间的水平距离不应大于 200mm，但吊笼平层时吊笼门框与平台间水平距离不应大于 50mm；层间门的开、关过程应由笼内操作员操作；层门门下间隙不应大于 50mm。

（2）施工电梯验收要求

施工升降电梯经相关有资质部门验收合格后，才准予投入使用；未经有资质单位验收合格的施工电梯，不得投入使用。

结构尺寸上：验收合格牌应采用 PVC 塑料板材或同等硬质材料制作；尺寸参考值为 0.3m × 0.2m，横向设置。

使用要求：验收合格牌内容必须有验收人、验收日期、验收合格证编号、设备产权单位；验收合格牌下端必须设置公司彩色标志和单位名称；字体采用公司标准格式或白底蓝字、蓝框，文字大小适宜；施工升降电梯验收合格牌宜安放在电梯底层醒目位置处。

施工电梯验收合格牌具体示例见图 2.3-27。

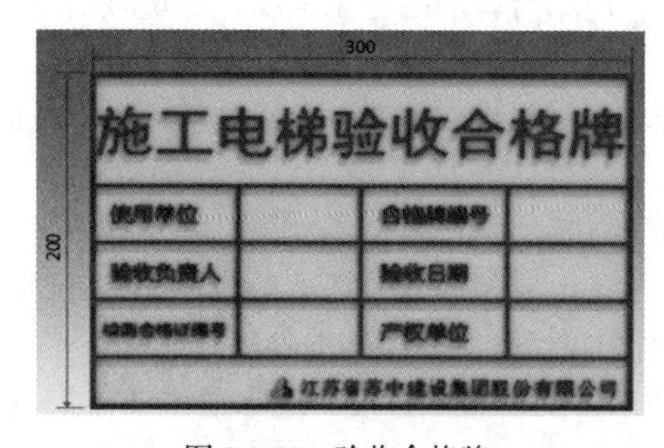

图 2.3-27　验收合格牌

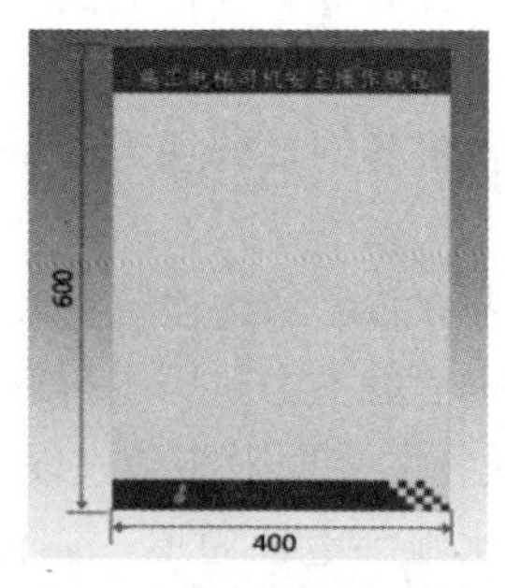

图 2.3-28　操作规程牌

图 2.3-29　操作责任人牌

（3）施工电梯操作规程要求

施工电梯上必须设置操作规程牌、操作责任人牌和限载牌等。

1）操作规程牌

结构尺寸上：操作规程牌应采用 PVC 塑料板材或同等硬质材料制作；尺寸参考值为：0.6m × 0.4m，竖向设置。

使用要求上：操作规程内容必须符合规范要求和公司规程要求；操作规程下端必须设置公司彩色标志和单位名称；使用文字必须符合国家语言文字要求；字体建议为白底蓝字、红框，文字大小适宜；操作规程牌宜安放在施工升降电梯笼内（图 2.3-28）。

2）操作责任人牌

明确施工电梯的具体操作责任人。

结构尺寸上：操作责任人牌应采用 PVC 塑料板材或同等硬质材料制作；尺寸参考值为：0.3m × 0.2m，横向设置。

使用要求上：操作责任人牌内容必须有操作责任人、上岗日期、操作证编号、操作证有效期；责任人牌下端必须设置公司彩色标志和单位名称；字体建议为白底蓝字、蓝框，文字大小适宜；操作责任人牌安放在电梯底层醒目位置（图 2.3-29）。

3）限载牌

用于控制施工电梯的限载。

结构尺寸上：施工电梯限载牌应采用 PVC 塑料板材或同等硬质材料制作；尺寸参考值为：0.3m × 0.2m，横向设置。

使用要求上：限载牌内容必须有限载人数和限载吨位；限载牌下端必须设置公司彩色标志和单位名称；字体建议为白底红字、红框，文字大小适宜；施工电梯限载牌安放在施工升降电梯笼内醒目位置处（图 2.3-30）。

4）通信设施

楼层呼叫器，用于楼层与施工电梯之间的联络通信。

结构尺寸上：在接料平台面向上 1.5m 处安装楼层呼叫按钮；信号电源应固定于电梯笼联锁电源之前；通信装置必须保证完好；信号线必须穿管防护并固定。

使用要求上：通信装置必须保证完好；信号线必须穿管防护并固定（图 2.3-31）。

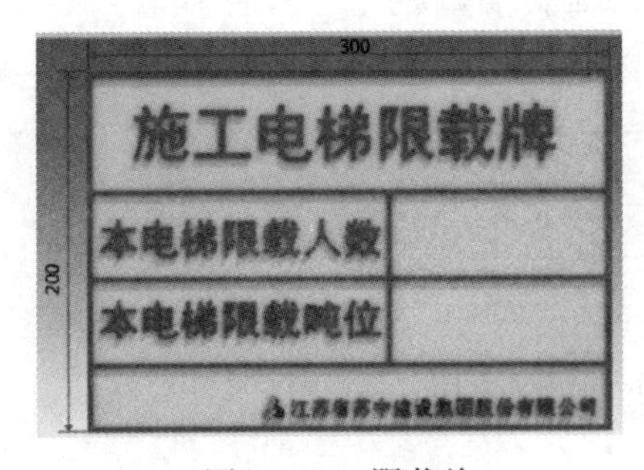

图 2.3-30　限载牌

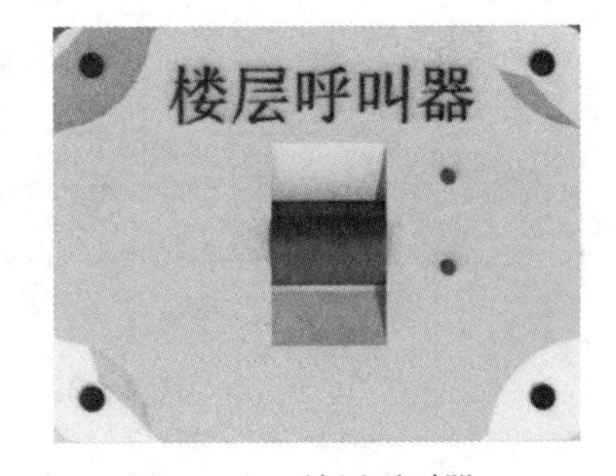

图 2.3-31　楼层呼叫器

2.3.5　临时道路布置

1. 临时道路布置原则

（1）现场道路布置应保证进出方便、行驶畅通，线路顺直，运程短；道路宽度、转弯半径、会车场及会车区、坡度应满足使用要求，在条件允许时，尽量形成环形通道。兼作临时消防车道，满足消防车通行要求。

（2）根据现场堆场、仓库或加工场的位置确定场内运输道路位置，确保物资转运方式、转运路径和转运量。

（3）合理安排施工道路与场内地下管网间的施工顺序，保证场内运输道路时刻畅通，要科学确定场内运输道路宽度，合理选择运输道路的路面结构。

（4）根据项目实际情况，做到“永临结合”，尽可能利用原有或拟建的永久道路。

（5）场内平面应进行动态管理，道路布置应尽量利用已施工完成的地下室筏板 / 顶板（结构荷载需复核）作为运输路线，减少临时道路投入（如钢板、混凝土投入量等），同时合理区分场内运输道路主次关系。

2. 临时道路技术控制参考指标

（1）施工现场宜利用拟建道路路基作为临时道路路基。临时设施应利用既有建筑物、构筑物和设施。土方施工应优化施工方案，减少土方开挖和回填量。

（2）加强场地标高控制，混凝土硬化前夯实基础，非承重部位地坪硬化不超过 10cm；地质情况好的项目，如岩石场区，非承重部位硬化建议控制在 5cm 以内。

（3）回填区临建道路，项目先浇筑地梁再进行道路硬化，减少二次维修；高回填区，采用配筋混凝土。

（4）总平面图中应标明大门位置、方向、数量，道路走向、位置，并注明道路定位、标高、宽度、厚度、长度、坡度（横坡、中坡）、弧度、转弯半径及相关的质量要求等。

3. 临时道路参考做法

（1）现浇混凝土道路

通车道路采用：夯实素土上浇筑 200mm 厚 C20 混凝土，内配 ϕ10@300mm × 300mm 钢筋网片。除道路外，地坪在夯实素土上铺设 100mm 厚 C20 混凝土，岩石场区上铺设 50mm 厚 C20 混凝土。

临时道路大样图见图 2.3-32。

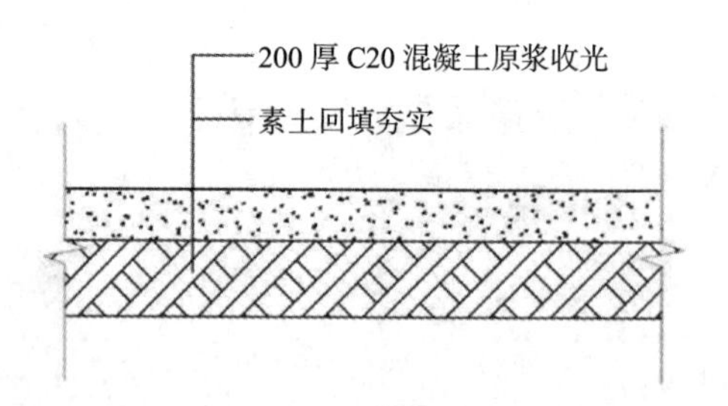

图 2.3-32　临时道路大样图

（2）装配式道路

1）重载钢板装配式道路（荷载 60t）

钢板材质为 Q235，纵横肋满焊，上面板与纵横肋满焊，下面板按 1970mm × 550mm 分块与纵横肋焊接，刷两遍防锈漆，刷两遍银灰色面漆，设计载重 60t。

钢板装配式道路平面图见图 2.3-33。

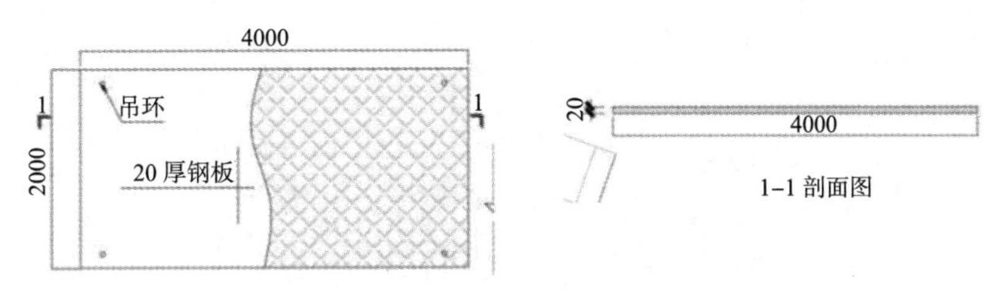

图 2.3-33　钢板装配式道路平面图

2）重载钢制装配式道路（荷载 60t）

钢板材质为 Q235，纵横肋满焊，上面板与纵横肋满焊，下面板按 1970mm × 550mm 分块与纵横肋焊接，刷两遍防锈漆，刷两遍银灰色面漆，设计载重 60t。

钢制装配式道路平面图见图 2.3-34。

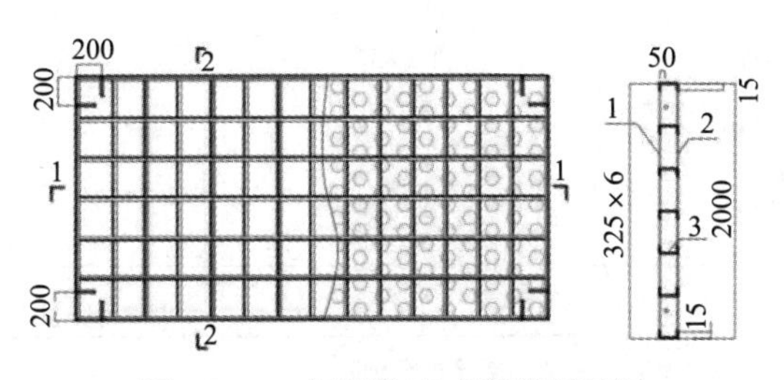

图 2.3-34　钢制装配式道路平面图

3）重载混凝土装配式道路（荷载 60t）

道路四周采用 40mm × 40mm × 3mm 镀锌角钢护角，双层双向钢筋网片，采用 C30 混凝土，单块预制道路对称设置 2 个镀锌吊环，内设少量 ϕ16mm 镀锌吊环，混凝土强度达到 80% 后可吊，设计载重 60t。

混凝土装配式路面断面图见图 2.3-35。

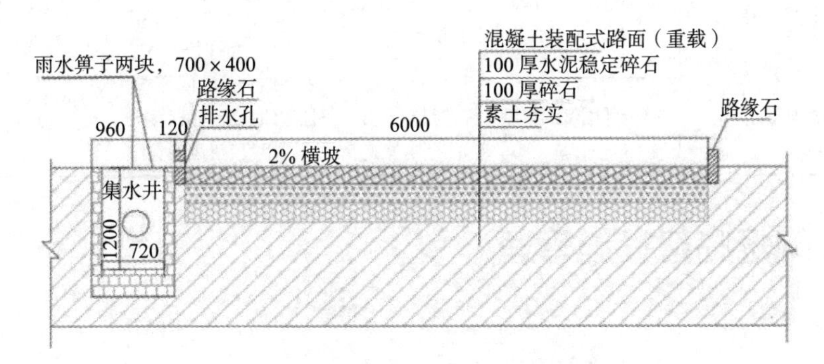

图 2.3-35　混凝土装配式路面断面图

4）轻载混凝土装配式道路（荷载 30t）

道路四周采用 40mm × 40mm × 3mm 镀锌角钢护角，双层双向钢筋网片，采用 C30 混凝土，单块预制道路对称设置 2 个镀锌吊环，内设少量 ϕ16mm 镀锌吊环，混凝土强度达到 80% 后可吊，设计载重 30t。

混凝土装配式轻载路面断面图见图 2.3-36。

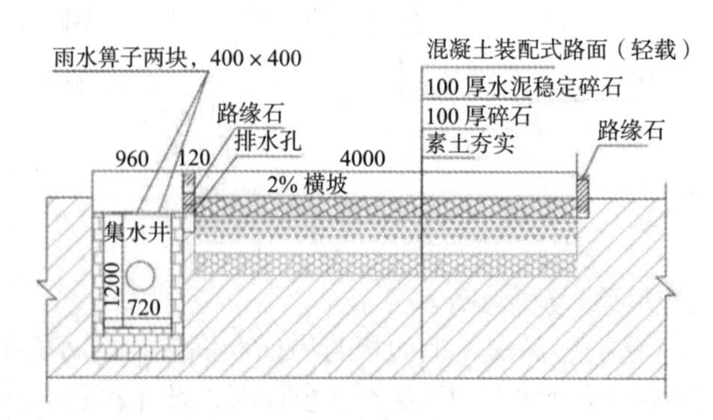

图 2.3-36 混凝土装配式轻载路面断面图

4. 临时道路方案对比

临时道路方案对比见表 2.3-1。

临时道路方案对比 表 2.3-1

序号	可选方案	方案缺点	方案优势	备注
1	使用混凝土道路硬化	成本较高且拆除时需要进行破除，增加了破除混凝土的机械台班及清运垃圾的费用	布置灵活，可最大化地满足施工生产需求	
2	装配式混凝土道路	一次性投入成本较高	布置灵活，可重复周转使用，可快速铺装使用，经周转后成本显著降低	
3	钢板、路基箱道路	租赁及一次性投入成本高	布置灵活，可重复周转使用，可快速铺装使用	
4	建渣填筑道路	成本较高，无法满足长期的使用要求，无法承受雨水长期浸泡	布置灵活，施工便捷	
5	永临结合道路	受设计图纸的限制，无法灵活布置	永临结合，降低了成本且节约混凝土及后期破除及垃圾清运的费用	可分为局部垫层加厚及利用消防车道两种形式

2.4 现场临建设施管理

2.4.1 临建设施管理范围及管理原则

项目部在工程开工前，要做好项目前期策划工作。对于项目施工现场的施工区、办公区、生活区等现场临建设施，原则上应按照批准的项目策划组织实施。

1. 临建设施管理范围

为了提升企业整体环境，落实施工单位“厉行节约、勤俭办企”专项行动，实现临建设施规范化、标准化，依据国家相关法律法规、标准规范，结合公司关于规范项目临时设施建设的措施和要求，项目部应组织编制临建设施标准化方案。临建设施范围分为以下三类。

第一类，按照临建设施的建设费用分类如下：

（1）自建临建设施：办公区、管理人员、工人生活区建设及家具、装修费用、临时道路建设费用（基础设施项目施工便道费用不纳入临建管理范围内）、临水临电投入、临建劳务用工费用。

（2）非自建临建设施：租赁房屋租金、水电改造、装修、办公家具采买等均需纳入管理范围。

（3）大型钢筋加工场、搅拌站等为生产服务的临时设施不包含在内，场地租赁费用不包含在内。临电投入只为生产服务，不计入管理范围，生活生产共用的，全部计入临建设施管理范围。

第二类，按照现场临建设施类型分类如下：

（1）施工现场场容场貌包括：封闭管理和环保设施即大门、围墙、围挡、门卫室、洗车台、道路硬化、排水沟、污水沉淀池、垃圾池、垃圾桶等；现场图牌即工程概况牌、安全宣传牌、安全生产牌、文明施工牌、消防保卫牌、环境保护牌、管理人员名单及监督电话牌、建筑工人维权须知牌、企业理念牌及总平面布置图和安全标志布置图、公告宣传栏、施工友情提示牌、导向牌、生活区等；旗帜与楼面形象；安全标志、标识；现场物资存放等。

（2）施工现场办公设施包括：办公室、办公设施、项目部图牌、办公室门牌、办公室内图牌、会议室、项目管理岗位牌、项目组织机构图。

（3）施工现场生活设施包括：员工宿舍、洗漱室、食堂、淋浴室、活动室和吸烟室、厕所、急救器材等。

（4）施工安全防护设施包括：基坑支护、脚手架、模板、四口及临边防护、现场消防管理、施工用电、施工机具及设备等。

第三类，按照临建设施建设规模分类如下：

（1）大型临时工程：铁路、公路或水路运输便道、便桥，制（存）梁场；混凝土（填料）集中拌合站，混凝土成品预制厂，钢筋及小构件加工中心，材料厂，拼装场；临时通信、电力、给水干线（管）路；集中发电站和变电站等。

（2）小型临时设施：施工生产及生活房屋，文化福利及公用房屋，施工管理信息化系统；炸药库、施工辅助用房屋（材料库、加工棚、临时发电站、空压机房、停机棚等）；工地范围内的各种零星支线便道，临时水、电、通信支管（线）路，临时构筑物（水井、水塔等）；大型临时工程内容以外的其他临时设施。

2. 临建设施管理原则

临建标准化管理要把握安全性、美观性、经济性、适用性四个基本要求。临时工程建设原则为“统筹规划、永临结合、达标从简”；临时工程管理原则为“先批后建、按图施工、量价预控、资料追溯”。

在满足工期要求的前提下，项目部要统筹考虑地形地貌、工程特点、工程量大小、供料与运输条件、南北气候差异、实施性施组安排及业主要求（特别是市政工程）等因素，提出多种临时工程方案，再进行技术经济比选。

项目生产经理要组织工程部和相关职能部门参与施工现场调查，对实施性施工组织设计和临时工程方案进行研究和讨论，并对施组和方案的合理性负责。临时工程建设用地要优先利用红线范围内永久占地，减少征地、拆迁数量和节约临时用地，并充分考虑永临结合，减少复垦数量。

2.4.2 临建设施平面布置

1. 平面布置原则

（1）临时设施建设应以人为本，满足安全、环保、实用的要求，统筹规划、合理布局、因地制宜、节约资源。

（2）临时用地应按国家及地方政府有关规定办理审批手续，工程完工后应按规定进行复垦，并经项目所在地政府土地主管部门验收合格。

（3）施工驻地选址应在了解当地环境的基础上，对驻地选址的潜在风险进行评估，比对评估结果，采取对应措施，严禁在易发生飓风、山洪、泥石流、滑坡、坍塌等危险地段建设驻地房屋，避免在水库泄洪区、风力较大的风口区、易积水的凹地、土质污染区等危险区域建设驻地房屋；在台风易发生区域建设驻地房屋应做好项目规划和应急预防工作。

（4）施工驻地选址应综合考虑项目属地近 30 年发生过泥石流、塌陷、滑坡、飓风、台风等自然灾害的情况，并进行地质环境风险评估，比对评估结果，采取处理措施。

（5）对于位于山区、泄洪区、临边、临坡、河流流域内、低洼处的项目，要提前做好周边环境和属地应急避难场地的勘察和识别，原则上优先选取距离项目最近的属地场地作为应急避难场所，包括具有一定规模的公园、广场、公共绿地、体育场、学校操场等开敞空间，以应对山洪、泥石流、滑坡等自然灾害的紧急疏散，若项目周边无成熟的公共应急避险资源，则项目部应提前选择附近空旷、平整、稳定的山坡或高地作为临时应急避险场所。对于可能发生自然灾情的项目，必须提前疏散项目人员，将全部人员转移到安全之处。

（6）距离集中爆破区 500m 以外，不宜占用独立大桥下部空间、河道、互通匝道区及规划的取、弃土场等，如遇特殊情况只能在以上位置设置临建的，应做好安全评估，并经本单位主管部门批准。

（7）项目部驻地的占地面积，应按照“小而精”的原则，必须经过详细策划，杜绝建设豪华型项目部。

（8）项目部驻地建设可采取租用现有房屋略加改造或自建等方式，应结合现场实际进行必要的经济比较后确定建设方式。采用租用现有房屋时，可以租赁为主或者租建结合，如选择闲置的学校、农庄、村集体房屋、工厂等，满足庭院管理和停车需要。采用自建房应结合当地气候条件和项目工期要求，选择适宜的活动板房或其他结构形式，除业主有特殊规定外，驻地建设规模不得大于公司的相关管理规定。

（9）项目部设置应满足防疫要求，宜为院落式，采用封闭式管理，四周设有围栏，有固定出入口。办公区、生活区等布局应科学合理，满足点对点要求、分区管理，尽量减少不同区域间的相互干扰。

（10）生活区设置正常生活区、集中观察区和应急隔离区，各区域要采用不低于 2.5m

的硬质围挡全封闭管理，严格分开、独立设置、保持必要的安全距离，标识醒目、封闭管理、分级别采取防控措施，严禁人员跨区域流动。

（11）集中观察区应根据项目用工计划，设置不少于 1 栋的临时观察用房，用于返场人员隔离观察使用，实行区域闭环管理，集中区域要配置正常生活基本设施，包括淋浴间、卫生间等。

（12）应急隔离区要配置防疫隔离间，相对独立地实施集中封闭管理，用于传染病风险人员集中封闭观察，隔离间按照每 50 ~ 80 人设置一间，隔离间具有日常生活必备功能，配有相应的生活设施及防疫物资，并设置独立的卫生间，配备淋浴设施，隔离间设置废弃物统一放置区。

（13）项目部驻地应结合地形地貌，合理进行场地设计规划，除行车道、停车区等采用混凝土面层承重结构进行必要的场地硬化以满足使用功能外，人行部分宜采用非承重结构进行硬化并尽量就地取材，选用可回收材料，达到既实用又美观。其他场地宜适当绿化。硬化方案应根据场地原地基承载力通过设计计算确定。场内排水应进行统一规划，系统设置。

（14）场地内消防设施应满足《建设工程施工现场消防安全技术规范》GB 50720 的有关规定，在适当位置设置临时室外消防水池和消防砂池，配置相应的消防安全标识和消防安全器材，并经常检查、维护、保养。临时建筑场地应设有消防车道，且消防车道的宽度不应小于 4m，净空高度不应小于 4m。对于成组布置的临时建筑，每组数量不应超过 10 幢，幢与幢之间的距离不应小于 4m，组与组之间的距离不应小于 8m。房门至疏散楼梯的间距不应大于 25m，疏散楼梯和走廊的净宽不应小于 1m，楼梯扶手高度不应低于 0.9m，外廊栏杆高度不应低于 1.05m。每 100m^2 临时建筑应至少配备 2 具灭火级别不低于 3A 的灭火器，厨房等用火场所应适当增加灭火器配置数量。临时建筑的耐火等级、最多允许层数、最大允许长度、防火分区的最大允许建筑面积应符合相关规定。

（15）办公区、生活区和施工作业区应分区设置，且应采取相应的隔离措施，并应设置导向、警示、定位、宣传等标识。办公区、生活区宜位于建筑物的坠落半径和塔吊等机械作业半径之外。临时建筑与架空明设的用电线路之间应保持安全距离。临时建筑不应布置在高压走廊范围内。厨房、卫生间宜设置在主导风向的下风侧。

（16）办公用房室内净高不应低于 2.5m，办公室的人均使用面积宜为 4 ~ 6m^2，会议室使用面积不宜小于 30m^2。宿舍内应保证必要的生活空间，人均使用面积不宜小于 2.5m^2，室内净高不应低于 2.5m。每间宿舍居住人数不宜超过 16 人。宿舍内应设置单人铺，层铺的搭设不应超过 2 层。食堂与厕所、垃圾站等污染源的距离不宜小于 15m，且不应设在污染源的下风向。

（17）厕所的厕位应满足男厕每 50 人、女厕每 25 人设 1 个蹲便器，男厕每 50 人设 1m 长小便槽的要求。蹲便器间距不应小于 900mm，蹲位之间宜设置隔板，隔板高度不宜低于 900mm。

（18）盥洗室应设置盥洗池和水嘴。水嘴与员工的比例宜为 1∶20，水嘴间距不宜小于 700mm。盥洗池每个水嘴处应放置洗手液。淋浴间的淋浴器与员工的比例宜为 1∶20，淋浴器间距不宜小于 1000mm。

（19）临时建筑基础应埋入稳定土层，埋置深度不宜小于 0.3m，地基承载力特征值不应小于 60kPa。

（20）使用的电气设备和临时用电应符合《施工现场临时用电安全技术规范》JGJ 46 的规定。

（21）污水排放应进行规划设计，设置多级沉淀池，通过沉淀过滤达到排放标准，满足项目所在地排污管理规定。

（22）场地内合理设置照明设施，照明电路与工作用电电路分开。电路铺设应科学、合理，严禁乱拉、随地放置。

（23）项目开工前应对项目临建进行详细设计，编制临建方案，经本单位技术部门批准后方可实施；遇特殊情况需超出标准时，项目部要视情况向本单位主管部门提出书面报告，获批准后实施。

2. 平面布置内容

总平面布置应体现以人为本、因地制宜、节约用地、整齐划一、环保节能、永临结合。尽量减少施工用地，少占农田，优先选择在建项目用地界内，使平面布置紧凑合理。充分利用各种永久建筑物和原有设施为施工服务，降低临时设施的费用。符合安全防火和劳动保护的要求。

临建设施平面布置内容有：

（1）办公用房、生活用房。

（2）机械站、车库。

（3）各种建筑材料、半成品、构件的仓库。

（4）临时道路、材料运输道路、消防通道。

（5）水源、电源、配电房、变压器房，临时给水排水管线和供电、动力设施。

（6）场内排水系统布置。

项目部临建设施平面图见图 2.4-1、图 2.4-2。

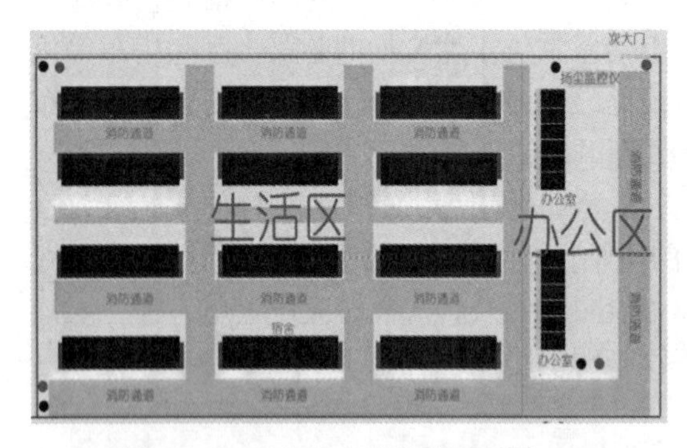

图 2.4-1　项目部临建设施平面图 1

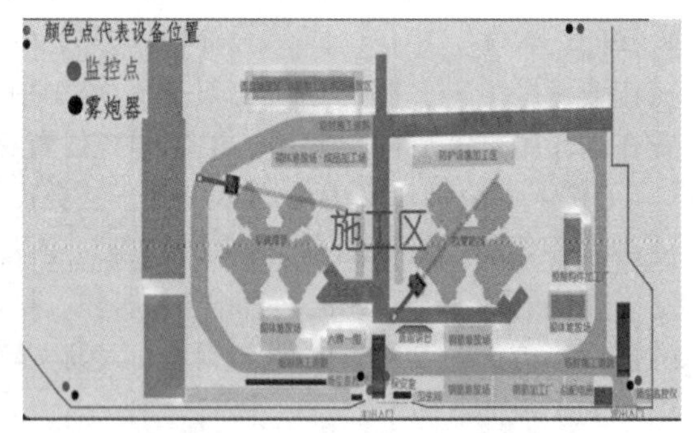

图 2.4-2　项目部临建设施平面图 2

2.4.3　场容场貌设施

为进一步提高建筑工地安全文明施工水平，提升工程建设形象，改善建筑工人生产生活环境，创造整洁、优美、文明、和谐的城市环境，让人民群众在城市生活得更舒心、更美好，拥有更多的获得感、幸福感，依据《建设工程施工现场环境与卫生标准》JGJ 146、《建筑施工安全检查标准》JGJ 59、《建筑与市政施工现场安全卫生与职业健康通用规范》GB 55034 等相关法律法规和技术标准的规定，施工现场遵循“统一、美观、安全、耐久”

的原则，在建筑工程施工项目部对场容场貌设施提出具体标准和要求。

1. 大门

（1）主出入口大门

1）主出入口大门基本设置要求

①门柱采用钢构架体，外包 0.5 ~ 1mm 厚薄钢板并作企业标识，企业标识及项目名称应作醒目设置，门柱和门扇的颜色由企业自定，但每个企业的项目要求必须统一，达到美观效果，门楼应具有足够的强度及刚度，大门周边范围内地面必须硬化，表面要平整。

②施工企业应加强日常大门形象管理和维护，大门口应保持干净整洁，无垃圾杂物、无污水、无污垢、无油渍或严重积尘。

③施工区人行出入口应设立实名制闸机系统，并具备禁入管理功能，落实建筑从业人员实名制管理。每个人行出入口至少按每 200 人配置一个实名闸机通道，且不少于两个；施工区有多个人行出入口时，各人行出入口均应设置实名闸机通道，实行联网运行。

④大门出入口应张贴施工平面布置图，平面布置图应重点突出工地所有出入口（主次出入口位置设置）、工地四周道路交通情况及区位情况、临时设施、办公区、生活区位置、视频监控安装位置、围墙、洗车设施、扬尘在线监测设备、大型机械设备位置、材料场地布置情况、消防通道、安全通道等。

⑤大门出入口应设置门卫室，门卫室宜采用集装箱，也可采用砖混结构，高度不得小于 2.8m。正面一门一窗，两个侧面各有一窗。

⑥门卫室应配备安保人员 24h 值守。门卫必须统一着装，室内应悬挂门卫岗位职责牌、实名制管理制度等相关图牌。施工区主大门岗亭内部应设置工地视频监控终端，外来人员进入施工区前应进行登记造册，禁止闲杂人员进入施工场地。

⑦工地各出入口处安装不少于 1 台监控摄像头，确保清晰看到进出运输车辆的全貌及车牌号码。

⑧根据项目所在地政府住建主管部门的相关道路交通等有关要求，施工单位应做好施工路段交通安全风险防范化解工作，工地出入口做好交通疏解和安全防护管理，在每个施工出入口设置交通疏解告示、行人绕行提示、文明施工用语等标志。

⑨出入口大门边围挡显眼位置应设置项目管理责任公示牌。其他有关要求应按现行标准规范及项目所在地政府主管部门有关文件通知要求实施。

主出入口大门基本设置示例见图 2.4-3、图 2.4-4。

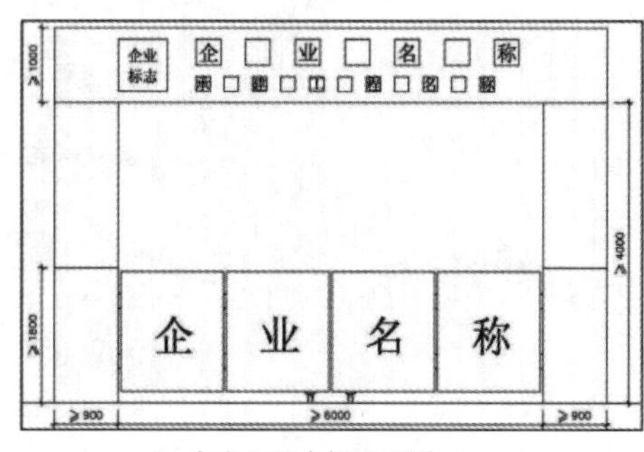

主出入口大门立面图

主出入口大门示例

图 2.4-3　主出入口大门基本设置示例 1

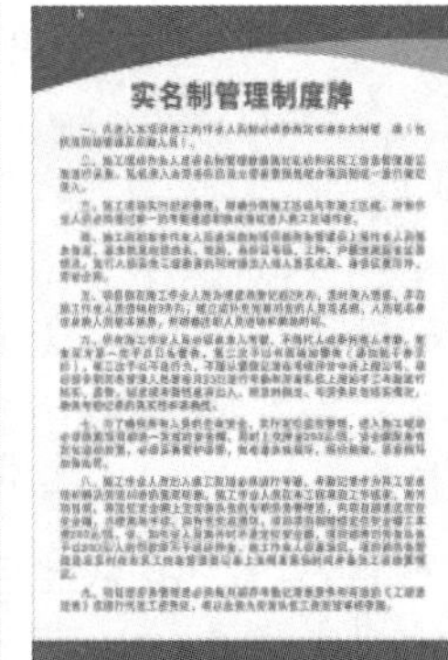

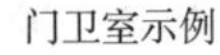

门卫室示例　　实名制管理制度牌　　门卫岗位职责牌

图 2.4-4　主出入口大门基本设置示例 2

2）主出入口大门标准提升要求

①施工区主出入口大门形象应进行专项设计，并与围挡及施工用房等其他设施风格相互匹配。

②施工区主出入口大门应设置电子信息公示牌等配套设施；出入口大门边围挡显眼位置应设置项目管理责任公示牌。

③参考构造：门柱为不锈钢球形网架或普通方管构造，左边门柱截面尺寸要符合标准要求，结构耐久性符合安全要求，右侧门柱由 150mm × 150mm 的普通方管排列组合而成，总高度应不小于 6m，其中门楣高度不小于 600mm，大门净高度不小于 5m，大门净宽不小于 8m（参考企业相关标准做法）。

④标识与文字组合：在符合项目属地政府主管部门标准总体要求的前提下，与企业文化统一协调、有机结合；建议在左侧门柱居中设置企业 Logo 与单位、项目名称的标识。

⑤施工单位必须在施工现场每个出入口安装视频监控设备，并能清晰监控车辆出场冲洗情况及运输车辆车牌号码。

主出入口大门提升标准示例见图 2.4-5 ~ 图 2.4-7。

图 2.4-5　主出入口大门提升标准示例 1

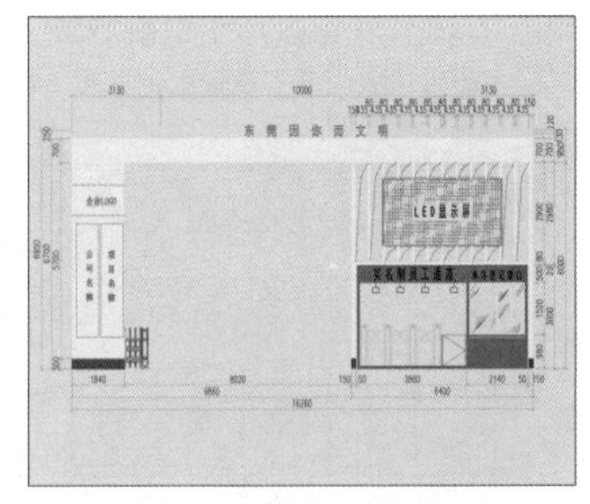

图 2.4-6　主出入口大门提升标准示例 2

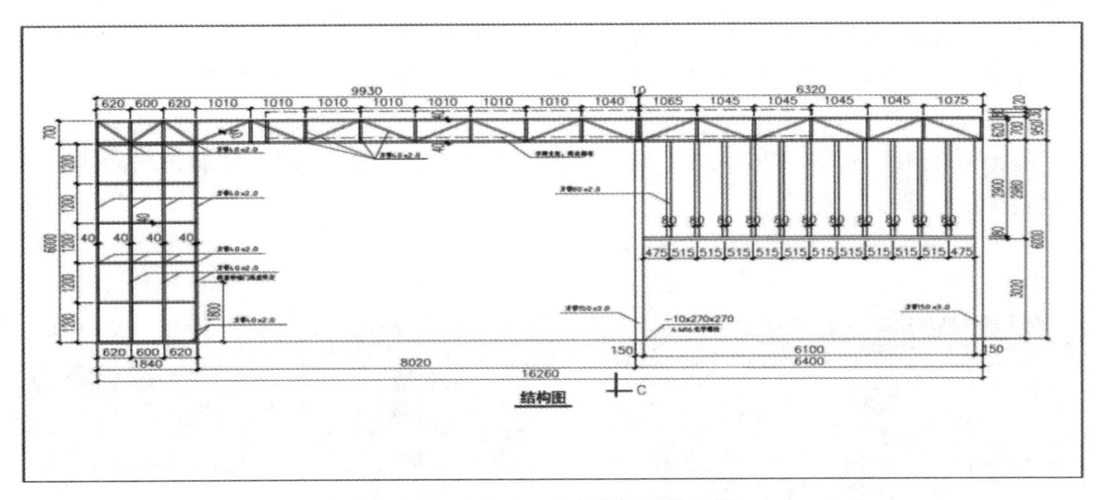

图 2.4-7　主出入口大门提升标准示例 3

（2）次出入口大门

1）次出入口大门基本设置要求

①门柱采用砖砌或型钢制作，表面抹 1∶2 水泥砂浆 20mm 厚，后刷涂料；门轴预埋铁件必须在砖柱砌筑时预埋，并且有足够的锚固力。

②门柱规格宜采用 800mm × 800mm，门扇尺寸为 3000mm × 2400mm，企业可根据实际情况加宽或缩小门扇。

③门柱和门扇的颜色由企业自主选定，但每个企业必须统一；大门可根据实际情况设置电动伸缩门或自动抬杆门等。

④应在次出入口大门边围挡显眼位置处设置项目管理责任公示牌。

次出入口大门基本设置示例见图 2.4-8。

图 2.4-8　次出入口大门基本设置示例

2）次出入口大门标准提升要求

①门柱可采用砖砌或型钢制作，表面抹 1∶2 水泥砂浆 20mm 厚，后刷涂料。

②门柱规格应不低于 800mm × 800mm，门净宽不小于 6m，企业应根据实际情况设置电动伸缩门或自动抬杆门等。

③靠门柱第一块围挡应设置为项目管理责任公示牌。

④除主大门出入口外，其他出入口均应按照次大门的统一标准要求制作。

⑤施工区次出入口应根据需要设置，并应符合实名制管理的要求。

⑥必须在施工现场每个出入口处安装视频监控设备，并能清晰监控车辆出场冲洗情况及运输车辆车牌号码。

次出入口大门提升标准示例见图 2.4-9。

次出入口大门示例图

XXX项目管理责任单位公示牌

项目管理责任公示牌

图 2.4-9　次出入口大门提升标准示例

（3）大门附属设施

1）大门附属设施基本要求

①实名制管理闸机：施工区人行出入口应设立实名制闸机系统，并具备禁入管理功能，落实建筑从业人员实名制管理。每个人行出入口至少按每 200 人配置一个实名制闸机通道，且不少于两个；施工区有多个人行出入口时，各人行出入口均应设置实名制闸机通道，实行联网运行。

②门卫岗亭：大门出入口应设置门卫岗亭，并配备安保人员 24h 值守。门卫必须统一着装，室内应悬挂门卫岗位职责牌、实名制管理制度牌等相关图牌。施工区主大门岗亭内部应设置工地视频监控终端，外来人员进入施工区前应进行登记造册，禁止闲杂人员进入施工场地。

③电子公示牌：施工区主入口大门上方应设置电子公示牌，并联网滚动显示扬尘、噪声在线监测数据、实名制信息、危险源公示等信息。

2）大门附属设施基本设置示例见图 2.4-10。

2. 施工围挡

（1）施工围挡设置基本要求

1）施工现场应实行封闭管理，在施工现场周围应设置实体围墙或围挡，围墙或围挡应坚固、平稳、整洁、美观，并沿工地四周连续封闭设置，围墙或围挡可书写反映企业文化或安全生产的标语、公益广告等。

2）在符合项目属地政府和建设单位有关要求的情况下，施工围挡应最大限度地利用原有围墙或永久围墙，且现场围墙或围挡应整洁、牢固。

3）为避免施工区域内泥水流出造成污染，应在围挡处设置高度不小于 30mm 的基础

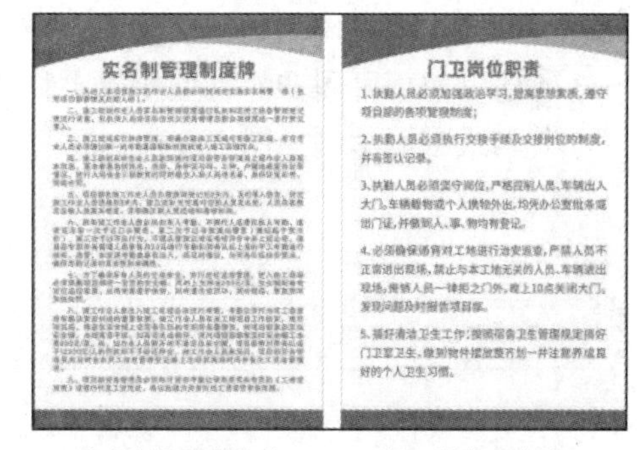

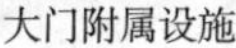
大门附属设施　　　　实名制管理制度牌　　　　门卫岗位职责牌

图 2.4-10　大门附属设施基本设置示例

（砖砌或混凝土结构），并设置截水沟，在适当位置设置集水井或出水口。

4）施工区围墙或围挡上方应设置喷淋设施，喷头向着工地内，间距不大于 6m，减少施工扬尘。

5）施工区围墙或围挡周边卫生要求：施工单位对施工现场围挡周边区域卫生情况实行责任制管理，具体要求如下：

①做到围挡周边无垃圾杂物、无污水、无污垢、无油渍或严重积尘，围挡周边附属设施规范、整洁，无破损；

②协助做好树木花草和绿化设施管护，及时清理门前花坛内的垃圾杂物，不攀树折枝、采摘花朵，不得在树干、树枝上钉钉子和乱挂杂物等；

③应及时制止乱挂晒、乱占道、乱堆放、乱张贴等影响市容秩序的行为，对其他行为人的乱停、乱靠、乱摆摊设点、乱挖掘等影响市容秩序的行为有监督、劝说和举报的责任等。

6）应根据项目所在区域及项目类型统一设置公益广告，不得擅自涂改，混搭；宣传画面应简洁明快，并突出地域特征，其中政府投资建设工程的工地围挡原则上应 100% 刊载公益广告，社会资本投资建设工程的工地围挡，原则上应不少于 50% 的围挡总面积用于刊载公益广告。围挡四周每一面在显著和醒目位置应设置项目管理责任公示牌。

7）工地围挡公益广告的风格应有统一规划、设计，不得随意混搭，并与项目所在地周围的城市景观风貌、历史文化相融合。在围挡布置宣传画面时，应适度留白，不满铺；采用外挂居中式宣传画面的，画框应固定牢靠、平顺。

（2）施工围挡设置类型及要求

施工围挡按照砌筑材料和砌筑方式的不同，分为砖砌式施工围墙和定型化、工具化安装式围挡两大类。

1）砖砌式围墙

设置标准要求：

①砌体围挡不应采用空斗墙砌筑方式：砌体围挡厚度不宜小于 20mm，并应在两端设置壁柱，壁柱尺寸不应小于 30mm × 40mm。

②单片砌体围挡长度大于 30m 时，宜设置变形缝，变形缝两侧均应设置端柱；围挡顶部应采取防雨水渗透措施。

③壁柱与墙体间应设置拉结钢筋，拉结钢筋直径不应小于 6mm，间距不应大于

500mm，伸入两侧墙内的长度均不应小于 100mm。

④建议使用可周转的定型化或永临结合的围墙。

砖砌式围墙示例见图 2.4-11。

砖砌式围墙立面示意图

砖砌式围墙效果图

图 2.4-11　砖砌式围墙

2）定型化、工具化围挡

设置标准要求：

①围挡的高度不宜超过 2.5m；当围挡高度超过 1.8m 时，宜设置斜撑，斜撑与水平地面的夹角宜为 45°。

②围挡宜采用定型的金属材料加工，立柱的间距不宜大于 3.6m，立柱可采用方钢在地面用膨胀螺栓进行加固。围板上下长度固定方向可采用槽钢，板材应采用 0.1m 宽钢板压槽，底部设置不少于 30cm 高的砖砌或混凝土基础，应保证围挡牢固。

③围挡横梁与立柱之间应采用螺栓可靠连接；围挡应采取抗风措施。

④金属式围板也可用于施工现场内部功能分隔区。

定型化、工具化围挡示例见图 2.4-12。

定型化、工具化围挡立面效果图

定型化、工具化围挡实物图

图 2.4-12　定型化、工具化围挡

（3）施工围挡标准提升要求

1）提升标准的原则要求

①材质适用要求：建筑项目工地施工围挡应根据工程性质、工期、场地条件并结合施

工组织等实际情况，选用合适的材质，在市区主要路段和市容景观道路及车站广场等人流密集区域设置钢结构围挡的，面板应采用烤漆板材质，其他区域的钢结构围挡面板可采用镀锌钢板。

②风格适用要求：在市区主要路段和市容景观道路及车站广场等人流密集区域的新建项目施工区采用现代风格围挡；老城区宜采用传统风格围挡。

③围挡外观造型标准：施工现场必须沿工地四周设置连续、封闭的钢结构装配式围挡，同一工程应采用同一材质，固定围挡自地面至顶端（不含柱头和灯具）高度不低于 2.5m，围挡应坚固、稳定、整洁、美观。

④鼓励根据项目所处位置和环境，设置与周边环境相匹配的特色围挡。

⑤施工围挡提升标准原则：

a. 施工围挡的建设及提升改造由建设单位策划，施工单位统一组织实施。

b. 围挡应根据环境特点及场地类别进行专项设计，设计内容应包括但不限于结合安全验算、外观装饰画面、灯光等内容。

c. 对于新建项目，建设单位应将施工围挡是否符合要求纳入开工条件审查，组织监理单位、施工单位进行验收，重点验收围挡基础及围挡结构的强度、稳定性及公益宣传广告等；验收不合格的，不得签发开工令。对于在建项目进行围挡提升改造的，在改造完成后应按照上述要求组织验收。

⑥在围挡使用阶段，建设、施工、监理等有关单位应加强巡查，做好日常维护工作。

2）现代风格钢结构装配式围挡

①适用范围：在项目所在地市区主要路段和市容景观道路及机场、码头、车站广场区域的新建项目施工区，应采用配烤漆板材质的钢结构围挡，其他区域新建项目施工区可采用镀锌钢板材质的钢结构围挡。

②柱距要求：围挡标准柱间距为 6.3m，每两个明柱之间设暗柱，暗柱与明柱中心距离为 3.15m。

③宣传画要求：应选用项目属地政府宣传部门统一发布的内容，并采用现代风格的宣传画，不得擅自涂改、混搭；宣传画面宜居中布置。

④具体结构尺寸可参考图 2.4-13。

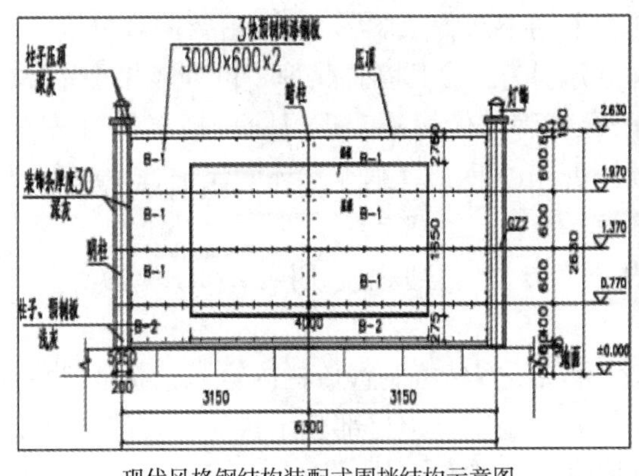

现代风格钢结构装配式围挡结构示意图

现代风格钢结构装配式围挡立面效果图

图 2.4-13　现代风格钢结构装配式围挡示意图

3）传统风格钢结构装配式围挡

①适用范围：主要适用于项目所在地为老城区的工程；在新市区和主城区主要路段和市容景观道路及机场、码头、车站广场区域的新建项目施工区，应采用配烤漆板材质的钢结构围挡，其他市内区域新建项目施工区可采用镀锌钢板材质的钢结构围挡。

②柱距要求：围挡标准柱间距为 6.3m，每两个明柱之间设暗柱，暗柱与明柱中心距离为 3.15m。

③饰面要求：屋面采用瓦屋面或合成树脂瓦片。

④宣传画要求：应选用项目属地政府宣传部门发布的方案，并采用传统风格的宣传画，不得擅自涂改、混搭；宣传画面宜居中布置。

⑤具体结构尺寸可参考图 2.4-14。

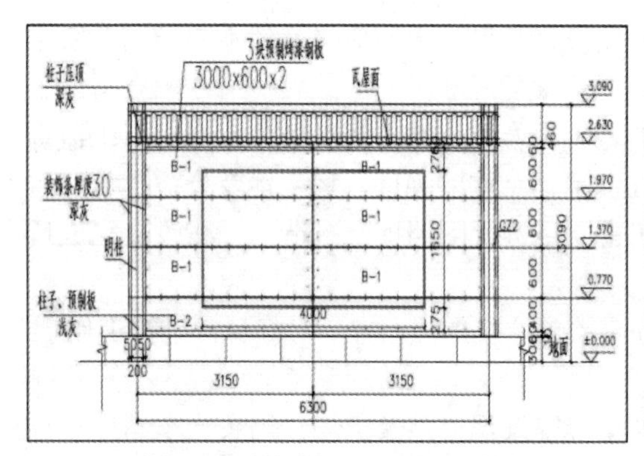

传统风格钢结构装配式围挡结构示意图

传统风格钢结构装配式围挡立面效果图

图 2.4-14　传统风格装配式围挡示意图

3. 公示图牌

（1）公示图牌设置规定

按照《建筑施工安全检查标准》JGJ 59—2021 中的规定：在项目部主出入口明显位置处应设置公示标牌，公示图牌（五牌一图）主要内容应包括：工程概况牌、消防保卫牌、安全生产牌、文明施工牌、管理人员名单及监督电话牌、施工现场总平面图。

结合目前建筑施工现场实际，多数项目部均采用“八牌二图”，二图主要内容分别为：施工现场总平面图和工程效果图；八牌主要内容分别为：①工程概况牌（可列表）；②岗位监督牌（管理人员名单及监督电话牌）；③消防保卫牌（代替施工现场防火规定）；④安全生产牌（十项安全技术措施、工人安全生产责任）；⑤文明施工牌；⑥环境保护牌（施工现场环保措施）；⑦入场须知牌；⑧危险源告知牌。

“八牌二图”标牌应做到设置规范，外观整洁大方，内容完整、翔实。

（2）宣传栏设置要求

在施工项目部主要通道等显著位置处，应设置项目宣传栏，宣传栏内容包括企业简介、组织结构、职工权益维权专栏、农民工工资支付五项制度、项目部公示栏等，宣传栏宜采用不锈钢或型钢定型化制作，版面采用喷绘或其他广告措施。

宣传栏图例见图 2.4-15。

图 2.4-15　宣传栏图例

4. 道路及场地硬化

（1）道路硬化基本要求

1）施工现场临时道路应进行硬化，采用厚度不少于 200mm 的 C20 混凝土路面，道路两边要设置排水沟。

2）施工现场临时道路应尽量形成环形，对不能形成环形的，应设不小于 12m × 12m 的回转车坪，回转车坪地面做法同道路做法。

道路硬化措施较多，在临时道路中有详细措施，见图 2.4-16。

图 2.4-16　道路硬化

（2）场地硬化基本要求

1）现场场地应进行硬化，场地硬化浇筑混凝土应满足不泥泞、不积水等要求，场地大小应满足现场堆放材料要求。

2）相应场地，如各类加工场、材料堆放场要求有系统的排水措施。

3）场地硬化示意图见图 2.4-17。

（3）人车分流措施要求

为了尽量减少施工对交通的影响，把交通分流疏导工作做细做好，实现施工、交通双顺利，就要在施工期间保证车辆、行人的安全顺利通行，防止施工道路内发生交通事故。施工单位必须在施工道路上设置栏杆或人行道实施人车分流管理，提高人员通行的安全性。

人车分流通道措施要根据施工现场实际情况确定，示例见图 2.4-18、图 2.4-19。

图 2.4-17　场地硬化示意图

图 2.4-18　人车分流通道示例图

图 2.4-19　人车分流通道防护示例图

5. 洗车槽及排水系统

（1）洗车槽及排水系统设置基本要求

1）施工现场各出入口均应设置洗车槽及三级沉淀池，配备自动洗车设施或高压水枪，并派专人负责清洗，所有出场车辆均须将轮胎清洗干净，未清洗干净的车辆不得驶出大门。

2）洗车槽平面应根据现场实际情况适当设计 2% 左右的排水坡度，确保污水不外溢路面及工地外，其底部及内侧均须抹面，底部也应有不小于 2% 的排水坡度，且不得积水。

3）车辆冲洗应至少配备两套高压水枪，水枪压力不应小于 5MPa，配备专兼职冲洗工人，在冲洗车辆时应确保污水流入三级沉淀池，不得外流或溢出路面，严禁将污水直接排放至市政管网中。

4）自动洗车槽应具有足够的强度来承受过往车辆的荷载。

洗车槽、高压水枪、三级沉淀池示例见图 2.4-20。

洗车槽示例图

高压水枪示例图

三级沉淀池示例图

图 2.4-20　洗车槽、高压水枪、三级沉淀池示例

（2）自动洗车装置系统要求和措施

1）施工现场所有车辆出入口必须设置自动洗车装置及三级沉淀池，配备自动洗车设施或高压水枪，并配合人工辅助清洗，所有出场车辆均须将轮胎清洗干净，未清洗干净的车辆不得驶出工地大门。

2）自动洗车装置应有足够的强度承受车辆的荷载，沉淀池和清水池要做好防渗漏处理，自动冲洗平台扬程不小于 32m，喷嘴数应满足相关要求。

3）自动冲洗平台基槽深度不小于 200mm，长度不小于 2m，宽度不小于 3.5m。平台底部硬化找平，设置不小于 2% 的排水坡度，浇筑的混凝土强度不小于 C30，搭接宽度不小于 300mm，厚度不小于 220mm，在合理部位设置宽度不小于 200mm 的排水沟，与沉淀池相连。

4）冲洗设施及沉淀池主要做法可参考图 2.4-21 ~ 图 2.4-23。

图 2.4-21　自动洗车装置示例图

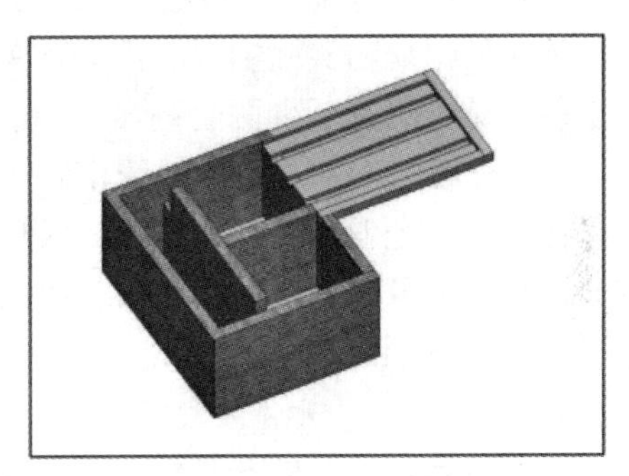

图 2.4-22　沉淀池示例图

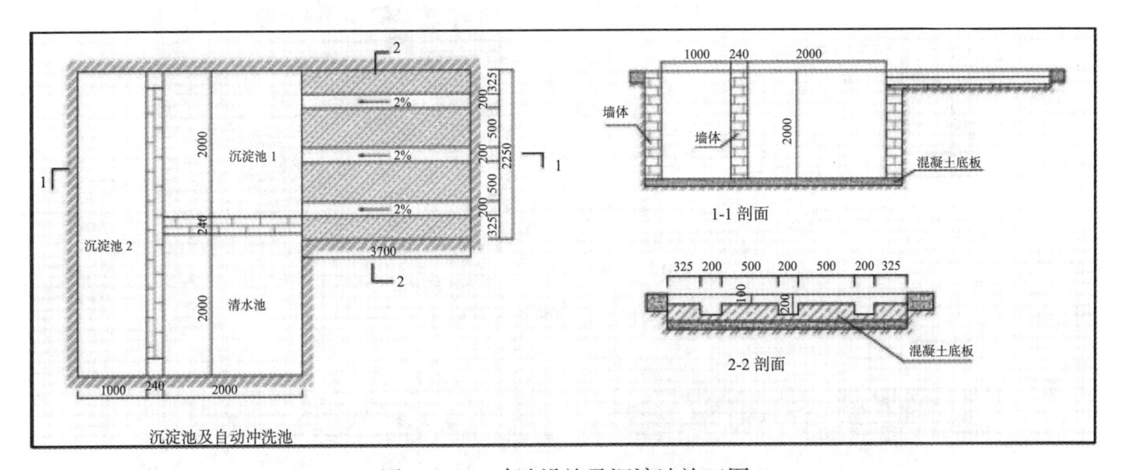

图 2.4-23　冲洗设施及沉淀池施工图

（3）沉槽式洗车池冲洗装置基本要求

1）沉槽式洗车池冲洗设施的主要功能是对驶出施工现场的车辆进行冲洗，保证车辆轮胎干净，避免污染城市道路。排水系统的主要功能是通过自身系统的完善，解决工地排污和避免内涝，同时通过自有的三级以上沉淀设施，使工地排水减少对城市排水管网的影响。

2）建筑工地除应遵循本标准设置冲洗设施，加强冲洗保洁外，在渣土运输时，还应按照项目属地政府城管和交管等车辆管理部门的要求，选择有资质的运输单位和合格的运输车辆，办理建筑垃圾准运证，督促渣土运输单位规范装载，避免超高超载等。

3）沉槽式洗车池现场配备至少两套高压水枪，水枪压力不应小于 5MPa，应配备专兼职冲洗工人配合人工冲洗，并应设置三级沉淀池、排水沟，严禁将污水直接排放至市政管网。

4）出土阶段出入口处，除设置自动冲洗装置外，还应在其前方加设沉槽式洗车池。

5）沉槽式洗车池施工标准要求：

①沉槽式洗车池应设在工地主出入口附近，洗车池尺寸宜为8000mm×350mm×600mm（长、宽、深），其中 3500mm 的短边要正对大门。

②洗车池底板为 200mm 厚 C30 混凝土，配置直径 16mm、间距 300mm 的钢筋网；底板下须浇筑 100mm 厚 C15 混凝土垫层；两侧采用高 400mm、宽 240mm 的砖墙或现浇混凝土防护，内外采用 M10 砂浆抹灰。

③项目部应根据现场实际情况在洗车池旁设置给水点，水源可充分利用雨水和经处理的施工废水等；现场配备至少两套高压水枪，水枪压力不应小于 5MPa，并应设置三级沉淀池和排水沟，严禁将污水直接排放至市政管网。

④推荐建筑施工企业购买或租赁新式装配式成品洗车池，无须钢筋、混凝土等复杂传统施工方式，完工后可以立即转场使用，做到重复使用，节约成本。

6）其他要求按照相关规范、标准、图集中自动洗车装置基本标准要求的内容，结合项目实际情况组织实施。

沉槽式洗车池具体示例见图 2.4-24、图 2.4-25。

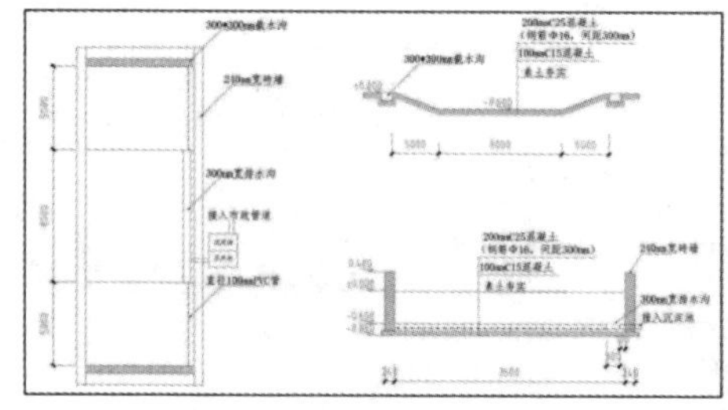

沉槽式洗车池施工图

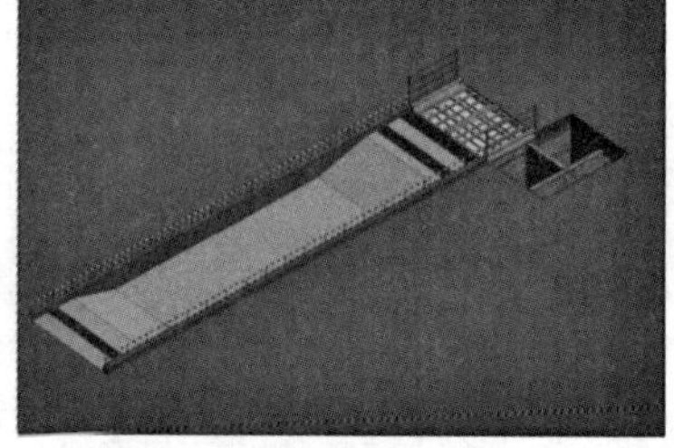

出土阶段洗车池示意图

图 2.4-24　沉槽式洗车池 1

沉槽式洗车池示意图

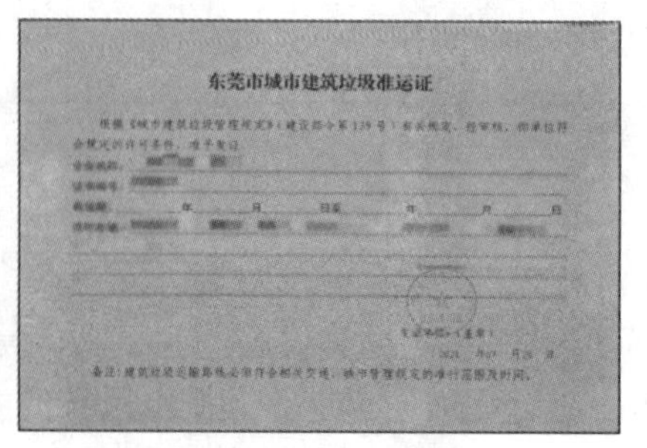

东莞市城市建筑垃圾准运证

建筑垃圾准运证示例图

图 2.4-25　沉槽式洗车池 2

2.4.4　办公区临时设施

办公区的必要功能包括：管理人员办公楼、办公区办公室、会议中心、小型会议室、办公区接待室等，以及必要的入口广场和停车场。入口处设置广场，办公区办公楼宜结合广场进行布局设计。

1. 办公区基本设置原则

项目部管理人员办公楼，采用集装箱项目的均需取消走道箱设置，采用外廊式建筑标准。项目部可根据现场场地进行办公楼建筑设计，一般情况下以 C 字形为主，若有特殊要求或场地受限可采用其他形式整体布置。

2. 办公室室内要求

项目部办公室根据公司要求进行布置，项目部办公室房间总数根据项目需求进行调整。人均使用面积应符合公司规定，项目经理房间面积不超过 18m^2，项目生产副经理等人均面积不超过 9m^2，其他管理人员人均面积不超过 4.5m^2，项目部办公区会议室面积应根据项目需求确定规模大小。

原则上项目部其他管理人员采用三人间、两箱体连拼、三箱体连拼办公室，特殊情况可采用四人间办公室。

办公室平面布置图示例见图 2.4-26 ~ 图 2.4-28。

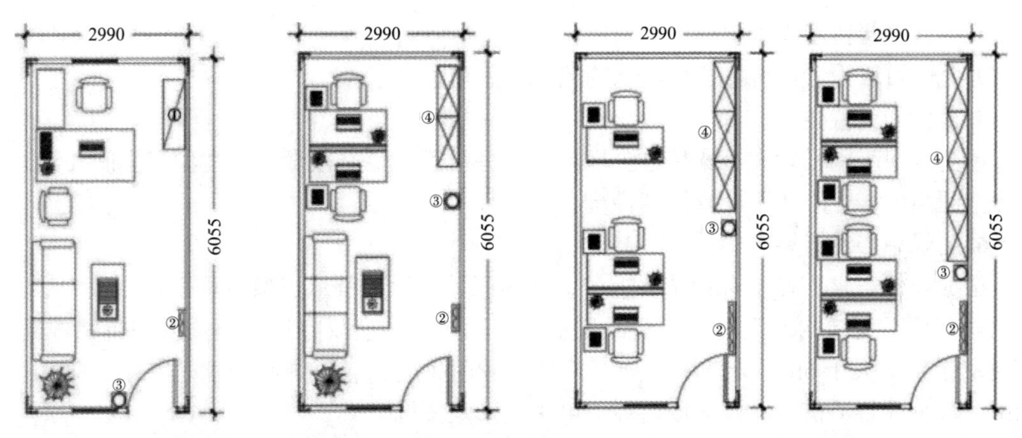

图 2.4-26　项目经理办公室　图 2.4-27　双人间办公室　　图 2.4-28　三人间、四人间办公室

3. 会议室设置要求

会议室设置在集装箱办公楼内部，通过多个箱式房组合形式，不考虑独立设置。会议室按常用规模可分为小、中、大三类，依据功能合理性与空间舒适度确定相应人数等指标，大会议室最多可容纳约 50 ~ 60 人，中会议室最多可容纳约 30 人，小会议室最多可容纳约 20 人以内。若采用箱式房大于 4 间可采用定制集装箱设置会议室，采用加长 8m × 18m × 2.99m 或加长加高箱 8m × 18m × 3.5m 设置超大型会议室，其余规格指标见表 2.4-1。

示例见图 2.4-29。

箱式房会议室分析表　　表 2.4-1

会议规模	小会议室	中会议室	大会议室
适用人数	≤ 16 人	≤ 32 人	≤ 56 人
箱体数量	2 箱	3 箱	4 箱
房间面积	$6m \times 6m=36m^2$	$6m \times 9m=54m^2$	$6m \times 12m=72m^2$
功能设置	100 ~ 150 寸投影仪、会议桌等		
结构形式	箱式房		

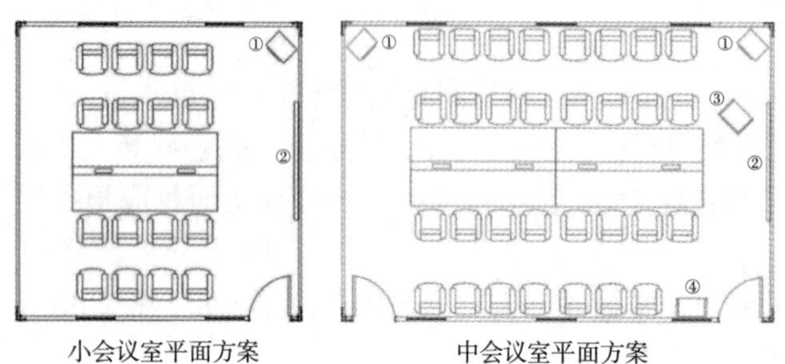

小会议室平面方案　　中会议室平面方案

图例	名称	图例	名称
	会议桌		会议椅
①	空调机柜	③	演讲台
②	投影幕布	④	茶水台

图例

图 2.4-29　箱式房会议室

4. 办公区接待室设置要求

办公区可以设置接待室，采用 2 间箱式房，可设置茶台。

5. 卫生间设置要求

办公区卫生间设置在箱式房办公区内，在办公区一层必须设置该类型卫生间 1 间。为保障空间高度，卫生间不设置抬高梯步。

6. 会议中心设置要求

根据项目需求，业主有特殊要求的，公司区域内示范及重点项目可设置会议中心，可采用彩钢板、钢结构或定制箱式房会议室，定制箱式房会议室后排座椅采用带桌板椅子，会议室层高不大于 6m。会议中心配有接待室及卫生间，会议中心吊顶灯具形式采用企业标识，特色项目（机场、体育场馆等）可采用形象图标。

会议中心一般分为大型和中型两类。

大型会议中心总面积控制在 $300m^2$ 以内，接待室面积在 $50m^2$ 以内；中型会议中心总面积控制在 $180m^2$ 以内。大、中型会议中心建议配置会议桌主席台、会议条桌、会议椅（皮椅）、演讲台、会议系统、LED 大屏幕、音频设备、无纸化系统（选用）、茶水柜、垫板夹、纸巾盒、茶杯、绿植等物品。

示例见图 2.4-30。

7. 智慧工地设置要求

项目部根据审批可设置智慧工地，采用 $3m \times 8m \times 3.8m$ 定制箱式房，装饰层在接缝处进行分割处理，方便周转，智慧工地中心高配版采用 7 间，低配版采用 3 间定制箱式房。

高配版智慧工地，应设置专门展厅，与项目部的现场视频监控系统进行连接，能够符合智慧建筑方面的相关标准要求。

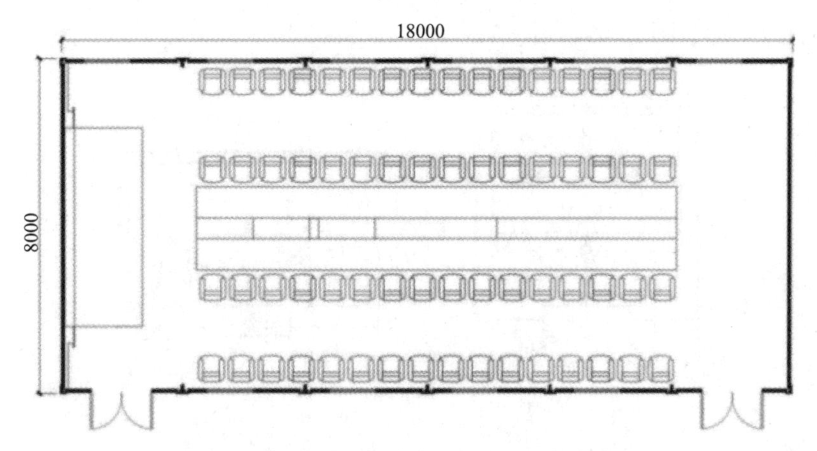

图 2.4-30　定制箱式房会议中心示例方案

智慧工地平面布置图如图 2.4-31、图 2.4-32 所示。

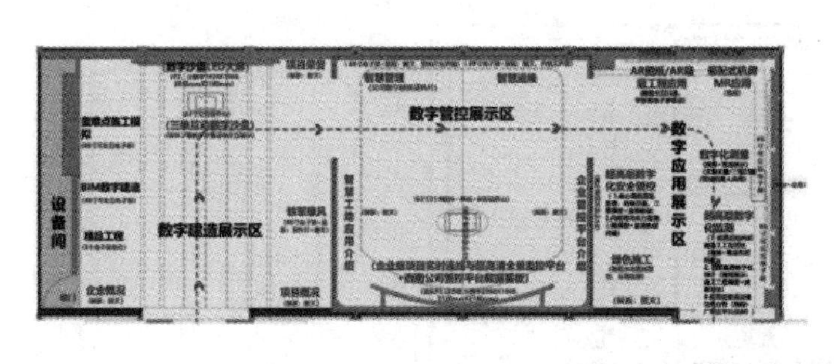

图 2.4-31　高配版

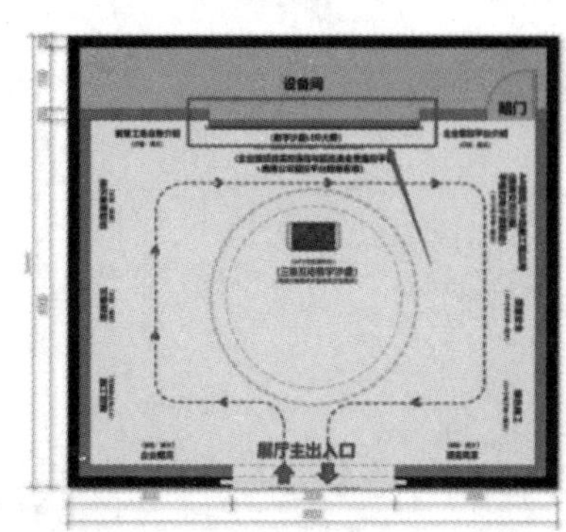

图 2.4-32　低配版

2.4.5　生活区临时设施

项目部生活区按照居住对象的不同，分为管理人员生活区和劳务工人生活区两部分。

1. 管理人员生活区

（1）管理人员生活区布局形式

通过活动场地过渡至管理人员宿舍，便于管理人员办公及作为宿舍使用，食堂结合活动场地布置，并设置后勤入口。其中，活动场地为选设功能，在场地较小的情况下可结合入口广场布置或取消。

由于各项目场地存在差异，布局形式无法固定，根据既往临建经验，总结梳理出“紧凑型”“舒适型”两种布局模式。项目部生活区平面布局时可考虑所属项目类型参考相应布局模式。

1）布局形式一：紧凑型，办公、宿舍一体式

优点是占地面积小，空间利用率高；缺点是结构简单，功能单一。紧凑型适用条件为无活动空间临建场地小类型项目。入口广场可结合停车场一起布置。办公、宿舍一体式结构中，1 ~ 2 层为办公区，3 层为宿舍。

示例见图 2.4-33、图 2.4-34。

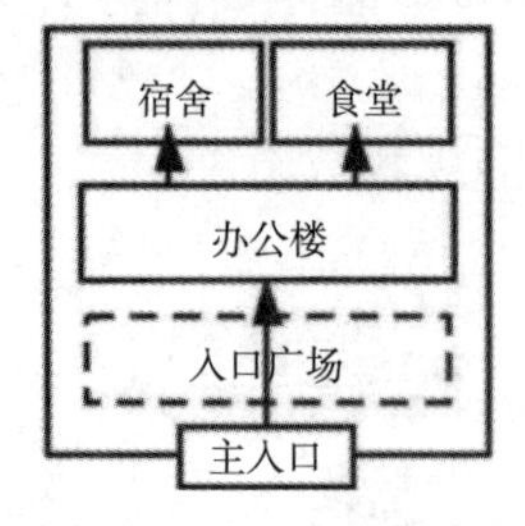

图 2.4-33　一般类型紧凑式

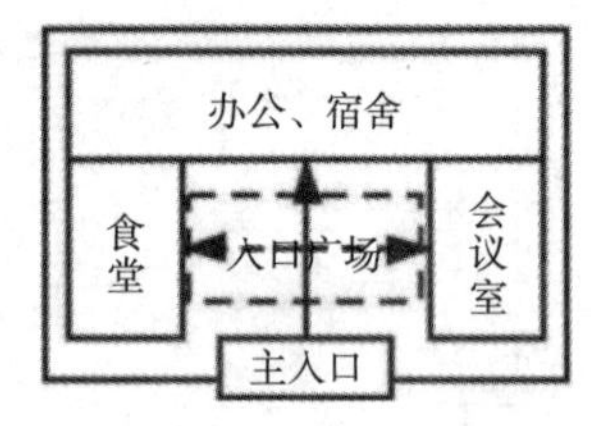

图 2.4-34　办公、宿舍一体式

2）布局形式二：舒适型

优点是活动空间较大，配套生活设施全面；缺点是占地面积较大。舒适型适用条件为示范或重大项目，适用于临建场地较大项目。

示范、重大项目示例见图 2.4-35。

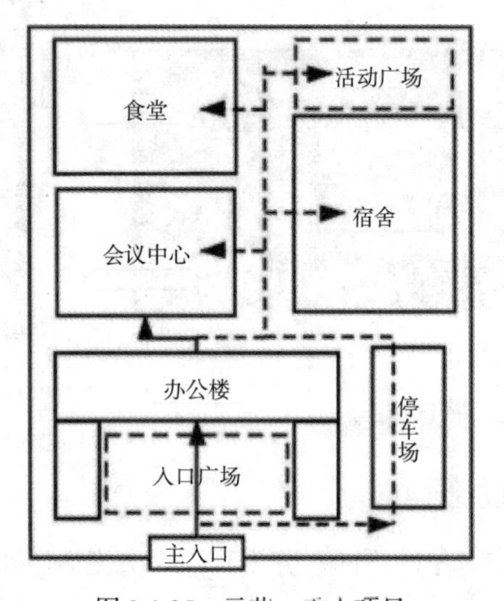

图 2.4-35　示范、重大项目

（2）管理人员生活区设置原则

项目部管理人员生活区可结合办公区设置，设置独立出入口或共用办公区出入口，应符合使用方便、减少干扰的原则。

接待餐厅设置在生活区内，餐厅大小、规模及装修标准应符合业主和企业的相关规定。业主有特殊要求时，企业示范及重点项目接待餐厅可设置一大一小两个包间，小包间可中间隔断为两个包间；其余项目根据项目规模及需求设置一个大包间或者一个小包间，面积及配置要求应符合相关规定。

管理人员宿舍通常规模小，建议采用一字形平面形式布置，一般情况下坐北朝南。宿舍结构形式采用箱式房，多栋宿舍时应成组布置，楼栋间建议设置可移动式公共景观。为保证空间舒适度，建议组团内部建筑间距保持在 5.0m（规范要求最小间距 3.5m），每组团最大长度不超过 60m，最大防火分区为 600m²；采用彩钢板房结构最高不超过 2 层，箱式房结构不超过 3 层，宿舍采用单人间、双人间或三人间，宿舍内应具备基本的生活需求物品配置。

活动室可根据项目需求设置乒乓球桌、台球桌、健身器材等活动设施；活动广场可设置篮球场、羽毛球场等活动场地，一般项目严禁设置足球场。

（3）职工食堂和接待餐厅

1）职工食堂

职工食堂一般按照项目部规模进行布置，重点项目的职工食堂宜采用钢结构等形式布置，在临建策划中进行统一编制，批准后组织实施。

职工食堂由食堂操作间（含储藏室）、就餐区、生活区、隔油池等组成。食堂面积大小按照项目部就餐人数确定。

食堂操作间应设置排油烟系统，一般由不锈钢集烟罩、镀锌风管、排油烟风机、油烟净化器等主要设备组成。

排烟罩外边缘不应超过灶台边缘，罩口底边距地高度宜为 1.8 ~ 1.9m，罩口的吸风速度不低于 0.5m/s，使用膨胀螺栓和钢丝进行吊装固定。

排油烟机风量计算：

最小排风量计算公式（2.4-1）为：

$$L=1000PH \tag{2.4-1}$$

式中　L——排风罩排风量（m^3/h）；

P——罩口的周边长（靠墙的边不计）（m）；

H——罩口至熔面的距离（m），一般取 0.7 ~ 1.0m。

最小排风量计算公式（2.4-2）为：

$$L=3600SV$$

式中　L——排风罩排风量（m^3/h）；

S——油烟罩罩口面积（m^2）；

V——罩口断面吸风速度（m/s），一般不小于 0.5m/s，一般取 0.7 ~ 1.0m/s。

排烟风管不宜太长，油烟净化器安装在便于维修和清洗的场所。

食堂平面布置形式示意图见图 2.4-36 ~图 2.4-38。

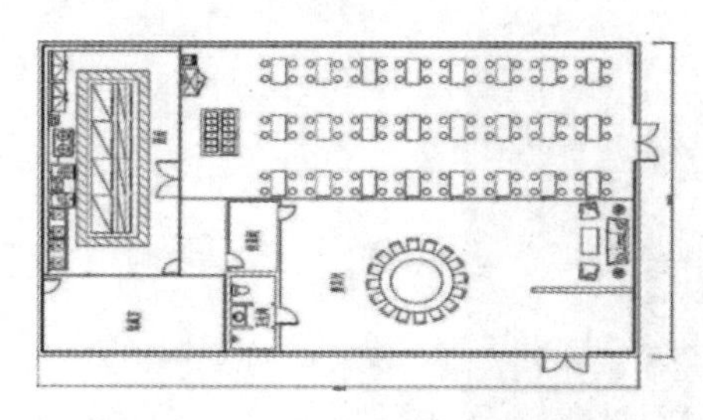

图 2.4-36　中型项目食堂平面布置

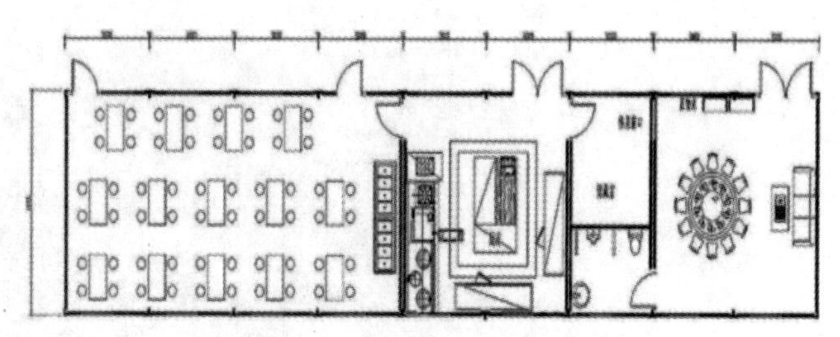

图 2.4-37　标准项目食堂平面布置

2）接待餐厅

接待餐厅大包间整体采用新中式简洁的设计方案，可以展现企业的独特文化气质，满

图 2.4-38　食堂实际案例

足项目招待的需要。

接待包间入口门厅处必须悬挂与企业文化有关的壁挂屏风，茶台区域背景同样采用企业相关标准设置。包间内圆桌摆放位置应按照要求进行，圆桌边缘距离受限空间处不小于 1.5m。

接待餐厅休息区必须采用茶桌，茶桌样式可以参照软装家具配置。

采用箱式房的小型食堂的接待餐厅可以进行内部简单装修。

各类型项目部接待餐厅示例见图 2.4-39 ~ 图 2.4-41。

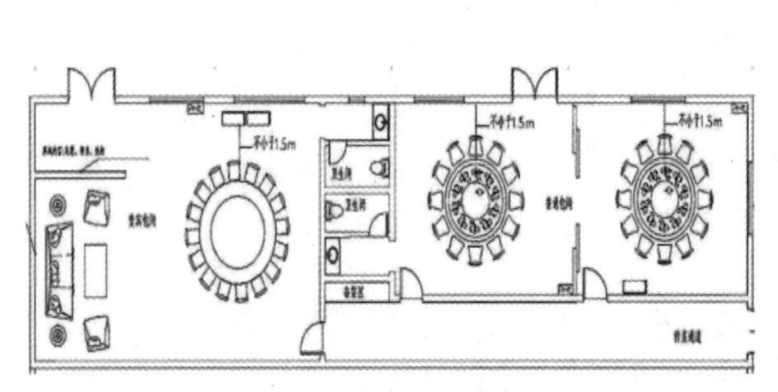

图 2.4-39　特级、一级项目接待餐厅平面图

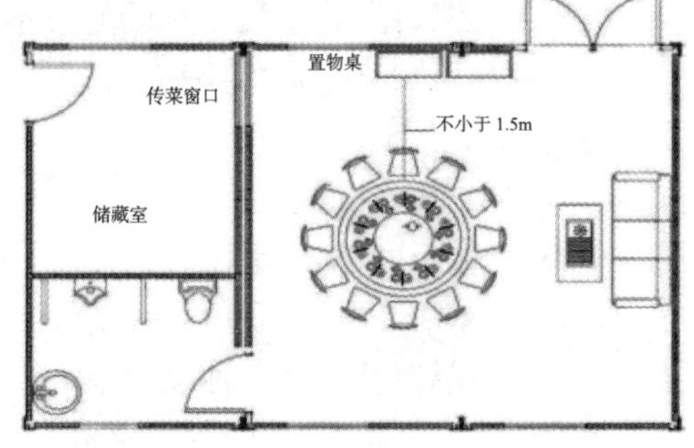

图 2.4-40　二级、三级项目接待餐厅平面图

图 2.4-41　接待餐厅休息区

（4）职工宿舍

原则上项目经理可采用单人间宿舍，其余管理人员采用三人间宿舍，项目按需求可设置探亲房。宿舍内设置洗漱置物架，要求不少于四层，外观颜色为白色。

（5）生活区配套设施

职工生活区的配套设施有洗漱间、卫生间、淋浴间、晾衣棚，可考虑配置娱乐活动室，项目部可将配套生活设施独立设置或置于宿舍楼栋内。

男女卫生间根据项目规模选择方案，可选两箱体式独立设置，若项目部女员工较少，可采用一体式女淋浴、卫生间。

淋浴间给水管建议采用 PPR 管或镀锌钢管，经济实用；排水管采用 PVC 管，地面设置防臭地漏；男女浴室出水口安装插卡式出水装置，连接电磁阀控制出水。

2. 劳务工人生活区

（1）劳务工人生活区设置原则

1）生活区功能构成

在工人生活区规划上，工人生活区应满足劳务工人生活所需功能，核心问题是动静分区问题，依据动静分区划分，静区以宿舍为主，动区以服务中心、活动广场、食堂、配套设施为主。

2）整体布局模式

工人生活区一般采用“前后分区型”和“左右分区型”两种通用布局模式，在后续临建设计中可据实际需求选用或适当调整。平面布局时，要考虑所属项目的类型，参考相对应的布局模式。两种布局形式示例见图 2.4-42、图 2.4-43。

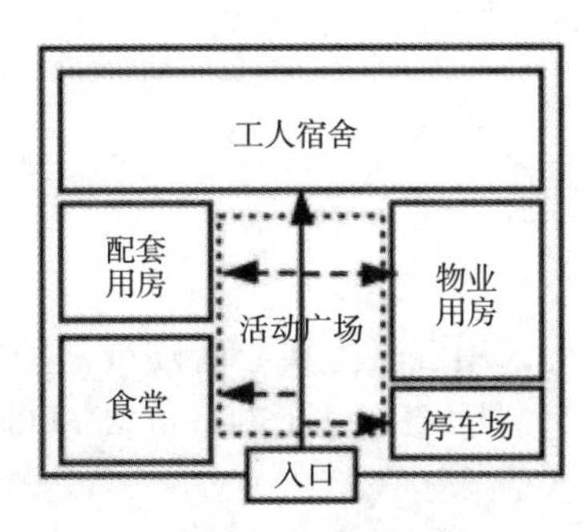

图 2.4-42　前后分区型

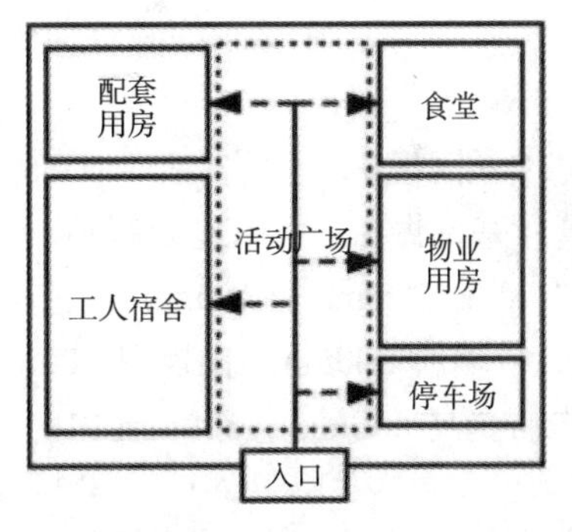

图 2.4-43　左右分区型

3）生活区设置要求

项目部劳务工人生活区结合入口广场设置工人服务中心，配置相关生活配套功能，满足工人生活需求。工人服务中心的各项标准相对成熟，首选结构形式为彩钢板房，功能性用房可使用箱式房。

工人生活区内应配置卫生间、淋浴间、更衣室、洗衣房、开水间、充电间、安全教育室等必要生活配套设施，并进行封闭管理，设置保安亭，统一由物业公司进行管理，洗衣房由物业公司安排专人进行管理，洗衣机采用投币制洗衣机，并限定洗衣房开启时间。

宿舍统一配置为六人间，具体参照地方政府要求，采用上下铺，室内不设置 220V 充电插座，统一设置USB充电插座，充电电器具至充电间进行充电。项目部可根据需要设置夫妻房，夫妻房设置在一层。

工人淋浴间统一设置洗浴用品置物架。

（2）劳务工人宿舍

劳务工人宿舍一般标准为六人间。可以采用普通彩钢板钢结构房，人均居住面积控制在3.6m^{2}以内，宿舍数量和面积应按照项目计划高峰期劳动力的75%～85%设置，一次性规划，宜分批次按照建设进度计划投入使用。

（3）劳务工人餐厅

工人餐厅配置标准为0.3～0.4m^2/人；排水沟出水口位置视隔油池位置而定。

工人餐厅（彩钢板房）示例见图2.4-44。

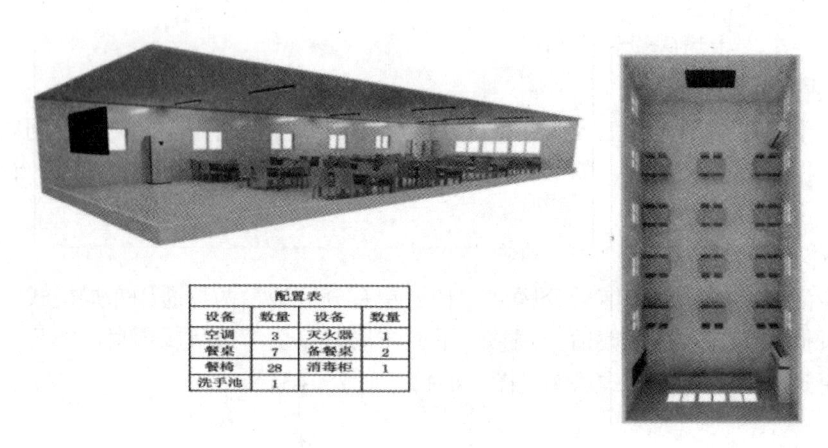

配置表

设备	数量	设备	数量
空调	3	灭火器	1
餐桌	7	备餐桌	2
餐椅	28	消毒柜	1
洗手池	1		

图2.4-44　工人餐厅（彩钢板房）示例

工人厨房（彩钢板房）做法：

厨房及餐厅基础做法：采用地梁基础。

地面做法：铺贴300mm×300mm浅色防滑地砖。

室内做法：外墙厚200mm，内墙厚100mm，均采用混凝土实心砖砌筑，室内净高2.8m；厨房间内墙均贴全高600mm×600mm白色面砖，餐厅墙面贴1500mm高600mm×600mm

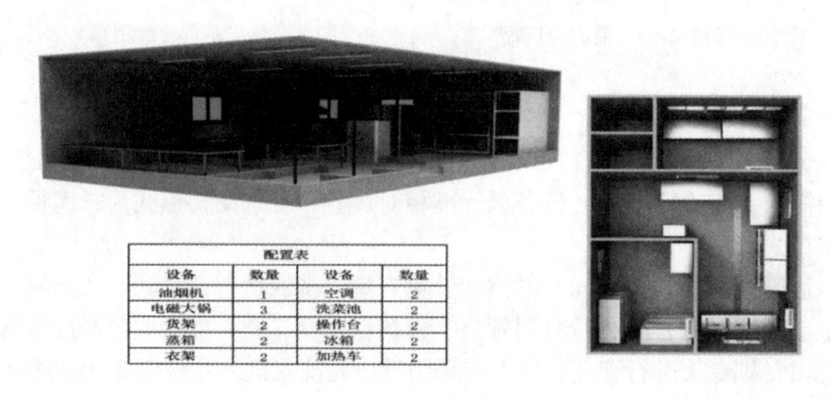

配置表

设备	数量	设备	数量
油烟机	1	空调	2
电磁大锅	3	洗菜池	2
货架	2	操作台	2
蒸箱	2	冰箱	2
衣架	2	加热车	2

图2.4-45　工人厨房（彩钢板房）示例

白色面砖。

室外做法：顶板采用 100mm 厚彩钢板，前屋檐挑出 900mm，其余屋檐挑出 250mm，四周蓝色挂板高 200mm，屋面为平屋顶，排水坡度为 2.5%，向后单面排水。

工人厨房（彩钢板房）示例见图 2.4-45。

2.4.6　临时道路设施

1. 项目部临时道路交通组织

（1）临时道路分类

临时道路是项目部内部各功能分区的连接通道，应满足不同性质的使用要求。按照功能一般划分为主干路、次干路、支路、引道等，按照用途可划分为消防车道、运输道路、人行道路、疏散道路等。

1）主干路：连接项目部主要出入口的道路，是项目部内部的主要道路，包括出入项目部大门的主路、围绕在建工程的主路等。

主干路必须采用硬化路面，宜使用装配式路面道路，可使用普通混凝土路面道路等，条件允许的情况下宜设置人车分流设施。

2）次干路：连接项目部内部次要出入口的道路，是主干路的延伸和补充。次干路应采用硬化路面，宜使用装配式路面道路，可采用普通混凝土路面道路等。

3）支路：通向项目部内部次要组成部分的道路，交通量小，路面较窄。支路路面结构一般采用普通混凝土路面道路、方砖路面道路、透水砖路面道路等。

4）引道：通向建筑物出入口，并与主干路、次干路或支路相连接的道路。引道一般采用混凝土砖、透水砖路面道路等。

（2）素混凝土路面

1）适用于生活区地面。

2）混凝土地面做法：基层素土夯实，铺设 50mm 厚碎石，碎石标高平整完成后，浇筑 10mm 厚 C20 素混凝土。示例见图 2.4-46、图 2.4-47。

图 2.4-46　素混凝土路面示意图

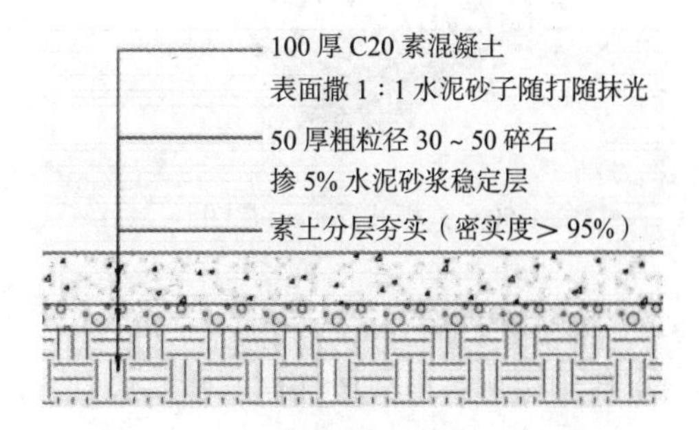

图 2.4-47　素混凝土路面结构示意图

（3）钢筋混凝土路面

1）适用于办公区地面和施工现场路面。

2）混凝土地面做法：首先基层素土夯实，铺设 150 ~ 200mm 厚碎石，碎石标高平整完成后，浇筑 150mm 厚 C25 混凝土，项目部主、次大门区域，混凝土强度等级提高为

C30，内置直径 12mm 的钢筋，间距 120mm，双层双向。示例见图 2.4-48、图 2.4-49。

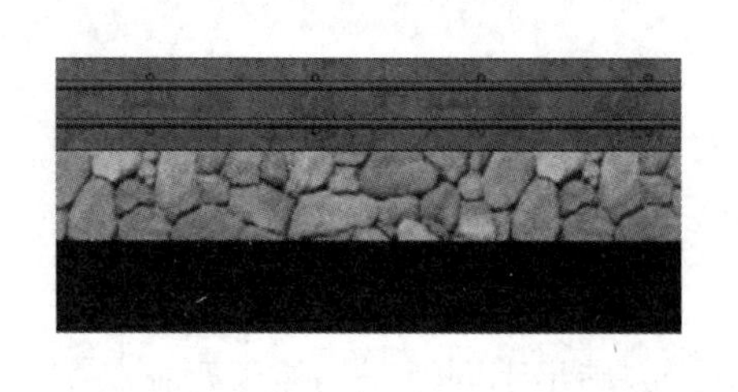

图 2.4-48　钢筋混凝土路面示意图

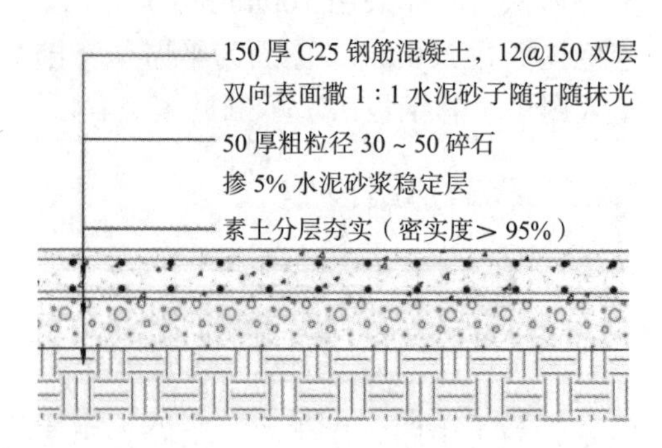

图 2.4-49　钢筋混凝土路面结构示意图

（4）钢板式路面

钢板式道路做法：

1）根据现场地面标高及规划路面标高确定道路路基标高及坡度，基层须用振动式压路机压实，铺设 20mm 厚水泥稳定碎石进行二次碾压，洒水养护，防止不均匀沉降。

2）钢板选用 4000mm（长）× 2150mm（宽）× 25mm（厚）规格，也可进行专门尺寸定制。

3）钢板接缝位置采用栓接形式，方便吊装和拆卸。安装过程采用汽车吊进行吊装，严控标高，并确保相邻预制块连接安装对正。

示例见图 2.4-50、图 2.4-51。

图 2.4-50　钢板式路面示意图

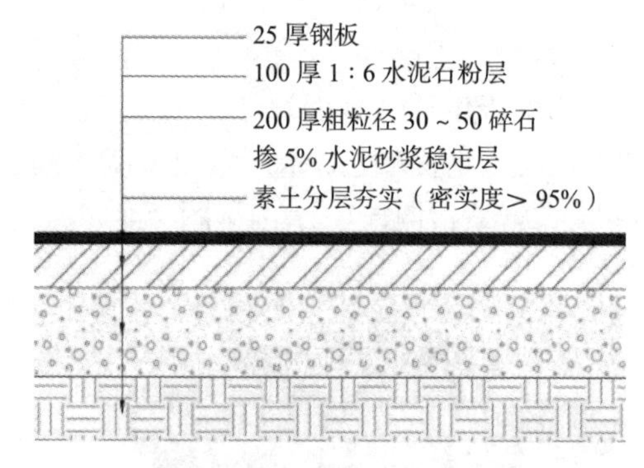

图 2.4-51　钢板式路面结构示意图

（5）钢格栅路面

1）适用于办公区、生活区，需与雨水回收系统配套使用。

2）钢格栅地面做法：玻璃钢格栅原材具体参数按照设计图采用，整板尺寸也可根据现场实际尺寸进行定制；钢格栅基础采用条形基础，条形基础间距 300mm，基础宽度 200mm，基础建议高度为 200 ~ 300mm，整体凹槽与周边标高差为钢格栅厚度。

示例见图 2.4-52、图 2.4-53。

（6）透水砖路面

1）可选用透水砖，适用于生活区地面和道路，需要与雨水回收系统配套使用。

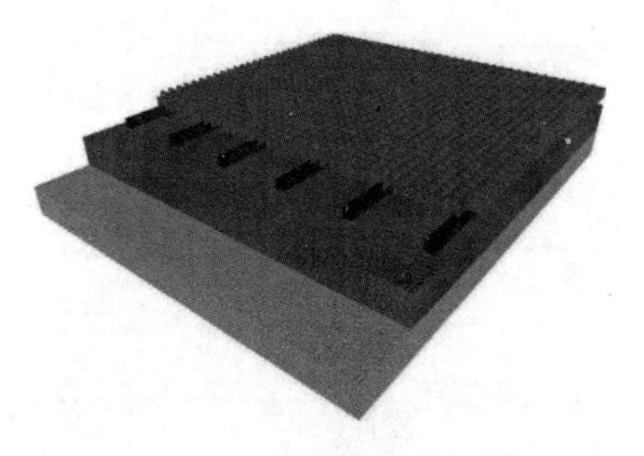

图 2.4-52　钢格栅路面示意图

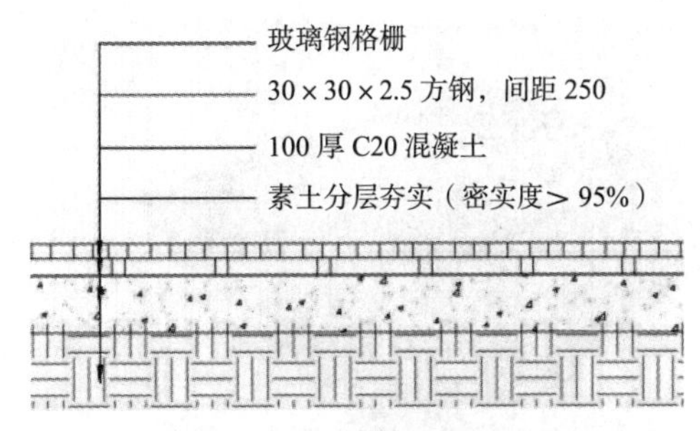

图 2.4-53　钢格栅路面结构示意图

2）地砖地面做法：面层为 50mm 厚预制透水砖，干水泥擦缝。预制透水砖的规格品种、颜色及缝宽按实际需求考虑，要求缝宽时，用 1：1 水泥砂浆勾平缝。透水砖下层为 30mm 厚 1：3 干硬性水泥砂浆结合层，表面撒水泥粉。示例见图 2.4-54、图 2.4-55。

图 2.4-54　透水砖路面示意图

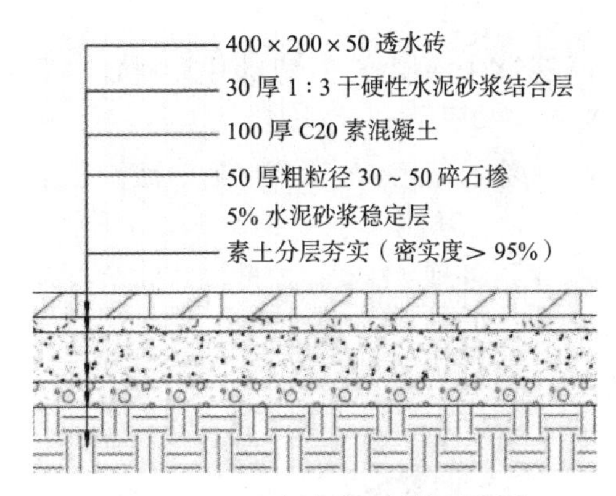

图 2.4-55　透水砖路面结构示意图

（7）人行透水混凝土

1）适用于业主有要求和创优级项目，且需与雨水回收系统配套使用。

2）透水混凝土做法：

材料方面，使用强度等级 42.5 级以上的水泥，按色彩设计选择水泥颜色，施工用水使用普通自来水即可。

搅拌浇筑方面，透水混凝土的搅拌要严格控制水灰比，水要分多次加入，浇筑时要洒水保持路面基底湿润，保持路面平整。透水混凝土的初凝时间为 2h，搅拌后要快速进行铺摊，同时要设置胀缝条。

振捣夯平方面，透水混凝土必须使用低频平板振动器，使骨料间保持一定的孔隙率。

养护成品方面，透水混凝土建议的覆膜养护时间为 15d 以上，洒水养护 7d 以上，注意不要使用水枪直接冲击混凝土表面，禁止通行。示例见图 2.4-56、图 2.4-57。

（8）环氧地坪路面

环氧地坪施工做法：

1）面涂层施工：环氧色漆与固化剂搅拌混合均匀后，镘涂、刷涂。滚涂或喷涂使表层流平或平整均匀。

图 2.4-56　人行透水混凝土示意图

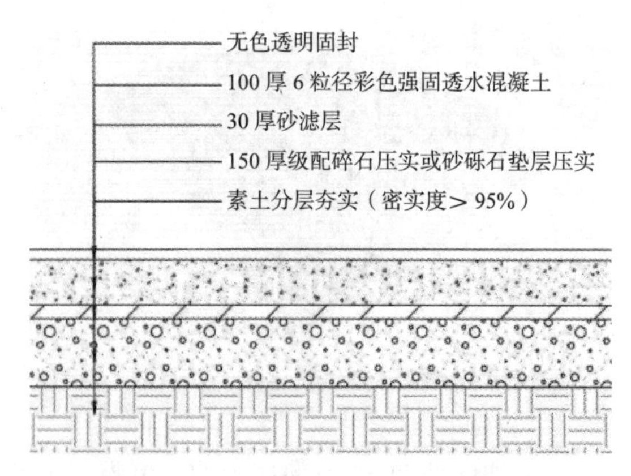

图 2.4-57　人行透水混凝土结构示意图

2）腻子中涂层施工：腻子中涂材料与适量石英砂充分混合搅拌，用镘刀镘涂成一定厚度的平整密实层。

3）砂浆中涂层施工：砂浆中涂材料与适量石英砂充分混合搅拌，用镘刀镘涂成一定厚度的平整密实层。

4）底涂层施工：底漆配好后，滚涂、刮涂或刷涂，使充分润湿混凝土并渗入到混凝土内层。

5）基层处理：打磨掉松散层、脱落层及水泥残渣，使之坚硬平整并增加附着。

示例见图 2.4-58、图 2.4-59。

图 2.4-58　环氧地坪路面示意图

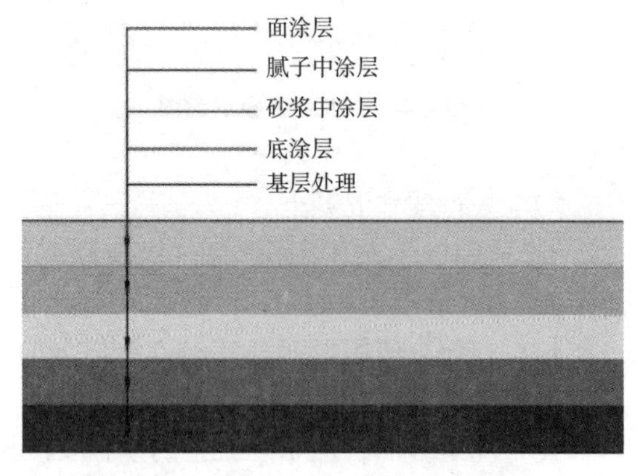

图 2.4-59　环氧地坪路面结构示意图

2. 临时停车区

（1）混凝土式面层停车区

混凝土式面层停车区适用于一般项目部，具体做法为：主要利用现有混凝土硬化路面，使用宽 20cm 白色油漆或路面标线漆划分车位，车位尺寸一般为 5m × 2.5m。

示例见图 2.4-60。

（2）植草砖式面层停车区

植草砖式面层停车区施工方法：

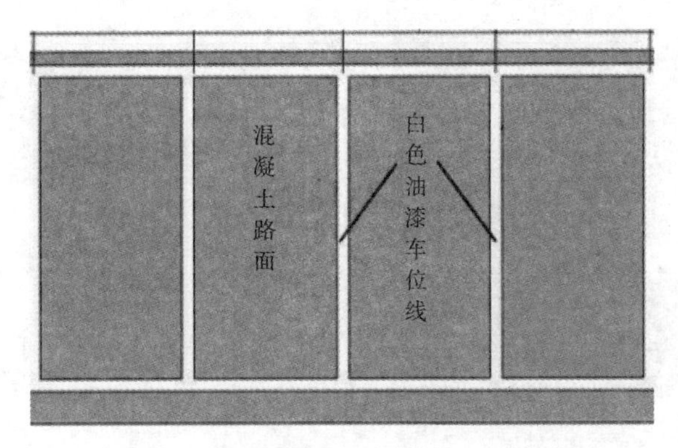

图 2.4-60　混凝土式面层停车区示意图

车位大小为 6m × 3m，停车位基层素土夯实，铺设 150mm 厚碎石垫层，垫层基础上铺 60mm 厚结合层，面层为 80mm 厚植草砖，另铺设 200mm 宽透水砖进行车位分隔，车位尾部设置青石车挡石或者标准车挡，与场地地坪连接处采用青石板密贴。

示例见图 2.4-61、图 2.4-62。

图 2.4-61　植草砖式面层停车区示意图

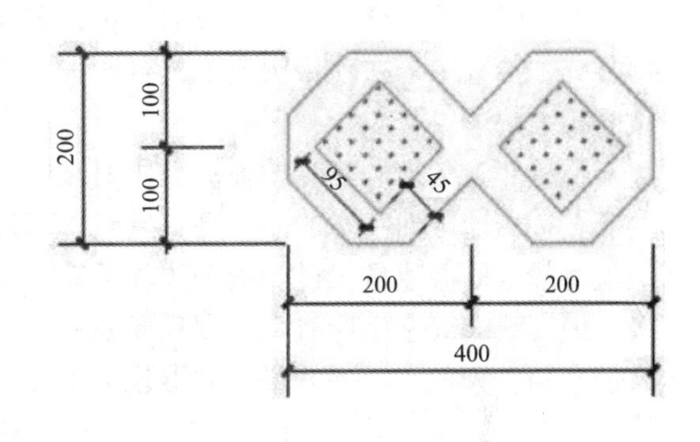

图 2.4-62　植草砖大样图

（3）膜结构式停车棚（带光伏板）

1）适用于业主要求或重点创优级和绿色三星级以上项目。

2）膜结构停车棚具体做法：膜结构停车棚整体框架采用方钢焊接成型龙骨架，框架整体作防锈处理，刷防锈底漆三遍，表面喷涂白色高级汽车漆；膜结构停车棚顶部封板采用茶色（颜色可挑选）阳光板封顶，与车棚整体骨架用压条铆接固定；膜结构停车棚内部采用直径 38mm 镀锌圆管与车棚框架焊接，加强棚顶部强度；膜结构停车棚立柱底脚采用 10mm 厚钢板与预埋件牢固焊接，在安装停车棚时，将预埋件用混凝土浇筑后，用螺栓与立柱连接。

示例见图 2.4-63、图 2.4-64。

图 2.4-63　膜结构式停车棚（带光伏板）实景图

图 2.4-64　膜结构式停车棚（带光伏板）效果图

2.4.7　安全体验区

建立安全责任体系，明确安全管理目标，将安全管理责任落实到个人。制定项目部各岗位人员的安全管理范围与职责。项目经理与项目管理人员签订各岗位安全管理责任书，责任书必须明确各岗位人员安全责任、安全管理的参考标准及要求。

生产经理根据安全管理责任分解及岗位责任书的要求，每周开展安全检查及资料员内业检查，同时开具安全隐患整改通知单，定人定时定措施组织整改，每周对上周的问题进行复查，检查结果在项目例会上进行通报，整改落实情况与管理人员、班组绩效挂钩，并做好相关记录。

项目部施工现场临时设施标准化要求中，安全体验区是近年来各建筑施工企业在安全生产教育培训方面新增的一大亮点措施，通过在项目部建设标准化的安全体验区，定期组织项目部全体参建员工进行安全体验活动，对全部进场施工管理人员和劳务人员进行最直接、最直观的安全生产教育培训现场演示，让每一位参建员工都能够深刻体验安全生产事故带来的重大危害，提升每一位参建员工，特别是一线施工管理技术人员和现场劳务人员的安全意识，对于提升项目部的本质安全起到了积极的推动作用。

项目部安全体验区一般设置在项目部或施工现场内部，安全体验区一般按照安全生产事故类型，由安全防护措施、高处坠落体验区、消防演练区、综合用电区、基坑坍塌区等组成。

1. 安全防护措施

（1）安全带使用体验

培训安全带的正确使用：正确穿戴，高挂低用，并使用合格产品以及在上升下落的过程中体验不同恐怖或不良的感受，人体对地面撞击的片刻危险感受，认识到正确使用安全带的重要性，达到安全教育培训的目的。

结构尺寸方面：一般参照施工企业的标准化做法进行，采用方钢组合焊接、高清喷绘及镀锌薄钢板外包，以 3 台 1000W 电机，承载力 500kg 的升降设备提供牵引力。参考值为柱体宽 600mm，高 5100mm，两柱体之间净空 5000mm，轨道梁长 550mm。

使用要求上，正确佩戴安全带是每一位参建员工最基础的技能，必须熟悉、掌握。

安全带体验区示意图见图 2.4-65。

（2）安全帽撞击体验

正确佩戴安全帽是对项目部每一位参建员工最基础的要求，包括进入项目施工现场的

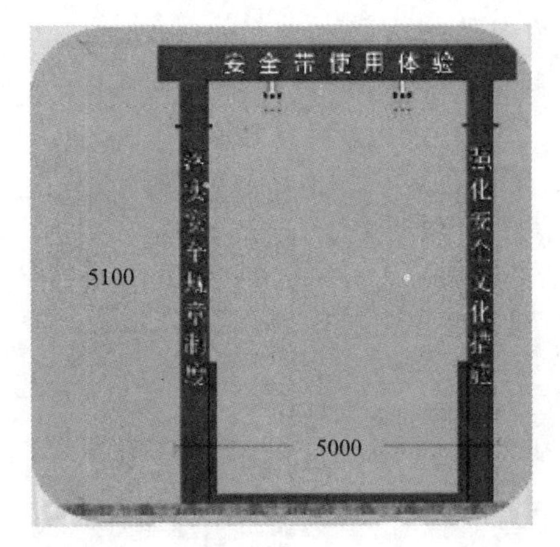

图 2.4-65　安全带体验区示意图

每一位检查人员，只要进入施工现场，都要正确佩戴安全帽。

安全帽撞击体验的目标用途就是在标准化的安全帽撞击体验区，通过安全帽撞击体验活动，让作业人员了解安全帽的正确佩戴方法，增强作业人员自觉佩戴安全帽的意识。

安全帽撞击体验区示意图见图 2.4-66、图 2.4-67。

图 2.4-66　安全帽撞击体验区示意图 1

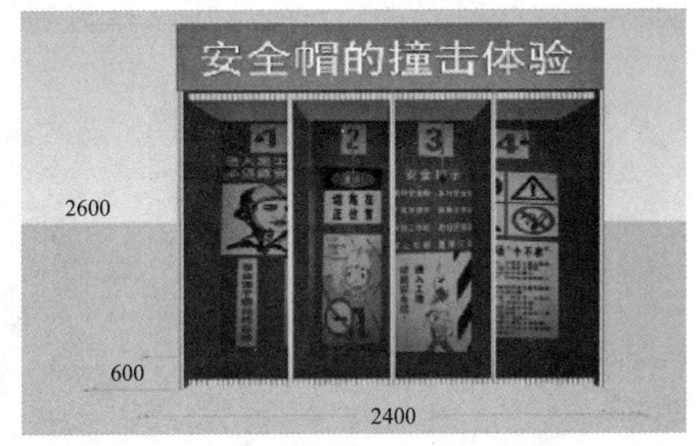

图 2.4-67　安全帽撞击体验区示意图 2

2. 高处坠落体验区

（1）洞口坠落体验

通过洞口坠落体验，让一线劳务人员了解洞口或开口部的危险性，结合施工环境、施工特点与体验者的行为能力，通过体验的总结，体验者的表现大多为：肌肉紧张僵硬，不由自主地震颤、毛发竖立、起鸡皮疙瘩、毛孔张开，有的人冷汗直流，精神紧张，内心极度恐惧，充分体会高空坠落带来的极大不安，及时正确地加强洞口防护，从而养成正确做好安全防护的好习惯。

在设施结构尺寸上，一般采用活动板房、钢木结构、海绵、亚克力透明板等材料制作，尺寸建议参考值为长 310cm、宽 280cm、高 475cm 的标准房间。

高处洞口坠落体验区示意图见图 2.4-68、图 2.4-69。

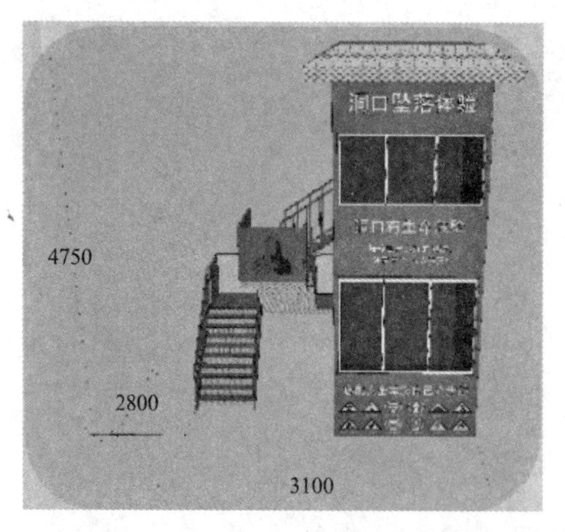

图 2.4-68 高处洞口坠落体验区示意图 1

图 2.4-69 高处洞口坠落体验区示意图 2

（2）平衡木体验区

平衡木用于劳动者体验自身平衡能力及动作的正确性，检查肢体的应变能力，检测是否满足作业条件要求，尤其在醉酒、负重、疲劳、带伤的情况下，是否能控制自身平衡，正确应对突发事件。

在结构尺寸上，一般设置四段进行体验，四段长分别为 100、150、150、100cm，高为 40cm，转角度数为 80° ～150° 不等。平衡木体验区示意图见图 2.4-70。

图 2.4-70 平衡木体验区示意图

3. 灭火器使用体验区

通过现场演示灭火器的使用方法，让项目部全体参建员工熟练掌握在发生火灾时，如何正确使用消防器材及应急处置的有效措施，讲解如何预防火灾发生及发生火灾时的正确处理方式。一般通过小型消防器材设备来进行演示活动。

灭火器使用体验区示意图见图 2.4-71、图 2.4-72。

4. 综合用电体验区

在综合用电体验区，学习各开关、开关箱、各种灯具及各种电线的规格、使用说明，安全用电，达到安全第一、预防隐患的目的，认真学习安全用电及操作规程，正确引导参建人员学习安全用电的知识和基本技能。

设备结构材料上，一般采用活动板房、钢木结构、内部模板、方木以及安装的各类用电设备等。综合用电体验区示意图见图 2.4-73。

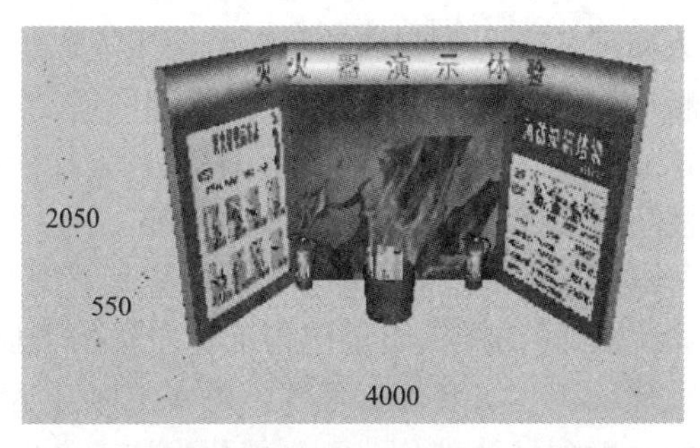

图 2.4-71　灭火器使用体验区示意图 1

图 2.4-72　灭火器使用体验区示意图 2

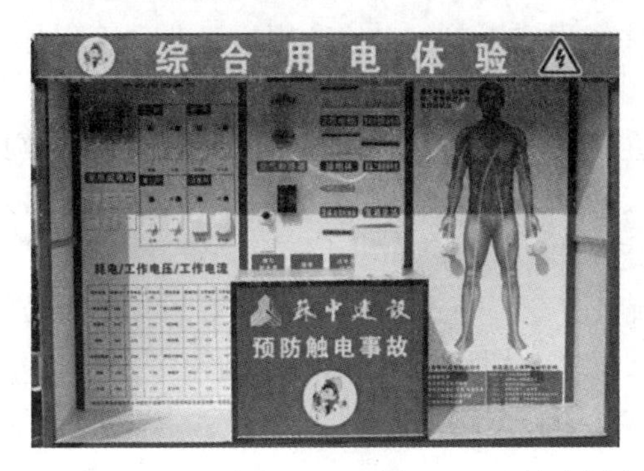

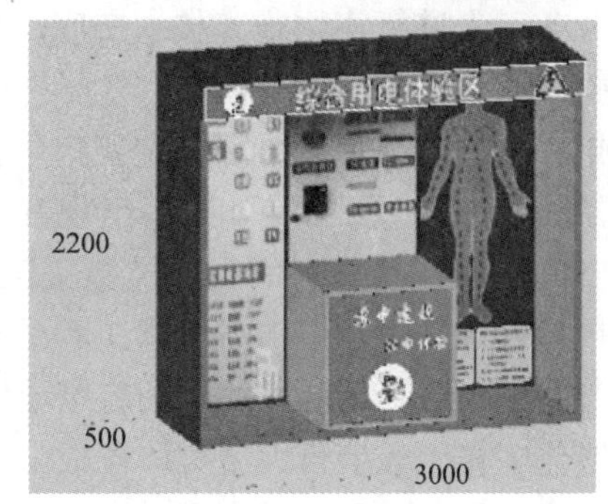

图 2.4-73　综合用电体验区示意图

5. 塔吊操作体验区

在现场通过小型塔吊实体模型机，现场演示塔吊吊装作业的全套工序，通过模拟演示塔吊作业过程，让施工作业人员了解塔吊吊装作业过程中的注意事项，教育劳务作业人员正确使用塔吊作业，防止意外事故的发生。塔吊操作体验区示意图见图 2.4-74。

图 2.4-74　塔吊操作体验区示意图

2.4.8　实体工程质量样板展示区

实体工程质量样板间主要是展示本工程项目所采用的材料以及施工质量、施工工艺、施工流程和技术水平等，是项目部交流、探索、提升施工质量技术的一种有效手段，也是对外界展示工程品质和提高企业品牌的一种重要途径。

工程质量样板间的制作，就是在工程开工前，施工企业和项目部针对工程的重点、难点、特定环节以及针对参建新班组、新工人素质的差异，先由项目部劳务工人班组进行施工，有针对性地要求各班组预先做出“样板间”或“样板段”，待“样板间”或“样板段”经过工程项目部、监理工程师和业主根据国家或地区有关建筑规范、规定、验收标准，层层把关验收合格后才确定下来的。质量样板间可以代表施工企业的企业标准。

质量样板间一般包含主体结构样板、砌体抹灰样板、楼梯样板、厨卫样板、屋面样板、电气预埋样板、给水排水井样板等多种样板展示间，样板质量作为工程质量的最低标准，在结构主体施工时，模板、钢筋、砌体以及屋面工程、装修工程等，每一工序开始施工时要按照施工工艺标准来实施。施工质量样板一般包括两部分，第一部分为施工主出入口处的室外集中展示样板区；第二部分为楼层上的室内施工示范样板区。施工质量样板区用于对现场劳务工人进行实物施工技术交底，并作为施工单位自检和甲方、监理工程师进行施工质量验收的基本依据。

近年来，住宅工程质量问题主要集中在“裂”“漏”等方面。其中，“裂”主要集中在墙柱、墙梁交接位置，“漏”则多出现在天面楼板、外墙裂缝处和污水管穿过楼板位置，出现以上问题和建筑材料的材质及施工工艺有极大关系。通过建立“质量样板间”，施工企业和项目部能够重点解决各分项工程的施工工艺、质量标准、工程效果预展及方案选择等各环节问题，为工程项目的顺利施工履约提供了切实可行的参考依据。

一般住宅楼工程项目大型实体样板分为九类，分类如下：

1 模板、钢筋分项工程样板

1.1 剪力墙模板和剪力墙钢筋样板

1.2 卫生间吊模、安装样板

2 砌体、抹灰分项工程样板

3 电井样板

4 管井样板

5 厨卫间样板

6 屋面样板

7 女儿墙样板

8 楼梯样板

9 汽车坡道样板

具体按照业主、监理工程师和施工企业要求，结合项目部实际工程情况确定室外样板和室内样板的具体做法。

1. 室外样板集中展示区

室外样板集中展示区一般设置在项目部的主出入口处，便于来访者参观和检查监督。室外质量样板展示区整体尺寸，一般根据项目部施工现场情况，建议为：10m × 6m、15m × 4m 等规格，项目部有条件的样板展示区可以设置大门、围挡等临时设施。

室外样板集中展示区示意图见图 2.4-75。

2. 主体结构样板展示区

（1）柱和柱钢筋结构支模体系样板

1）柱钢筋样板做法

柱应设置钢筋定位框，控制柱主筋的位置；钢筋绑扎搭接接头、焊接连接接头（电弧焊、

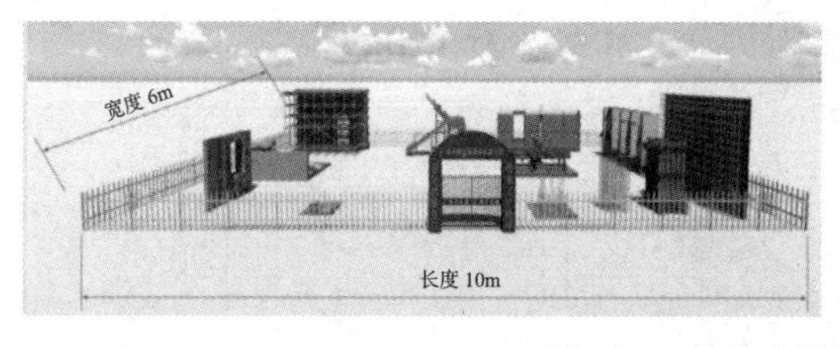

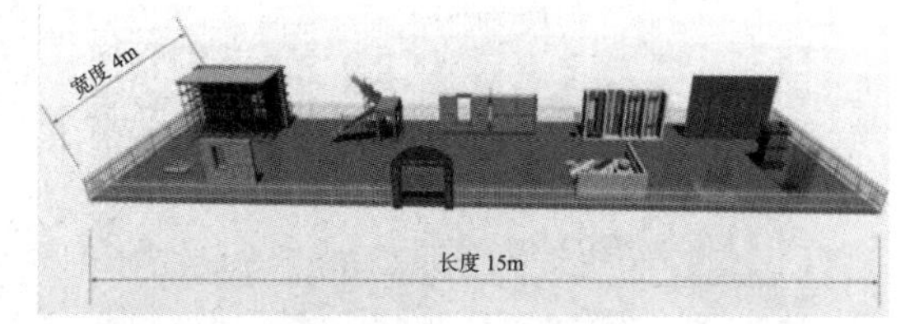

图 2.4-75　室外样板集中展示区示意图

闪光对焊、电渣压力焊）和机械连接接头（锥螺纹、等强直螺纹、挤压接头），必须遵守专项操作规程，接头质量符合规范、标准；钢筋安装绑扎质量，钢筋的钢种、直径、外形、尺寸、位置、排距、间距、根数、节点构造、锚固长度、搭接接头、接头错位和绑扎牢固度以及保护层控制措施等，必须符合规范、规程、标准。

示例见图 2.4-76。

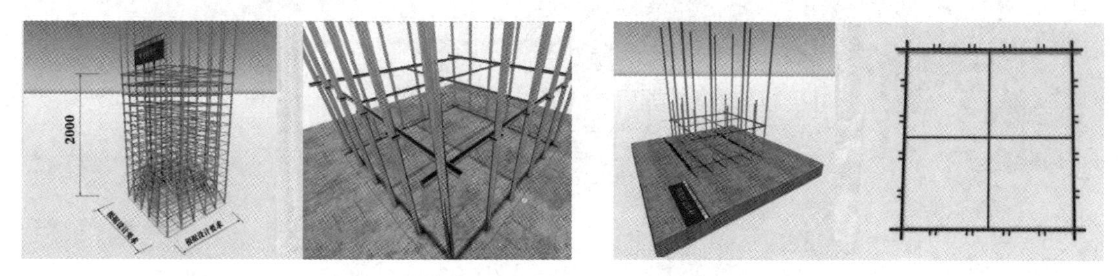

图 2.4-76　柱钢筋样板示意图

2）柱模板样板做法

柱模板安装应牢固、稳定；模板面板拼缝严密，平整，无错台，预埋件和预留孔洞位置准确、固定牢固；模板内部清理干净；当采用钢模板或铝模板时，模板内外清理干净，隔离剂涂刷均匀、不漏刷，保证钢筋或施工缝处混凝土无污染。

示意图见图 2.4-77、图 2.4-78。

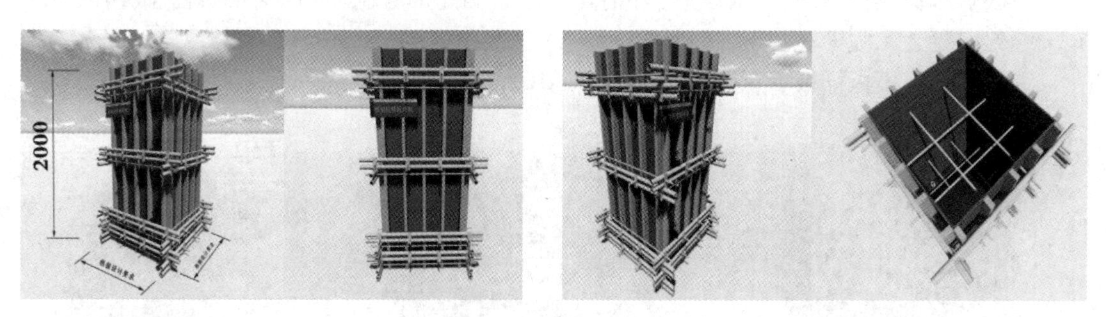

图 2.4-77　柱模板样板示意图 1

（2）墙体钢筋样板做法

墙体样板尺寸宜为 2 m × 2 m；墙体样板包括水平梯子筋、竖向梯子筋、双 F 卡、“Π”形内撑筋、保护层垫块以及墙体钢筋绑扎等内容。墙体钢筋样板示意图见图 2.4-79。

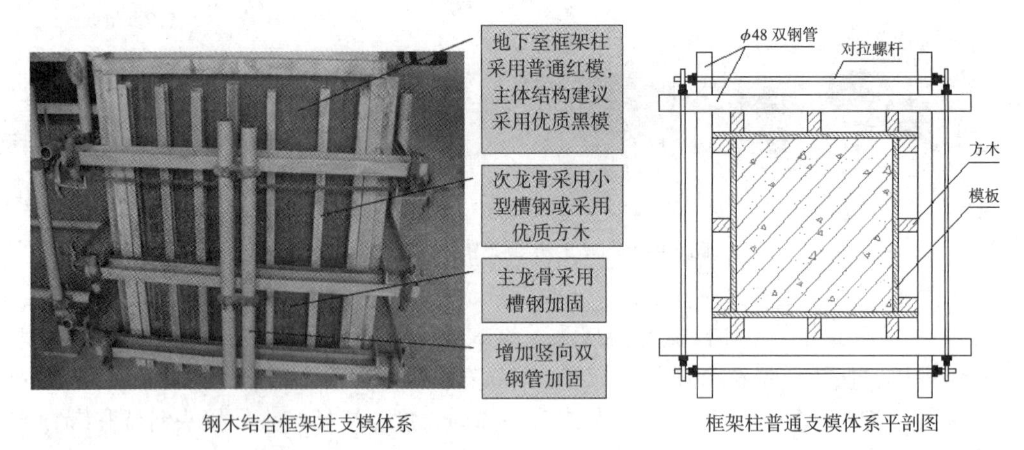

图 2.4-78　柱模板样板示意图 2

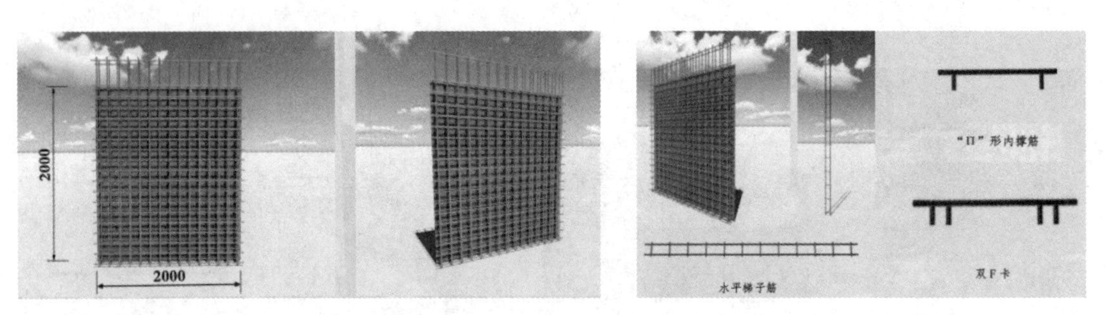

图 2.4-79　墙体钢筋样板示意图

（3）墙、梁、板模板样板做法

墙、梁、板模板样板尺寸宜为 3m（长）×1.5m（宽）×2m（高），将模板支撑体系、细部构造要求进行展示；模板安装支架、拉杆、斜撑等支撑系统牢固稳定；模板面板拼缝严密、平整、无错台，预埋件和预留孔洞位置准确、固定牢固，施工缝、后浇带模板位置和做法符合要求，模板堵缝措施能保证不漏浆和不影响结构观感质量；模板内应清理干净；当墙体模板采用钢模板时，钢模板内外清理干净，隔离剂涂刷均匀，不漏刷，做到钢筋或施工缝处混凝土无污染。

墙、梁、板模板样板示意图见图 2.4-80 ~图 2.4-82。

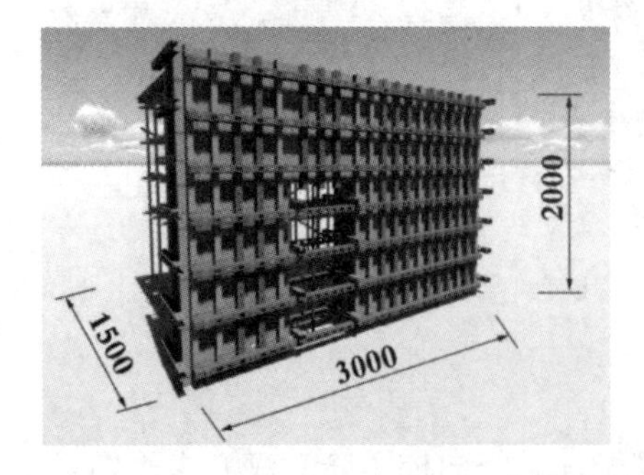

图 2.4-80　墙、梁、板模板样板示意图 1

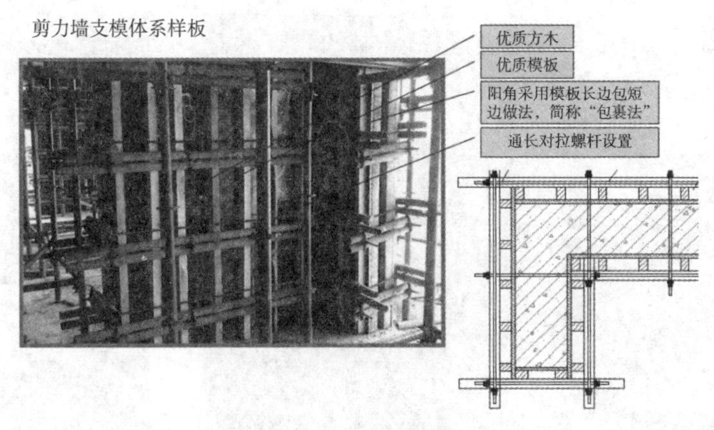

图 2.4-81　墙、梁、板模板样板示意图 2

图 2.4-82　墙、梁、板模板样板示意图 3

（4）楼梯支模体系样板做法

楼梯样板尺寸应符合设计要求；楼梯样板应集成楼梯钢筋、模板、混凝土，对钢筋绑扎、保护层厚度控制、模板支撑体系、楼梯施工缝留置以及混凝土成型效果等关键要求进行展示；楼梯梯段施工缝宜设置在梯段板跨度端部的 1/3 范围内；楼梯钢筋的位置、保护层厚度应符合设计及规范要求；楼梯混凝土浇筑养护后应进行成品保护。

楼梯支模体系样板示意图见图 2.4-83 ~图 2.4-85。

图 2.4-83　楼梯支模体系样板示意图 1

图 2.4-84　楼梯支模体系样板示意图 2

图 2.4-85　楼梯支模体系样板示意图 3

3. 砌体结构样板展示区

室外砌体结构样板展示尺寸建议参考值为 4m × 2m；砌体样板应包括砌筑、腰梁、线盒预埋、等电位盒预埋以及构造柱钢筋、海绵条粘贴、模板支设、混凝土浇筑口、混凝土成型等内容；砌体结构不得出现透明缝、瞎缝和假缝；砌体灰缝砂浆应密实、饱满，砖墙水平灰缝的砂浆饱满度不得低于 80%；蒸压加气混凝土砌块墙体水平灰缝和竖向灰缝宽度为 2 ~ 4mm；砖砌体的灰缝应横平竖直，厚薄均匀。水平灰缝厚度及竖向灰缝宽度宜为 10mm，但不应小于 8mm，也不应大于 12mm；采用原浆勾缝者，必须随砌随勾。

砌体结构样板示意图见图 2.4-86、图 2.4-87。

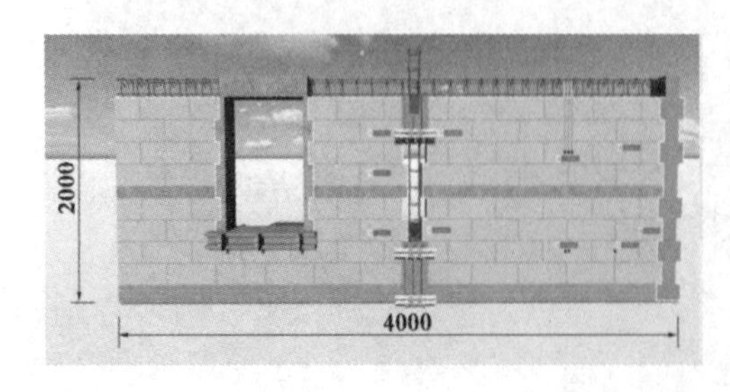

图 2.4-86　砌体结构样板示意图 1

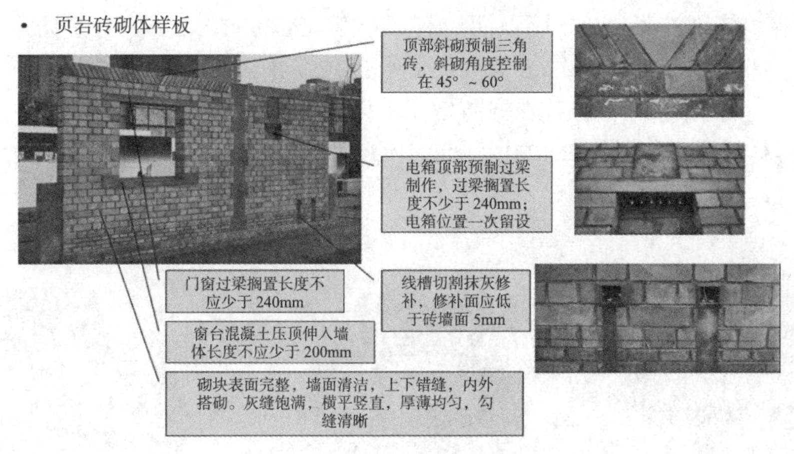

图 2.4-87　砌体结构样板示意图 2

4. 墙体抹灰样板展示区

墙体装饰构造样板做法：根据设计图纸要求制作样板；样板制作应符合现行规范要求；墙体装饰样板尺寸建议参考值为 2m × 2m，包括墙面各层次结构。

墙体抹灰样板示意图见图 2.4-88、图 2.4-89。

图 2.4-88　墙体抹灰样板示意图 1

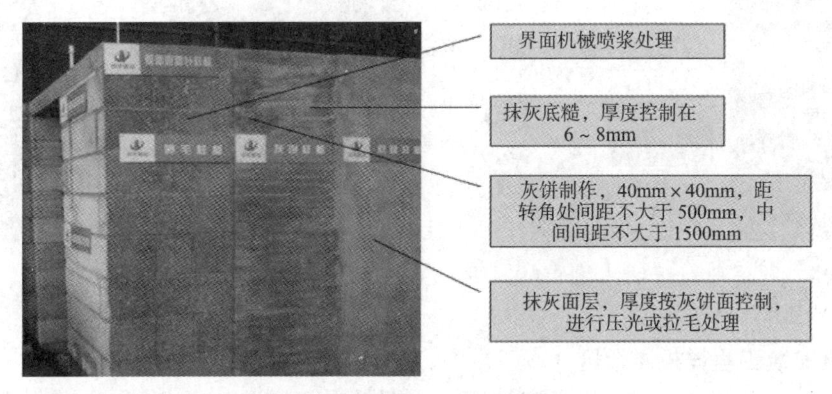

图 2.4-89　墙体抹灰样板示意图 2

5. 屋面工程样板展示区

屋面工程样板做法：根据设计图纸要求制作样板；样板制作应符合现行规范要求；屋面样板尺寸参考建议为 2m × 2m，包括屋面各层构造、保温层排汽管、卫生间通气管、烟道口、女儿墙等内容。特别注意：女儿墙顶面应有不小于 5% 的向内坡度；穿过防水层的出屋面管根、支架根部应有不小于 250mm 高度的泛水，并应可靠固定；在经常有人停留的平屋顶上，通气管应高出屋面 2m，并应根据防雷要求设置防雷装置。

屋面工程样板示意图见图 2.4-90 ~ 图 2.4-92。

图 2.4-90　屋面工程样板示意图 1

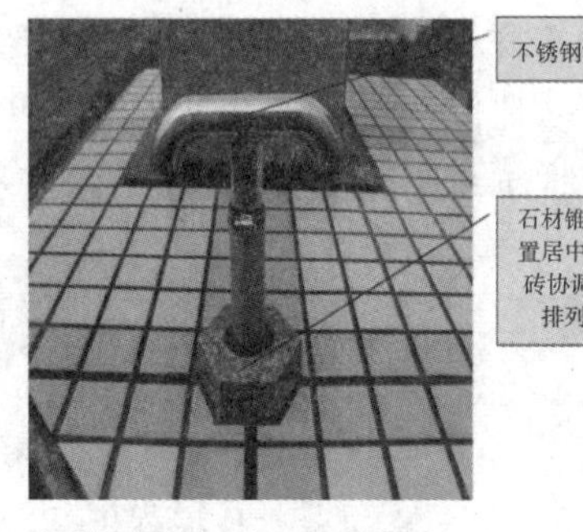

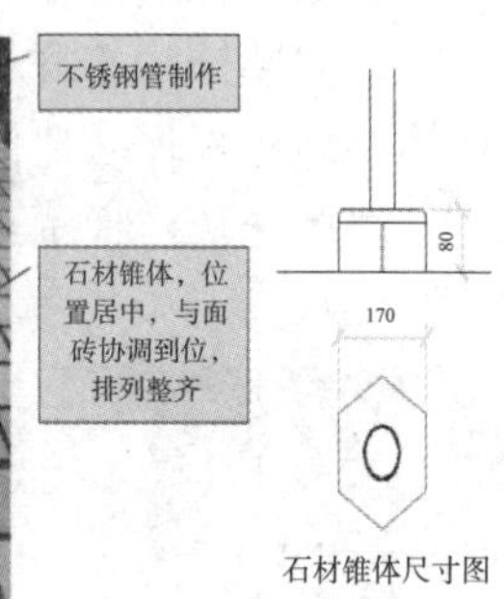

图 2.4-91　屋面工程样板示意图 2

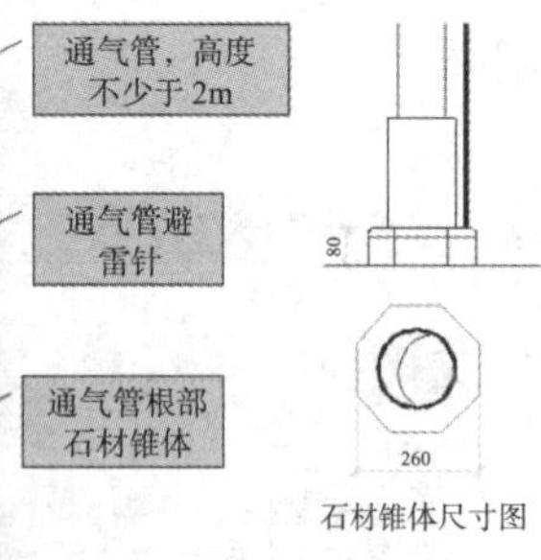

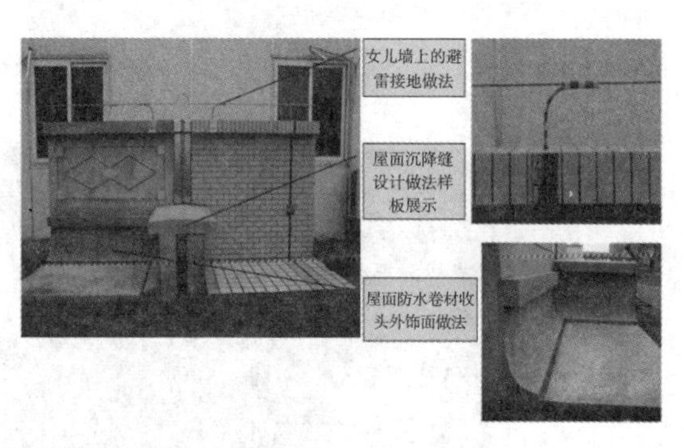

图 2.4-92　屋面工程样板示意图 3

6. 机电安装工程样板展示区

机电安装工程样板做法：机电安装部分主要针对管道井、电井等部位集中制作样板，其他样板在楼层中具体部位进行展示；机电安装集中样板区，主要对管道井内墙面、地面、给水管、排水管、通气管、消防管道、供暖管道等制作样板，对电井内墙面、地面、普通桥架、防火桥架制作样板。

机电安装工程样板示意图见图 2.4-93、图 2.4-94。

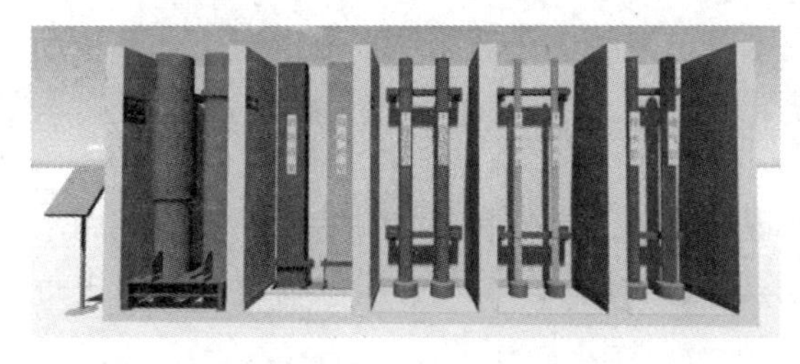

图 2.4-93　机电安装工程样板示意图 1

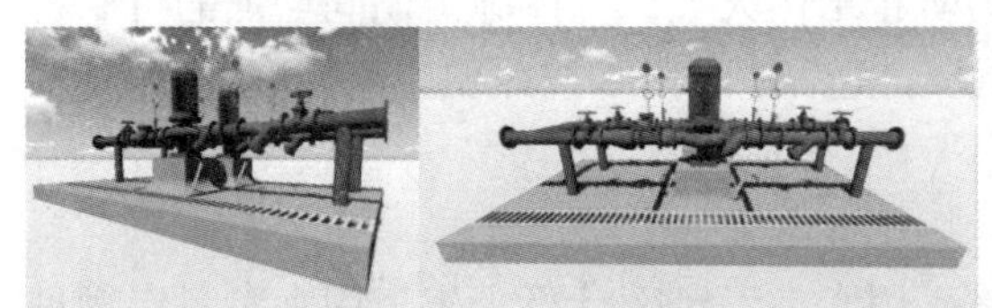

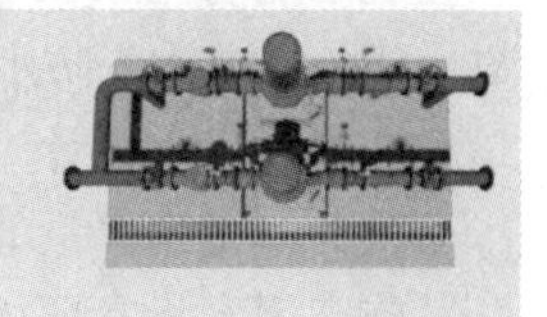

图 2.4-94　机电安装工程样板示意图 2

2.5　施工临时用水设施

项目部施工临时用水方案是项目前期策划中不可或缺的一个专项施工方案。一般由项目工程概况、编制说明、施工给水水源、施工临时给水、现场排水与排污、现场消防用水、施工临时用水总量、防洪设施等部分组成。工程概况与编制说明都是程序性的部分，这里主要论述结合项目施工生产计划安排，由生产经理牵头负责考虑的施工临时用水方案。

临时用水方案是工程施工三通一平的重要组成部分，现场临水布置必须合理、经济，根据工程项目的属性特点，临时给水管包括了生活给水、施工用水和消防用水，在满足要求的情况下，减少浪费，对临时用水管路走向进行合理的规划与布置。以满足施工生产和现场管理为主，尽量减少对道路、交通等公用设施的干扰，方便施工组织，生活、生产区域分开，经济合理、简洁美观，有利于安全生产，严格遵守业主及项目属地政府有关部门的要求、规定。

2.5.1　施工给水水源

按照业主提供的基础条件，明确项目部可以对接的市政管路中的给水水源处，再依据市政管路中的最大供水量进行计算、对比、分析后，判断业主提供的基础给水水源能否满足施工需求。如满足，则可以进行下一步内部给水排水管路规划与布置；如不满足，则需要向业主说明，再增加新的给水水源。

2.5.2　施工临时用水设计

1. 临时用水组成

项目部施工临时用水一般由现场生活用水、施工用水和消防用水组成。

（1）施工用水

主要是围护结构施工阶段作为泥浆搅拌用水，主体结构施工阶段作为混凝土养护用水，以及运输车辆日常冲洗用水、安全文明施工用水等，混凝土一般采用商品混凝土，其他用水如处理砂浆、喷射混凝土、机械用水量可忽略不计。

（2）生活用水

项目部生活用水主要是项目部管理人员和现场劳务人员的食堂、冲凉房、卫生间用水等。按照项目上施工高峰期各参建单位的最多总进场施工管理人员和现场劳务人员进行计算。

（3）消防用水

现场消防用水在围护结构施工期间主要为防止结构火灾，主体施工期间增加的可燃材料（模板、方木、防水材料等）消防用水，办公、生活消防用水按照相应的标准进行布设。

2. 临时用水设计

（1）施工用水量的确定

施工用水量参照《建筑施工手册》中的施工用水参考定额计算，施工用水参考定额见表 2.5-1。

施工用水参考定额 **表 2.5-1**

序号	用水对象	单位	耗水量（N_1）	备注
1	混凝土养护	L/m^3	200 ~ 400	自然养护
2	冲洗模板	L/m^2	5	钢模板
3	搅拌机清洗	L/ 台班	600	可作为运输车辆冲洗
4	对焊机	台・h	300L	不包括调制用水
5	内燃挖土机	m^3・台班	200 ~ 300L	以斗容量（m^3）计
6	内燃塔吊	t・台班	15 ~ 18L	以塔吊吨数计

（2）生活用水量确定

生活用水量参照《建筑施工手册》中的施工用水参考定额计算，生活用水定额按照每人每天消耗 70L 计算。

（3）消防用水量确定

消防用水量参照《建筑施工手册》中的施工用水参考定额计算，消防用水参考定额见表 2.5-2。

消防用水参考定额 **表 2.5-2**

序号	用水名称	火灾同时发生次数	单位
1	居民区消防用水（5000 人以内）	一次	L/s
2	施工现场消防用水（施工现场在 25hm^2 内）	一次	L/s

（4）确定施工用水不均衡系数

施工用水不均衡系数参照《建筑施工手册》中的施工用水不均衡系数参考定额计算，施工用水不均衡系数参考定额见表 2.5-3。

施工用水不均衡系数参考定额　　表 2.5-3

编号	用水名称	不均衡系数
K_2	现场施工用水	1.5
K_3	施工机械、运输机械	2
	动力设备	1.05 ~ 1.10
K_4	施工现场生活用水	1.30 ~ 1.50
K_5	生活区生活用水	2.00 ~ 2.50

3. 用水量计算

（1）施工用水量计算

施工用水采用如下公式计算：

$$q_1 = K_1 \sum \frac{Q_1 \cdot N_1}{T_1 \cdot t} \times \frac{K_2}{8 \times 3600} \quad (2.5\text{-}1)$$

式中　q_1——施工工程用水量（L/s）；

K_1——未预见的施工用水系数（1.05 ~ 1.15），计算取 1.15；

Q_1——年（季）度工程量，经估算，暂估取季度工程量 10000m^3；

N_1——施工用水定额，按照施工用水定额取值，其中仅计算混凝土养护与模板；

T_1——年（季）度有效工作日，每季度有效工作日取 85d；

t——每天工作台班数，取 2.0；

K_2——用水不均衡系数，取 1.5。

经计算，得出 q_1 值为 0.12L/s。

（2）施工机械用水量计算

施工机械用水量采用如下公式计算：

$$\begin{aligned} q_2 &= K_1 \sum Q_2 N_2 \times K_3 /(8 \times 3600) \\ &= 1.15 \times \sum (5 \times 600 + 2 \times 300 \times 16) \times 2/(8 \times 3600) = 0.88\text{L/s} \end{aligned} \quad (2.5\text{-}2)$$

式中　q_2——施工机械用水量（L/s）；

K_1——未预见的施工用水系数（1.05 ~ 1.15），暂估取 1.15；

Q_2——同种机械台数（台），运输车辆暂按 5 台计算，对焊机暂按 2 台计算，其余施工机械不计；

N_2——施工机械用水定额，按照表 2.5-1 取值，其中搅拌机清洗作为运输车辆冲洗用水量；

K_3——施工机械用水不均衡系数，暂估取 2.0。

（3）施工现场生活用水量计算

$$\begin{aligned} q_3 &= p_1 \cdot N_3 \cdot K_4 /(t \times 8 \times 3600) \\ &= (300 \times 70) \times 1.5/(2 \times 8 \times 3600) = 0.55\text{L/s} \end{aligned} \quad (2.5\text{-}3)$$

式中 q_3——施工现场生活用水量（L/s）；

p_1——施工现场高峰期生活总人数（人）；

N_3——施工现场生活用水定额，每天 70L/ 人；

K_4——施工现场生活用水不均衡系数，暂估取 1.5；

t——每天工作班次（班），暂估取 2。

（4）施工现场消防用水量计算

综合考虑消防用水量按照平均 P_5=5L/s 计算，同时按要求配置足够数量的灭火器。

（5）总用水量计算

$$q_1+q_2+q_3=1.55\text{L/s}。$$

经计算，如总用水量小于消防用水量，按照总用水量计算要求，当工地面积小于 5hm^2 而且 $q_1+q_2+q_3+q_4<q_5$ 时，则 $Q=q_5$

最后计算出总的用水量 Q=5L/s。

2.5.3 临时供水施工

1. 确定供水系统

（1）给水水源采用当地市政自来水管网，供水压力与流速、自来水质量满足生活用水与施工用水要求。

（2）临时施工用水管道材料按照塑料管或 HDPE 双壁波纹管考虑，直径以 $D\leqslant 100\text{mm}$，管网内水流速按照 2.5m/s 预计。

（3）管径确定：

$$D=\sqrt{\frac{4Q\times 1000}{\pi\cdot v}} \tag{2.5-4}$$

D——配水管内径（m）；

Q——总用水量（L/s），此处暂估为 5L/s；

v——管网中水的流速（m/s），暂估取 2.5m/s；

经计算得出管径 D 值，可以选择临时用水主管管径为 D 值。

2. 管线规划设计

（1）管线布设原则：按整个工程各个阶段的用水来考虑，管线一次布置到位，争取到工程结束不再改动。取水点设置合理，符合有关规定，平面布置合理、可行。

（2）管材的选择：管材采用 UPVC 给水管，管径为 DN50mm（ϕ63mm）、DN40mm（ϕ50mm）、DN32mm（ϕ40mm）、DN25mm（ϕ32mm），其他根据需要设置。

（3）水源：从市政给水管网上取水，场地内共有两处市政给水接口，东西各一处。现阶段用水从西端市政预留口接入，东端预留备用，在后期施工的时候从东端再接入一条进水管，并可形成环网供水。

（4）管道在水平或垂直转弯处、管径改变处、三通、堵头、阀门处设支墩。

（5）预留支管：办公区、生活区用水进水管采用管径 DN50mm，施工区主管采用管径 DN40mm，由于施工场地比较狭长，预留用水支管应根据现场情况调整到最佳位置。

（6）消防：现场沿道路、构件堆场、办公区均设置室外消火栓，位置见施工临时用水平面布置图。每个消火栓均配备消防水带、消防水枪，以满足现场防火需要。在办公区、生活区配置若干室内消火栓，消火栓箱固定在围挡或者临舍外墙上，上部应有防砸防护，栓口中心距离地面高度为1.1m。办公生活区每20m^{2}配置一个消防灭火箱，施工区每隔50m配置一个消防灭火箱，箱内放置2个4kg干粉灭火器。

3. 管线安装施工

（1）管线敷设

按照项目所在地气候流动压力水冬季冻结情况，并考虑到前期临舍的布置，施工临时用水管道采用明敷或暗敷。明敷时，在外围沿围挡布置，在办公及宿舍区里面将水管放在排水沟里面，沿排水沟敷设，具体按照平面图施工。

（2）管道安装施工工艺流程（图2.5-1）

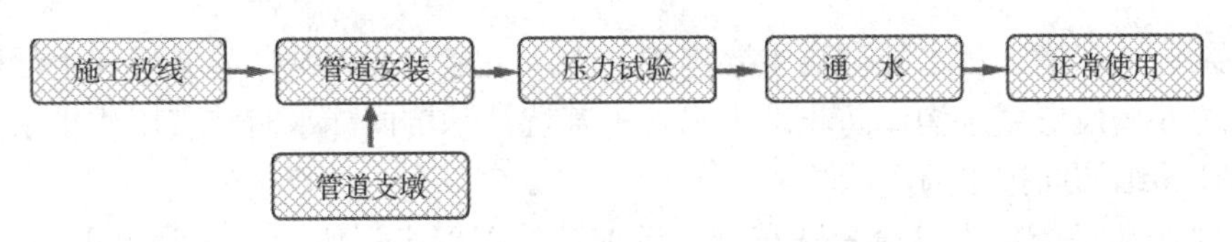

图2.5-1　管道安装施工工艺流程框图

2.5.4　施工排水

根据工程施工总体现有方案部署和施工用地状况，施工场地以工区内每个施工面作为一个相对独立的区域。排水系统独立布置，自成体系。

生活及施工用水经净化沉淀后排入市政排污管道；若施工场地附近无市政管道，则应当与当地河道管理处协商，经允许，采取净化和沉淀措施后，将生活和施工用水排入其他污水处理系统。

项目施工场地内主要排水设施为化粪池、隔油池、沉淀池等，截面尺寸为0.3m×0.3m（宽×深），采用砖砌结构，流水面用水泥砂浆抹面，在穿越道路时应埋管或加盖板，排水沟沿围挡四周连续设置，排水顺坡坡度为3‰，办公及生活区排水系统布置见图2.5-2～图2.5-4。

图2.5-2　办公及生活区排水系统布置1

图2.5-3　办公及生活区排水系统布置2

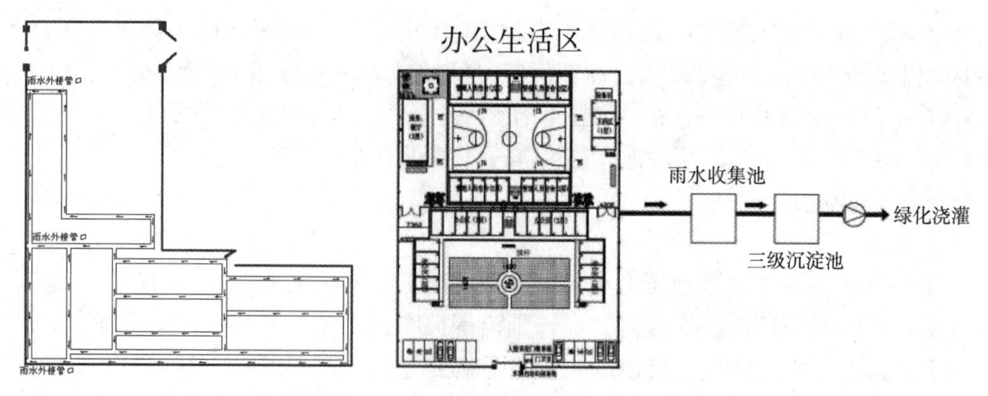

图 2.5-4　办公及生活区排水系统布置 3

排污泵、洗车槽、污水处理池主要连接的生产设施为搅拌站。施工区和生活区等的排水沟沿基坑四周设置截水沟，防止地表水流入基坑，基坑内降水时将其用作排水沟，截水沟截面尺寸、结构同排水沟。

施工现场在每个出入口设置洗车槽和沉淀池，配置高压水枪，对驶出车辆进行冲洗，洗车槽长 11m，宽 4m，洗车槽采用钢筋混凝土结构，并在其上设置三道钢筋混凝土减速带。

2.5.5　消防设施

施工现场应设立符合规范要求的临时消防设施，并应张挂防火宣传标志。

1. 消防泵房

基本要求：消防泵房应使用不燃材料支搭，应列为重点防火部位，并设有重点防火标识牌及防火管理制度和值班制度牌。现场应根据消防水箱大小，考虑设备占用及值班管理要求，合理设置。消防泵不应少于两台，互为备用，消防泵宜设置自动启动装置。高度超过 100m 的在建工程，应在适当楼层增设临时中转水池及加压水泵；中转水池的有效容积不应少于 $10m^3$，出水管管径不应小于 DN100mm。

消防泵房应独立供电。专用消防配电线路应自施工现场总配电箱的总断路器上端接入，且应保持不间断供电；消防泵房应配置通信设备（对讲机）及启动流程图，配备应急照明灯。

消防泵房设施设置见图 2.5-5、图 2.5-6。

图 2.5-5　消防泵房设施设置 1

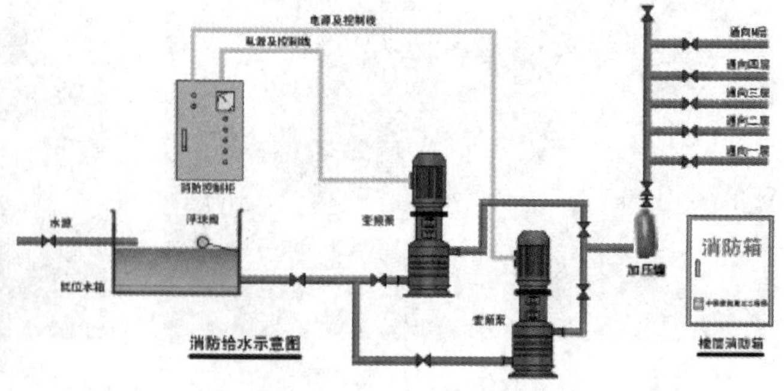

图 2.5-6　消防泵房设施设置 2

2. 消火栓

基本要求：消火栓间距不应大于 100m，消火栓周边要设有防压、防占、维护措施。消火栓处均应配齐消防箱、消防水带、消防水枪。消火栓应配备警示标志，夜间设置警示灯。消防临时管线铺设应有防冻措施。消火栓指示牌现场效果见图 2.5-7。

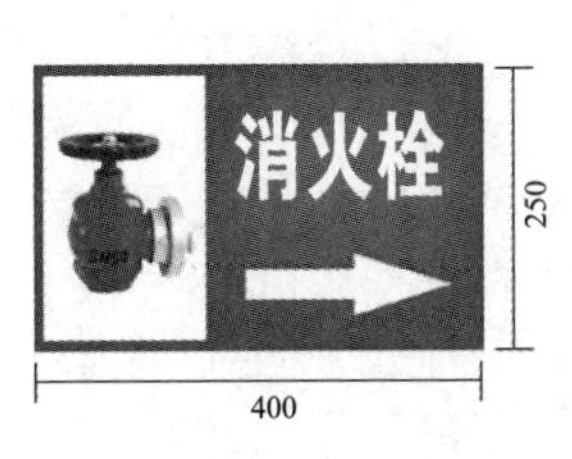

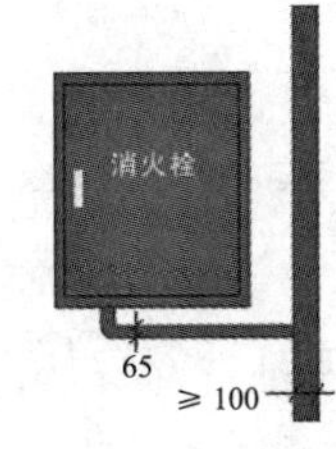

图 2.5-7　消火栓指示牌现场效果

2.5.6　防洪设施

项目部的防洪防水工作以项目生产经理牵头，在各工区成立防洪分队，由分管各工区的项目副经理直接负责指挥，切实落实防汛行政首长负责制的岗位责任制，一定要做到责任到位、指挥到位、任务到位、措施到位。

1. 事前预防

（1）项目部要设置气象联络站，每天与项目所在地政府气象部门联系，及时获得有关信息，进行科学预测，为防汛工作提供依据。

（2）项目部明挖基坑四周边上设 20cm 高、10cm 宽的混凝土挡水墙，挡水墙外侧设排水沟，以防雨水流入。

（3）适时维修、加固施工现场的排水系统，保证排水设施性能良好、排水畅通。

（4）储备相应的防汛应急物资和设备，确保抢险时使用。

2. 事中控制

（1）当项目部发生汛情时，各防汛分队迅速赶到防汛责任区，查看现场，清理施工便道，对龙门吊、配电房、搅拌站、材料库、活动房、宿舍等设备与设施加强防风、防雨、防淋措施。

（2）加强对基坑的钢支撑、围护结构、开挖土坡的监测，严禁围护结构周围停留重型机械、堆放重物。

（3）汛情严重，场内水头过高时，用泥袋、砂袋围堵基坑周围，防止雨水灌入基坑内，同时配备多个水泵把雨水直接抽入排水沟，并及时疏通施工场地内外泄水渠。在场内围堵洪水时，要留泄水通道，当无法预留泄水通道时，直接配备多个水泵把集水坑内水抽掉。

（4）发现防汛力量薄弱地带，应急抢险人员要及时汇报，要求增援防洪物资和人力。

（5）及时调整或调动用于应急抢险的装载机、挖掘机、运输车辆等机械设备，随时准备投入防洪抢险工作中。

2.6　临时施工用电设施

2.6.1　临时用电管理

1. 临时用电组织设计总要求

项目施工现场临时用电设备在 5 台及以上或者设备功率总容量在 50kW 及以上，应编制临时用电组织设计。按照《建筑工程施工现场供用电安全规范》GB 50194、《施工现场临时用电安全技术规范》JGJ 46 等的强制性条款和具体要求，在施工现场专用电源，中性点直接接地的 220/380V 三相四线制低压电力系统，必须符合安全用电“三项基本原则”规定：采用 TN—S 系统，采用三级配电系统，采用两级保护系统。

项目生产经理在施工方案编制过程中，按照临时用电“三项基本原则”规定，组织项目部电气工程师编制项目部施工现场临时用电组织设计，并负责复核后上报项目经理部。

2. 临时用电组织设计编制流程

①项目现场勘测；②确定电缆进线、变压器或配电室、配电装置、用电设备位置及线路走向；③根据施工方案对现场用电设备总负荷进行计算；④按照现场总用电负荷选择变压器；⑤设计配电系统；⑥设计防雷装置；⑦确定防护措施。

3. 临时用电组织设计及变更程序

临时用电组织设计及变更时，必须履行“编制、审核、批准”程序。

项目部电气工程技术人员编制临时用电组织设计（或变更设计），授权项目部或施工单位技术部门负责审核，由具有法人资格企业的技术负责人批准，经批准后的临时用电组织设计（或变更设计）报项目监理审批后实施。

临时用电工程必须经编制、审核、批准部门和使用单位共同验收，合格后方可投入使用。

2.6.2　外电线路防护

1. 外电线路防护

（1）在建工程不得在外电架空线路正下方施工、搭设作业棚、建造生活设施或堆放构件、架具、材料及其他杂物等，在建工程（含脚手架）的周边与外电架空线路的边线之间的最小安全距离应符合规范要求，当安全距离达不到规范要求时，须采取绝缘隔离防护措施。

相关最小距离示例见表 2.6-1 ~表 2.6-4。

工程周边与架空线路的边线之间的最小安全距离　　表 2.6-1

外电线路电压等级（kV）	＜1	1 ~ 10	35 ~ 110	220	330 ~ 500
最小安全操作距离（m）	4.0	6.0	8.0	10	15

施工现场的机动车道与外电架空线路交叉时的最小垂直距离　　表 2.6-2

外电线路电压等级（kV）	＜1	1 ~ 10	35
最小垂直距离（m）	6.0	7.0	7.0

塔吊与架空线路边线的最小安全距离　　　　**表 2.6-3**

外电线路电压等级（kV）	< 1	10	35	110	220	330	500
沿垂直方向安全距离（m）	1.5	3.0	4.0	5.0	6.0	7.0	8.5
沿水平方向安全距离（m）	1.5	2.0	3.5	4.0	6.0	7.0	8.5

防护设施与外电线路之间的最小安全距离　　　　**表 2.6-4**

外电线路电压等级（kV）	≤ 10	35	110	220	330	500
最小安全操作距离（m）	2.0	3.5	4.0	5.0	6.0	7.0

（2）防护设施与外电线路无法满足最小安全距离时，项目部必须与项目属地电力部门协商，采取停电、迁移外电线路或改变工程位置等措施保证安全。措施示例见图 2.6-1。

图 2.6-1　措施示例

（3）在施工现场一般采取搭设防护架的方式，其应使用木质等绝缘材料。防护架距外电线路一般不小于 1m，必须停电搭设，拆除时也要停电。防护架距作业面较近时，应用硬质绝缘材料封严，防止脚手架、钢筋等穿越触电。

（4）当架空线路在塔吊等起重机械的作业半径范围内时其线路上方也应有防护措施。为警示塔吊作业，可在防护架上端间断设置小彩旗，夜间施工应有彩灯或红色灯泡，其电源电压应为 36V。外电线路防护措施见图 2.6-2。

图 2.6-2　外电线路防护措施

2. 电气设备防护

电气设备现场周围不得存放易燃易爆物、腐蚀介质，电气设备设置场所应能避免物体打击和机械损伤，否则应做防护设施。电箱防护围栏主框架采用 40mm × 40mm 方钢焊制，方钢间距按 15cm 设置，高 2.4m，长、宽 1.5 ~ 2m，正面设置栅栏门。在防护棚正面可悬挂操作规程牌、警示牌及电工人员姓名和电话，帽头设置企业标识，防护棚内放置干粉灭火器。

电气设备防护措施见图 2.6-3。

图 2.6-3 电气设备防护措施

2.6.3 三级配电系统

三级配电原则是指在临时用电系统中的变压器输出端，从进入一级柜至用电设备之间的用电连接方式。即：从总配电箱（一级箱）或配电室的配电开关柜开始，依次经分配电箱（二级箱），再至开关箱（三级箱、设备专用箱）到用电设备。

三级配电系统见图 2.6-4。

图 2.6-4 三级配电系统

配电箱（柜）适用于施工现场及户外临时用电，应满足“三级配电二级漏保、一机一闸一漏一箱”配电及保护的使用要求。配电箱（柜）、开关箱的材质选用、制作工艺、箱内电气元件的选择、配置应符合国家相关标准，产品应通过 CCC 认证。配电箱（柜）的壳体采用冷轧钢板制作，防雨、防尘，采用钢板厚度符合标准要求，经久耐用。

二级漏电保护系统见图 2.6-5。

图 2.6-5 二级漏电保护系统

1. 总配电室与总配电箱（柜）

项目部施工现场临时用电应设置总配电室或总配电箱（柜）。

（1）总配电室基本要求

总配电室位置宜靠近电源，无腐蚀介质且道路通畅。配电室的建筑物和构筑物的耐火等级不低于 3 级，建筑尺寸根据配电柜的数量、型号确定，建筑空间应满足规范要求，顶棚与地面距离不低于 3m，能自然通风，有防止雨雪侵入和动物进入措施，配电室门应朝外开，室内配置挡鼠板、消防器材、绝缘橡胶垫、“禁止合闸”牌、操作规程及责任公示牌等。室内必须配置砂箱和可用于扑灭电气火灾的灭火器，分别设置正常照明和应急照明灯。总配电室应设置警示标志，联系人和联系电话。

总配电室设置见图 2.6-6、图 2.6-7。

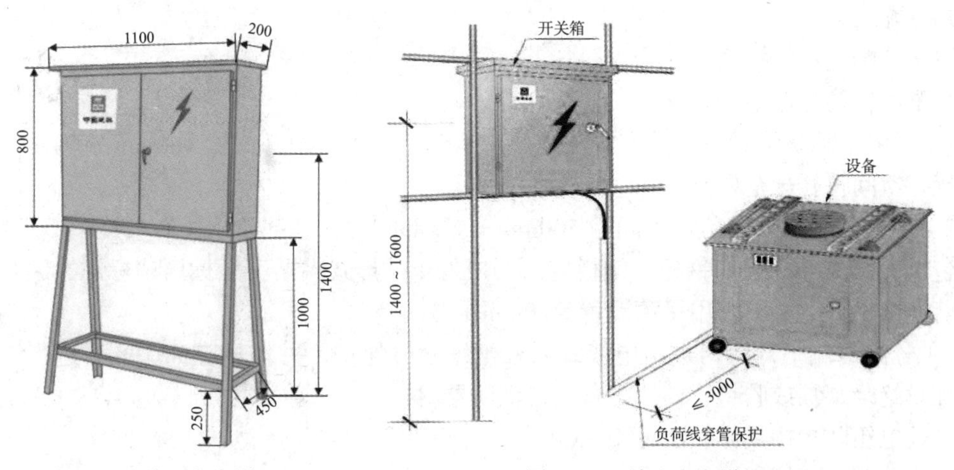

图 2.6-6　总配电室设置 1　　图 2.6-7　总配电室设置 2

（2）总配电箱（柜）具体要求

内设 400 ~ 630A 具有隔离功能的 DZ20 型透明塑壳断路器作为主开关，分路设置 4 ~ 8 路采用具有隔离功能的 DZ20 系列 160 ~ 250A 透明塑壳断路器，配备 DZ20L（DZ15L）透明漏电开关或 LBM-1 系列作为漏电保护装置，使之具有欠压、过载、短路、漏电、断相保护功能，同时配备电度表、电压表、电流表、两组电流互感器。漏电保护装置的额定漏电动作电流与额定漏电动作时间的乘积不大于 30mA·s。最好选用额定漏电动作电流 75～150mA，额定漏电动作时间大于 0.1s 小于等于 0.2s，其动作时间为延时动作型。

总配电箱（柜）具体做法见图 2.6-8。

总配电柜示意图

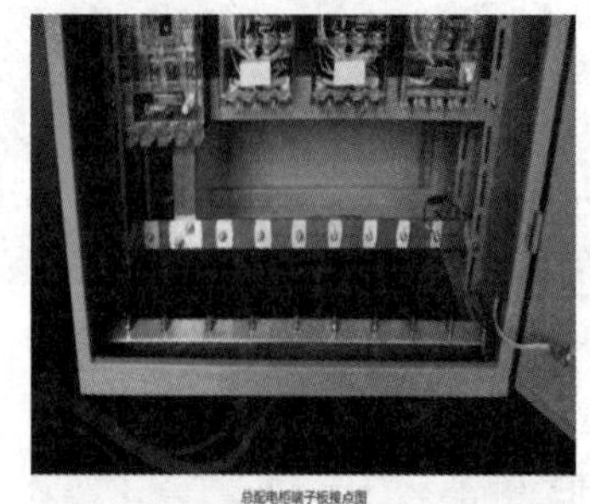

总配电柜端子板接点图

总配电柜柜门电气连接点图

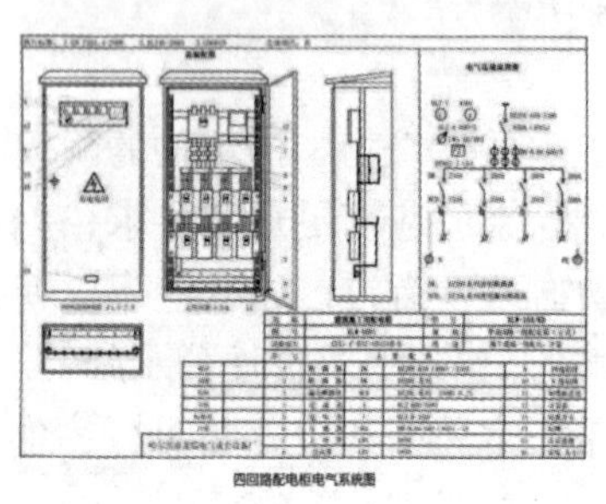

四回路配电柜电气系统图

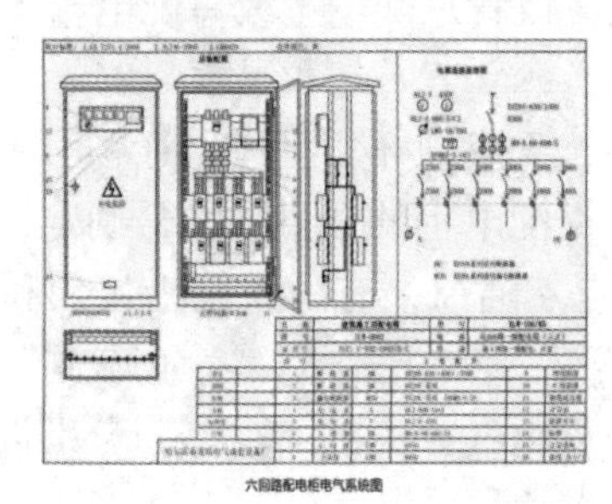

六回路配电柜电气系统图

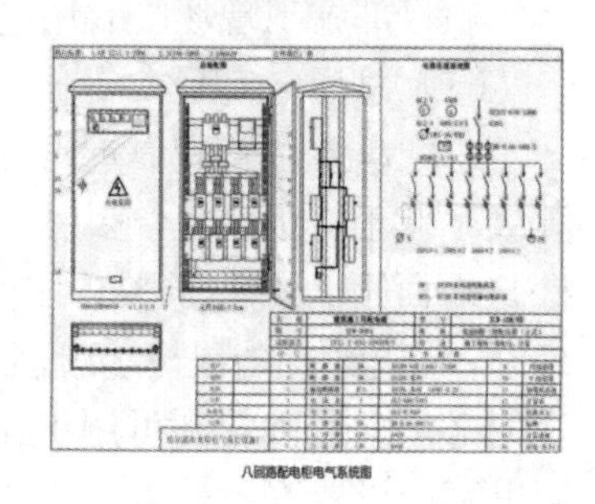

八回路配电柜电气系统图

图 2.6-8　总配电箱（柜）具体做法

2. 分配电箱

（1）分配电箱防护棚

分配电箱防护棚基本要求：

1）分配电箱防护棚应稳固安置在混凝土承台上。承台中部留置 400mm 宽沟槽，防护棚内操作空间符合规范要求。

2）顶部采用双层硬防护（间距 500mm），顶部防砸，底部防雨（有坡度）。双层框架外围包 1mm（0.8mm）厚钢板，钢板应采用户外车贴形式粘贴安全标语、标识、编号，标语为蓝底白字，上、下弦用黑黄颜色（50mm 宽）。

3）分配电箱下部应对进出电缆线采取绝缘套管保护，并作相应标注区分进出线。操作面铺设绝缘踏板或胶垫，外侧配备合格消防器材。

分配电箱防护棚具体做法见图 2.6-9。

（2）分配电箱标识

分配电箱标识基本要求：

1）分配电箱（柜）颜色为橘红色（作喷塑处理），张贴或喷涂施工企业、闪电标识及验收标志。

2）双门电箱：左边门居中粘贴 B 式组合，大小为 20cm×20cm，右边门粘贴用电警示标志。

图 2.6-9　分配电箱防护棚具体做法

3）单开电箱：左上方粘贴 B 式组合，大小为 10cm × 10cm，中间部位粘贴用电警示标志。

4）分配电箱门内侧配箱内系统图，电气元件、线号应标识清楚，并附定期检查记录表。

分配电箱标识见图 2.6-10。

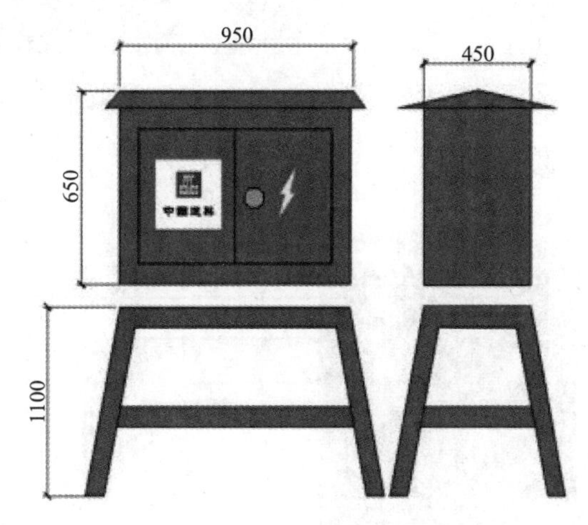

图 2.6-10　分配电箱标识

（3）含照明回路分配电箱示例（动力回路与照明回路分路配电）

内设 200 ~ 250A 具有隔离功能的 DZ20 系列透明塑壳断路器作为主开关（与总配电箱分路设置断路器相适应）；采用 DZ20 或 KDM-1 型透明塑壳断路器作为动力分路、照明分路控制开关；各配电回路采用 DZ20 或 KDM-1 透明塑壳断路器作为控制开关；PE 线连线螺栓、N 线接线螺栓根据实际需要配置。

含照明回路分配电箱具体做法见图 2.6-11。

3. 开关箱（一机一闸一漏一箱）

（1）地泵等大型设备动力开关箱

内设 KDM-1 或 DZ20（160A 以上、380V）系列透明塑壳断路器作为控制开关，配置 DZ20L 系列透明漏电断路器或 LBM-1 系列漏电断路器；PE 线端子排一般为 3 个接线螺栓。

具体做法见图 2.6-12、图 2.6-13。

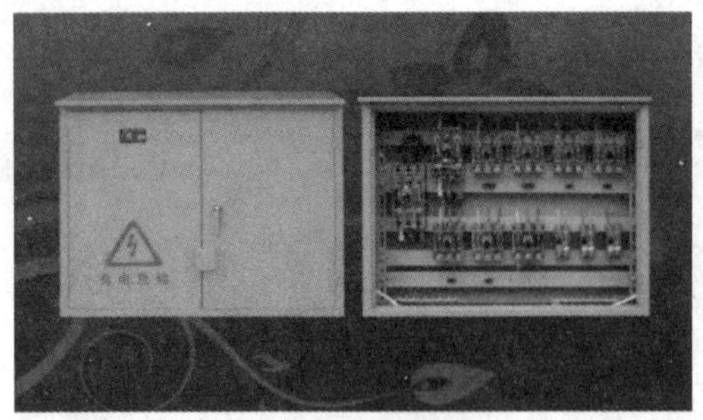

分配电箱示意图

分配电箱 N 线端子板接点图 /
分配电箱 PE 线端子板接点图

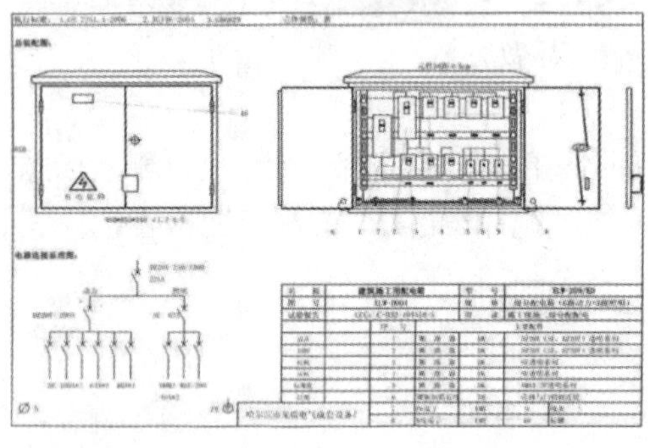

分配电箱电气系统图

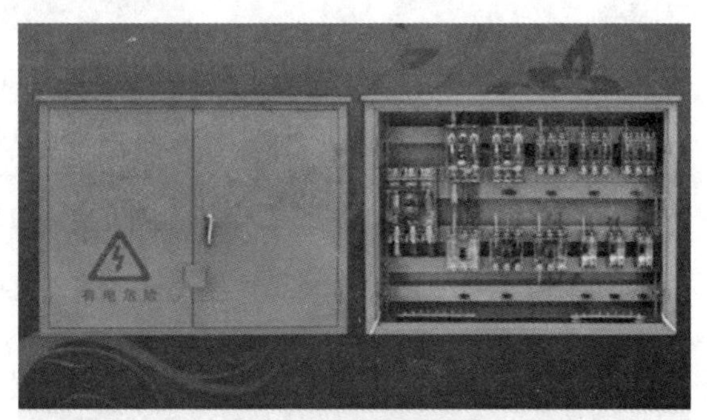

含塔吊回路分配电箱示意图
（端子板接点及电气连接点图同上）

图 2.6-11　含照明回路分配电箱具体做法

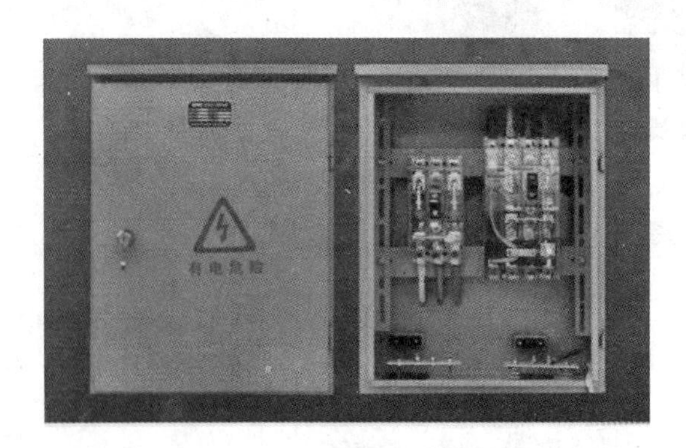

图 2.6-12　地泵等大型设备开关箱示意图

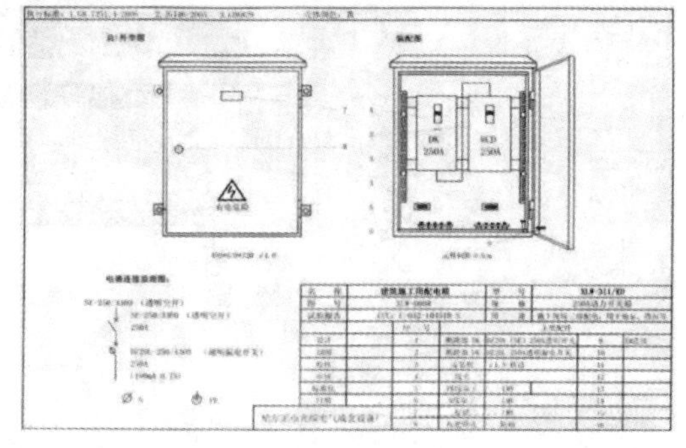

图 2.6-13　地泵等大型设备电气系统图

（2）塔吊等设备动力开关箱

内设 KDM-1 或 DZ20（160A 以上、380V）系列透明塑壳断路器作为控制开关，配置 DZ20L 系列透明漏电断路器或 LBM-1 系列漏电断路器；PE 线端子排一般为 3 个接线螺栓。

具体做法见图 2.6-14、图 2.6-15。

（3）3.0kW 以下用电设备开关箱

内设 DZ20（20 ~ 40A、380V）或 SE，KDM-1 系列透明塑壳断路器作为控制开关，配置 DZ15LE（20 ~ 40A）或 LBM-1 系列透明漏电断路器；PE 线端子排为 4 个接线螺栓。

具体做法见图 2.6-16、图 2.6-17。

图 2.6-14　塔吊等设备动力开关箱示意图

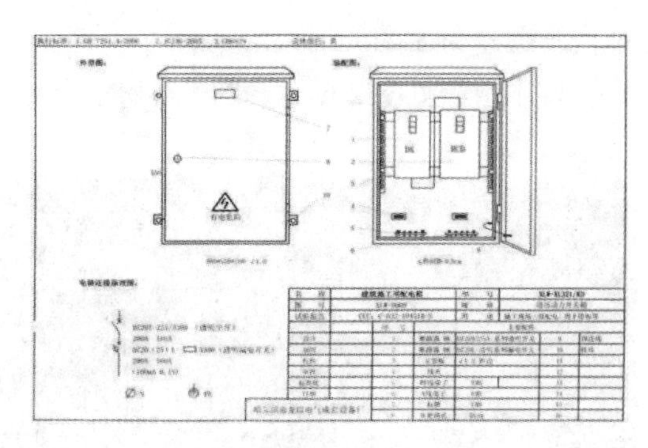

图 2.6-15　塔吊等动力设备开关箱系统图

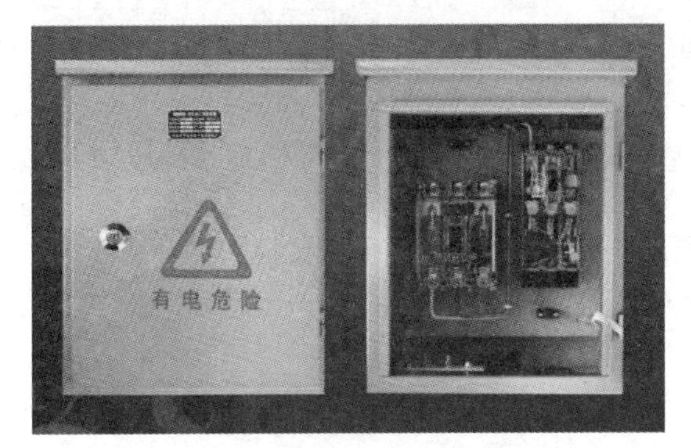

图 2.6-16　40A 以下动力开关箱示意图

图 2.6-17　动力开关箱端子接点及电气接点连接图

（4）5.5kW 以上用电设备开关箱

根据所控制设备额定容量选择控制开关及漏电断路器，控制开关为 DZ20（SE 或 KDM-1）系列透明塑壳断路器，配置 DZ15L 系列透明漏电断路器；PE 线端子排接线螺栓为 3 个。

具体做法见图 2.6-18、图 2.6-19。

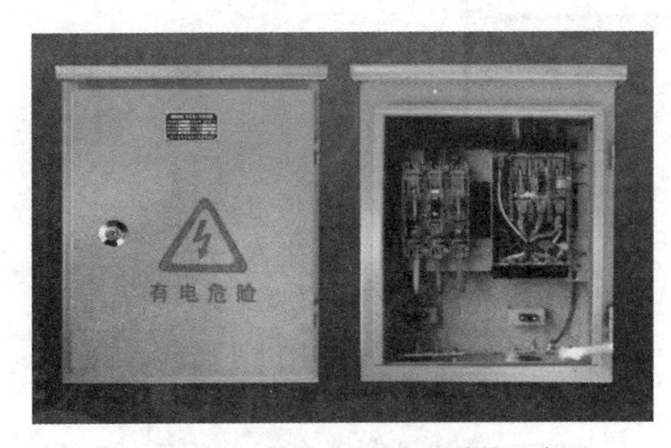

图 2.6-18　5.5kW 以上设备开关箱示意图

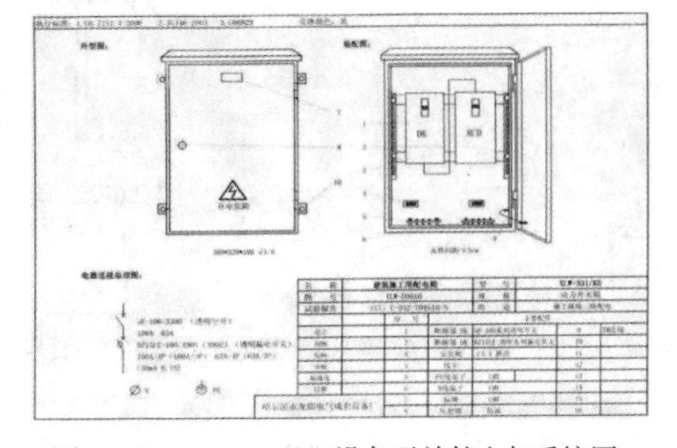

图 2.6-19　5.5kW 以上设备开关箱电气系统图

（5）照明开关箱

内设 KDM-1-T/2（20 ~ 40A）断路器，配置 DZ15L-20-40/290 漏电断路器，PE 线端子

排接线螺栓为 3 个。

具体做法见图 2.6-20、图 2.6-21。

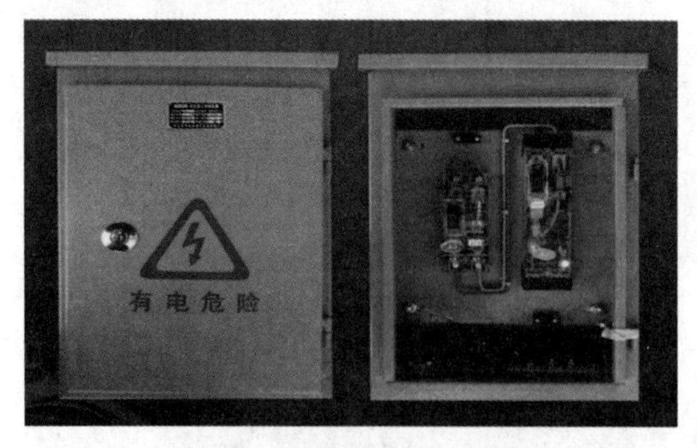

图 2.6-20 照明开关箱示意图

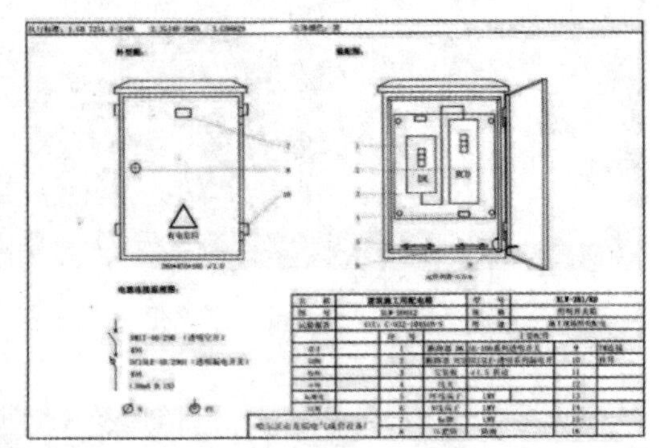

图 2.6-21 照明开关箱电气系统图

2.6.4 电缆敷设

电缆主干线应采用埋地或架空敷设，严禁沿地面明设，并应避免机械损伤和介质腐蚀。现场条件不允许，必须沿地面明敷时设固定盖板，盖板刷红白油漆。

1. 埋地敷设基本要求

沿电缆线敷设方向，设置“地下有电缆”警示标志牌，标志牌距离不得大于 30m。埋地敷设具体做法见图 2.6-22。

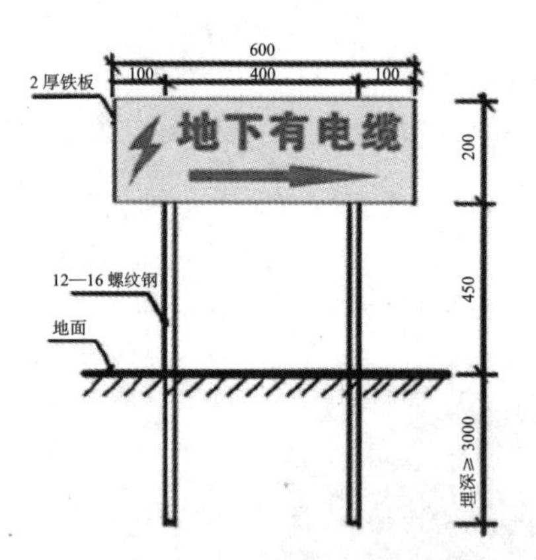

图 2.6-22 埋地敷设具体做法

2. 楼层配电基本要求

（1）电缆线穿越建筑物、构筑物、道路、易受机械损伤的场所及引出地面从 2m 高度至地下 0.2m 处，必须加设防护套管。

（2）电缆垂直敷设的位置应充分利用在建工程的竖井、垂直孔洞等，并应靠近负荷中心，固定点每层不得少于一点，水平向电缆线敷设应在墙体 2.5m 以上做支架架设，固定点须作绝缘保护。

（3）水平敷设宜采用三角支架或钢索进行高挂，高度不得低于 2.5m。若因作业限制无法高挂的，可沿墙角、地面敷设，但应采取防机械损伤措施，并设警示标识。

（4）楼层内固定式配电箱应考虑作重复接地，接地体应预埋，重复接地竖向距离不大于 20m（每 5 层）做一处。

楼层配电做法见图 2.6-23。

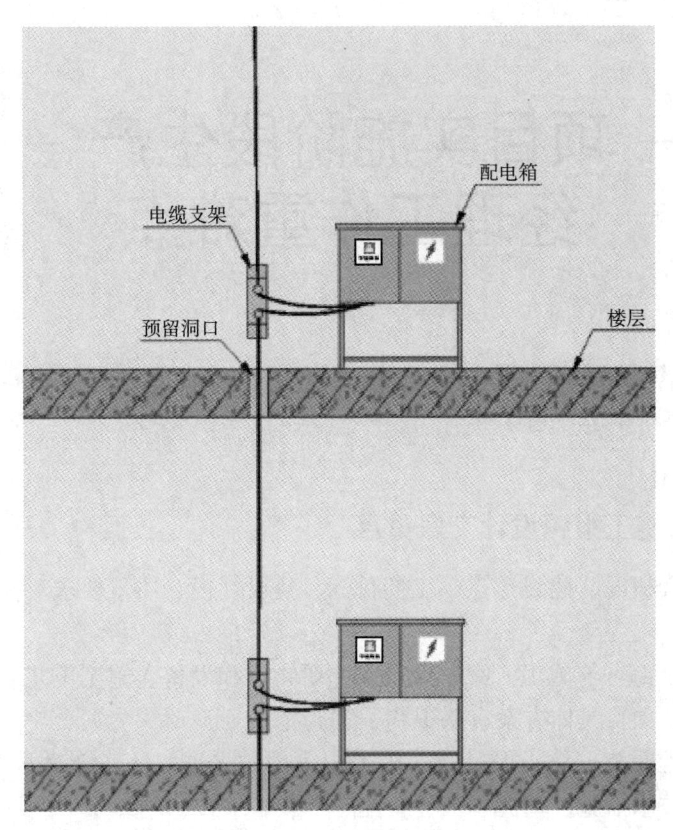

图 2.6-23　楼层配电做法

第3章 3

项目实施阶段生产经理工作重难点

3.1 接收各项交底

3.1.1 接收施工组织设计交底重点

（1）通过工程概况、建设地点、工期目标、建设规模、质量要求对拟建项目有初步的认识和了解。

（2）通过施工部署与施工方案、拟投入主要物资和设备、施工工艺或方法、施工前准备和安排，对拟建项目具体方案有认识和了解。

（3）通过工程重点、难点及特点、施工中采用的先进工法、针对本工程设计的建议、力争工期提前的技术措施，掌握本工程管控的重点。

（4）通过施工组织设计部署与项目管理、施工组织、施工现场组织机构，了解本项目具体的管理模式。

（5）通过劳动力安排及其保证措施、劳动力配置一览表、劳动力安排保证措施，掌握本工程劳动力安排，进而考虑生活区等后勤保障的需求。

（6）通过施工机械安排及其保证措施、主要施工机械设备、主要施工检测设备，掌握本项目机械各方面的安排，考虑特种设备使用及证件办理备案。

（7）通过施工现场规划布置、施工用电 / 用水计划、施工临时用电峰期总负荷量计算、材料堆放和运输、施工现场平面布置，使其对项目能有更直观的认识。

（8）通过材料的采购检验和使用原则、材料采购计划、材料使用检测、材料的供应与使用管理流程、材料使用管理，结合工程合同把握本项目材料供应的归属，防止多采购造成经济损失或者少采购影响工期进度。

（9）通过进度计划与进度保证措施、总进度计划、工程进度保证手段、进度计划保证措施原则、保证工期进度的组织措施、保证工期进度的管理措施、保证工程进度的材料供应措施、保证工期进度的资金措施、工期检查、工程落后等措施，掌握总工期是否紧张、各单位工程、专业工程的开竣工时间情况，明确哪个工作、线路为关键工作和线路。

（10）通过主要施工方法和技术措施等掌握工艺做法及控制要点。

（11）通过质量保证措施及质量通病预防、质量目标、质量保证体系框图、质量保证体系、全面接受业主和监理管理的程序、质量检测程序、质量管理预控、保证工程质量措施、材料及半成品检验制度、三检制度、隐蔽与半隐蔽工程验收制度、质量通病及预防措施、竣工后质量保证措施，掌握质量管理的要求。

（12）通过安全生产责任制、职业健康安全措施，认识到各岗位的安全责任、职业病的预防和控制。

（13）通过临时用电、防火制度及防火措施、消防管理制度和措施、施工现场灭火器具配置设计，掌握重点防火区域及应急资源。

（14）通过文明施工管理、文明施工及工地标准化管理、文明施工的目标、文明施工管理制度、文明卫生管理措施、施工现场料具管理等，掌握项目对文明施工的管理要求和标准。

（15）通过环境污染的控制措施、减少噪声扰民的措施，掌握项目对环保的管理要求和标准。

（16）通过工程成本控制措施，掌握项目对成本的管理要求和措施。

3.1.2　接收各分项工程交底重点

（1）通过工程概况了解本工程特点、建筑地段特征、施工条件等。

（2）通过施工方案了解施工顺序及确定施工流向，主要分部分项工程的划分及其施工方法的选择、施工段的划分、施工机械的选择、技术组织措施的拟定等。

（3）了解施工进度计划，施工进度计划主要包括划分施工过程和工程量、劳动量、机械台班量、施工班组人数、每天工作班次、工作持续时间，以及确定分部分项工程（施工过程）施工顺序及搭接关系、进度计划表等。

（4）了解施工准备工作计划，施工准备工作计划主要包括施工前的技术准备、现场准备、机械设备、工具、材料、构件和半成品构件的准备、工作计划表。

（5）了解资源需用量计划，资源需用量计划包括材料需用量计划、劳动力需用量计划、构件及半成品构件需用量计划、机械需用量计划、运输量计划等。

（6）了解施工平面图，施工平面图包括施工所需机械、临时加工场地、材料、构件仓库与堆场的布置及临时水网电网、临时道路、临时设施用房的布置等。

如在拟建的污水处理池待开挖区域布置了临时加工棚，该加工棚刚搭设完成还未正式投入使用，就对该加工棚进行了拆除，浪费了大量的人力物力（图 3.1-1）。

3.1.3　如何组织管理人员落实交底

（1）组织施工、技术、质量、安全、物资等集中接受项目总工程师组织的施工组织设计交底，熟悉自己分管（专业）的范围所涉及的工期、质量标准、施工的重难点、安全管理危险源等规定内容。

（2）要求管理人员在工程施工前以单位工程（专业）分解交底内容，对人、材、机管理措施进行深化，并将各项制度落地到工作中。

图 3.1-1　在拟建建（构）筑区域设置临时设施

如项目在施工大型设备基础前，组织各专业管理人员进行交底和沟通交流。机务安装专业对土建专业提出质量要求，依据《混凝土结构工程施工质量验收规范》GB 50204 及其他标准，预埋地脚螺栓孔中心位置允许偏差为 10mm；土建专业在施工过程中需加强对该部位的质量管控。由于各部门（专业）落实交底，明确知道工作的重点，保证了施工质量。见表 3.1-1、图 3.1-2。

对预埋螺栓、预埋管等技术要求　　　**表 3.1-1**

项目		允许偏差（mm）	检验方法
坐标位置		20	经纬仪及尺量
不同平面标高		0，−20	水准仪或拉线、尺量
平面外形尺寸		±20	尺量
凸台上平面外形尺寸		0，−20	尺量
凹槽尺寸		+20，0	尺量
平面水平度	每米	5	水平尺、塞尺量测
	全长	10	水准仪或拉线、尺量
垂直度	每米	5	经纬仪或吊线、尺量
	全高	10	经纬仪或吊线、尺量
预埋地脚螺栓	中心位置	2	尺量
	顶标高	+20，0	水准仪或拉线、尺量
	中心距	±2	尺量
	垂直度	5	吊线、尺量
预埋地脚螺栓孔	中心线位置	10	尺量
	截面尺寸	+20，0	尺量
	深度	+20，0	尺量
	垂直度	h/100 且≤ 10	吊线、尺量

续表

项目		允许偏差（mm）	检验方法
预埋活动地脚螺栓锚板	中心线位置	5	尺量
	标高	+20，0	水准仪或拉线、尺量
	带槽锚板平整度	5	直尺、塞尺量测
	带螺纹孔锚板平整度	2	直尺、塞尺量测

对作业人员安全技术交底重点明确了质量标准，并严格要求其按标准实施，顺利地通过了各项验收。

图 3.1-2　预埋管浇筑前土建、安装各方（专业）验收

3.2　组织分包进场

3.2.1　分包进场如何立规矩

（1）与分包签订合同时将公司内部规章制度、项目建设地区及建设单位的安全、文明施工、质量标准及特殊要求写入工程合同中。

（2）在分包进场前召开工地会议，再次根据合同及现场的安全、质量、工作流程等作出要求和规定。宣布公司和项目的管理制度（含奖惩），并作好会议纪要。如某项目在进场前针对日常习惯性违章的特点，召开专题会议强调项目的反违章制度要求。在实施过程中对违章情况进行考核，并在施工现场大门口或作业区人员出入口等醒目位置设置曝光栏进行公示警示，使作业人员明确知道项目管理的决心和力度（图 3.2-1）。

3.2.2　分包进场劳务实名制管理重点

（1）检查分包企业与农民工签订的劳动合同，特种作业人员必须持有在有效期内的技能证书、人员花名册、身份证复印件等相关资料，对其进行安全培训考核合格，并在相关建筑工人实名制管理平台上和在现场以实名制设备录入人员信息登记，方可允许其进入施工现场。

（2）项目应以真实身份信息为基础，采集进入施工现场的建筑工人和项目管理人员的基本信息，并及时核实、实时更新；真实完整记录建筑工人工作岗位、劳动合同签订情况、考勤、工资支付等从业信息，建立建筑工人实名制管理台账；按项目所在地建筑工人实名

图 3.2-1　项目部设置曝光栏

制管理要求，将采集的建筑工人信息及时上传相关部门。

（3）为保障劳务实名制管理能有效履行，在合同及现场交底要求中提出实名制现场管理要求。如现场人员必须从实名制通道通行，门口保卫人员进行监督，以书面、公告等形式公告劳务人员不从实名制通道通行无打卡记录会产生的相关后果（图 3.2-2）。

图 3.2-2　项目部在人行入口设置实名制通道

（4）项目部应依法按劳动合同约定，通过农民工工资专用账户按月足额将工资直接发放给建筑工人，并按规定在施工现场显著位置设置“建筑工人维权告示牌”，公开相关信息。相关电子考勤和图像、影像等电子档案保存期限不少于 2 年（图 3.2-3）。

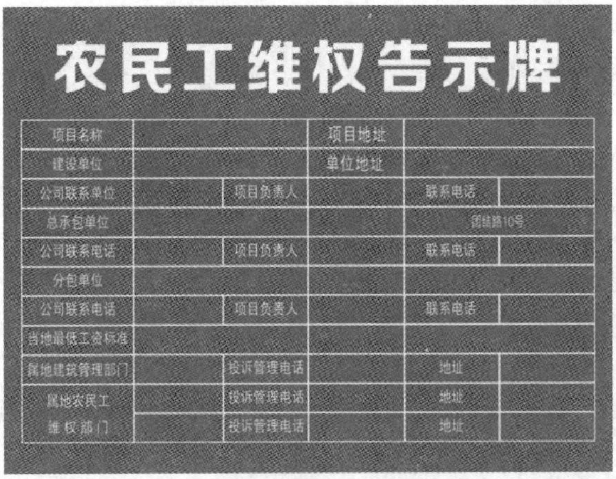

农民工维权告示牌
项目名称
项目地址
建设单位
单位地址
公司联系单位
项目负责人
联系电话
总承包单位
团结路10号
公司联系电话
项目负责人
联系电话
分包单位
公司联系电话
项目负责人
联系电话
当地最低工资标准
属地建筑管理部门
投诉管理电话
地址
属地农民工
维权部门
投诉管理电话
地址
投诉管理电话
地址

图 3.2-3　项目部按公司及项目所在地标准设置维权公示牌

3.3　质量管理工作

3.3.1　生产经理如何做好质量管理工作

（1）从分包等实施单位出发：在和劳务、专业分包单位的招标文件中说明及合同中约定本项目工程建设单位要求的质量标准。如本项目是国家电网公司的项目，除了国家、行业标准还需要达到建设单位的企业标准，一般国家电网公司项目的外露混凝土为清水混凝土，基础顶部为倒圆弧角。针对实施项目的特点、难度有目的性地选择符合本项目相应业绩和企业与人员资质及有相关配套专业设备的分包，从而能确保项目的质量、安全、进度的管理，特别是比较特殊的项目。如高耸建构筑物的就需要高耸建构筑物工程专业承包企业资质，从业人员的岗位证书和年龄、身体状况等要求就更需要注意，确保人员持有效且符合专业要求的证件上岗，见图 3.3-1。

证　号
姓　名
性别：男
作业类别：高处作业
准操项目：高处安装、维护、拆除作业
初领日期：2015. 12. 14
有效期限：2015. 12. 14 至 2021. 12. 13
复审日期：2018. 12

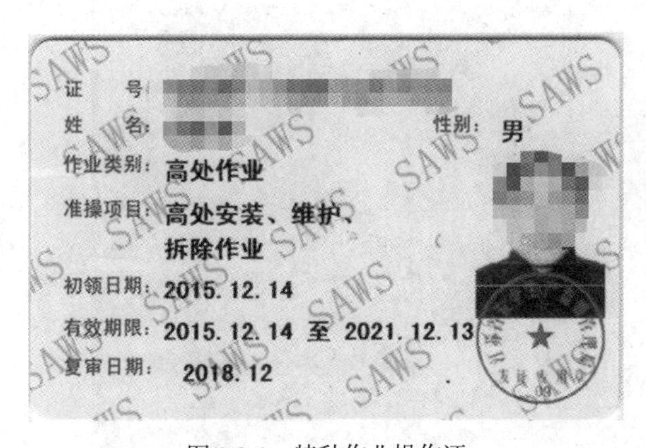

图 3.3-1　特种作业操作证

如某承压管道安装施工，连接工艺为焊接，所属种类为“特种设备焊接作业”。为保障施工质量，要求焊接作业人员必须持有特种设备焊接作业中的“特种设备焊接作业”证书，并现场焊接考试合格后方可上岗，见图 3.3-2。

图 3.3-2　岗前焊接考试

（2）对项目生产、技术、质量、物资等专业管理人员进行合同交底，从管理团队的思想意识进行统一，使其在工作中能明确地知道和贯彻落实合同要求的标准、公司领导的经营决策方针。如项目建设方的要求是计划创建国家优质工程奖的项目，公司领导决策意见为即使不盈利也要全力以赴完成创建国家优质工程奖，能为企业增加业绩和荣誉。那么项目管理团队从方案选定、材料工器具、施工工艺等方面就需要高标准严格要求执行。

（3）项目实施过程中对施工方案、施工机具选用、工艺的确定进行事前控制。组织项目管理团队和分包单位对工程复杂节点，制作相应的样板结合交底文件对操作工人进行质量方面的培训教育，使其能从思想上提高认识。通过样板对工序的分解和图文并茂的方式能使得操作人员充分了解到本项目的质量要求，见图 3.3-3。

图 3.3-3　人字柱施工复杂、质量要求高

3.3.2　质量管理重点管哪些方面

（1）人是项目管理的核心，从项目管理的决策到具体实务的执行都是由人去实施的，所以人的选择尤为关键。组建项目管理团队质量部门的人员就需要选择有责任心的、勇于坚持质量底线的、有和监理方、分包方良好的沟通能力，及从项目实施前进行策划预控、实施中的过程控制及事后处理的相关经验。

（2）材料是构成项目工程实体的子分部，重要材料的质量优劣直接影响工程结构安全、功能性是否能达到要求，关乎公司及个人的前景。材料品牌及质量标准选型首先看建设方（甲方）是否有具体要求，如没有具体要求则根据设计要求在公司“供应库”中选择信誉良好的供应商进行供应。供应合同对材料物资的质量标准、规格等级、相关质保资料作出要求，要求同材料物资一并到场。根据工期进度及供应周期、物资存放综合考虑材料物资的到货时间，避免存放或时间原因导致物资过期或损坏。如在国外项目施工中使用的一种特殊灌浆料需要从中国供应，由于国内物资采购、海上运输及海关报验等流程就需要 1.5 个月之久，而该灌浆料的质保期仅为 3 个月，这就需要综合考虑现场土建施工、设备安装、材料供应等各个环节，见图 3.3-4。

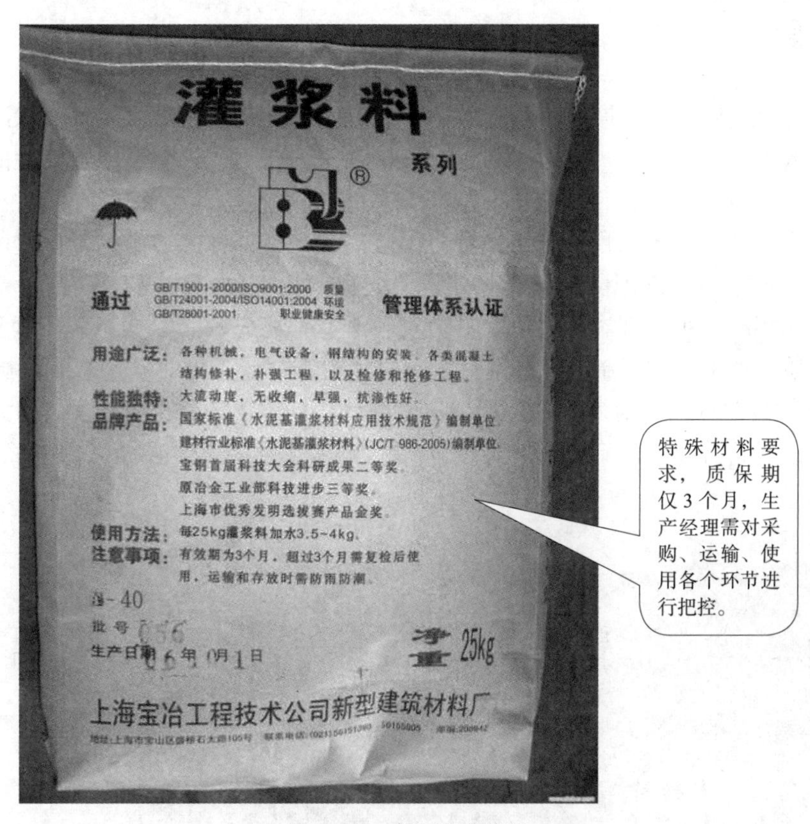

图 3.3-4　高强度灌浆料

（3）机械选型及数量决策是质量管理上的重要一环，根据项目所在地区气候环境、工程特点、工期要求、质量标准、经济成本进行选择。选择适合本项目的机械设备对质量起着关键性的作用。如冬期施工浇筑冷塔环梁，存在的难点在于冬期施工浇筑混凝土的时间需要在10时到16时气温较高时，混凝土量较大，约3000m³，由于是高支模环形结构，为确保架体安全及防止出现冷缝等还需要对称浇筑。综合上述条件，就需要选择合适数量的泵车及混凝土运输车辆，还需要考虑备用及留有余量，保障混凝土在计划时间内安全顺利浇筑完成，见图3.3-5。

图3.3-5　选择工况适用、数量能满足的机械保障施工

（4）环境及气候状况是影响工程质量的重要因素，如不重视环境及气候状况可能会对工程质量造成不可逆的影响。工程项目遍布全国及全球各地，而从事项目管理的单一人员是不可能有在戈壁荒漠、高山峡谷、偏远海岛等所有复杂环境及气候条件的相应经验的。如在北方寒冷地区承建的项目，在组建项目团队时优先选择在寒冷地区工作过的人员。在项目进场时组织项目管理团队充分熟悉建设单位提供的气象水文资料，在特殊偏远地区、相关资料不完善时，可咨询本地居民对部分资料进行补充完善。根据相关环境及气候状况资料合理选择施工工艺、编制施工进度计划，避免特殊气候条件对质量造成影响。

如在海岛施工时，在雨期，强降雨时间段为11月至第二年的4月，这和大陆气候明显不一致。这种情况下对基础施工周期就需要合理考虑，要么提前抢工，要么延后开始，见图3.3-6。

图3.3-6　根据工期、现场环境合理配置机械

3.4　资料管理工作

3.4.1　生产经理如何做好施工日志管理工作

（1）施工日志也叫施工日记，是在建筑工程整个施工阶段的施工组织管理、施工技术等有关施工活动和现场情况变化的真实的综合性记录，也是处理施工问题的备忘录和总结施工管理经验的基本素材，是工程交竣工验收资料的重要组成部分。施工日志可按单位、分部工程或施工工区（班组）建立，由专人负责收集、填写记录、保管。

（2）由于施工日志是工程竣工验收、索赔签证等的重要资料，为提高施工日志编写人员的思想意识、编写质量等，在前期组织施工日志编写人员进行培训。具体内容为对主要信息、日志格式、日志要求、详细内容、注意细节及企业标准等作出具体要求，见图 3.4-1。

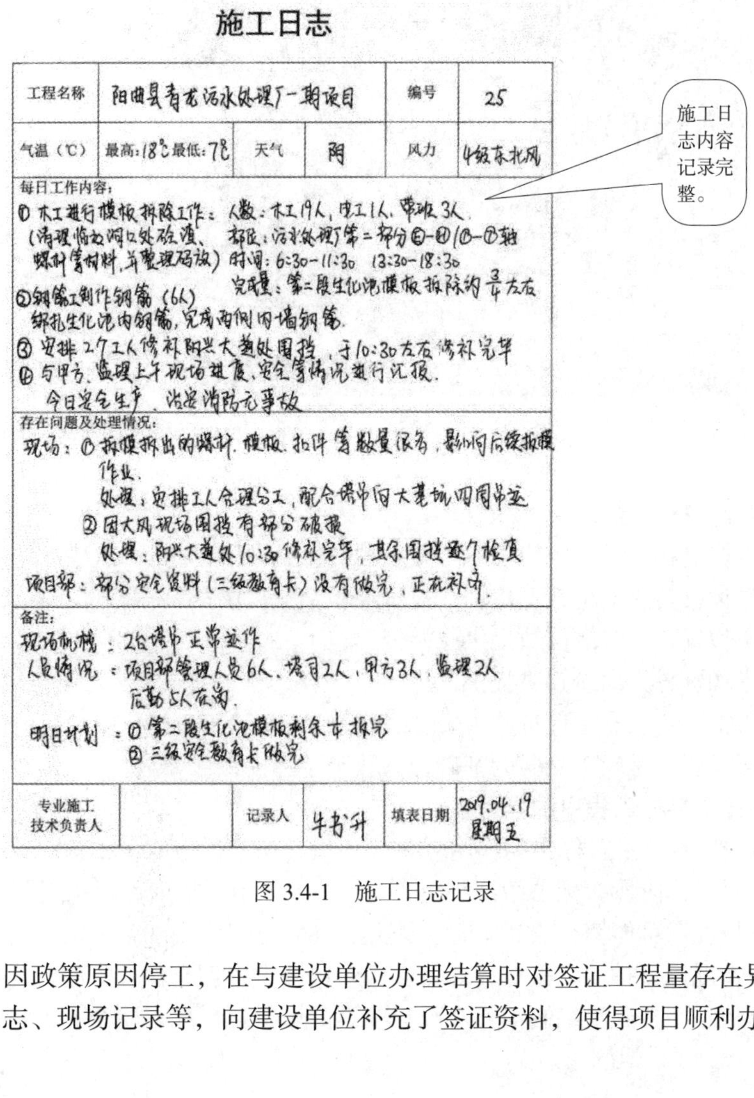

施工日志

工程名称	阳曲县青龙污水处理厂一期项目			编号	25
气温（℃）	最高：18℃最低：7℃	天气	阴	风力	4级东北风
每日工作内容： ① 木工进行模板拆除工作：人数：木工19人，电工1人，带班3人. （清理临边洞口处碎渣、螺杆等材料，并整理码放） 部位：污水处理厂第二部分⑥-⑪/⑩-⑦轴 时间：6:30-11:30　13:30-18:30 完成量：第二段生化池模板拆除约3/4左右 ②钢筋工制作钢筋（6人） 绑扎生化池内钢筋，完成西侧内墙钢筋. ③ 安排2个工人修补阳兴大道处围挡，于10:30左右修补完毕 ④ 与甲方、监理上午现场进度、安全等情况进行汇报. 今日安全生产、治安消防无事故					
存在问题及处理情况： 现场：① 拆模拆出的螺杆、模板、扣件等数量很多，影响后续拆模作业. 处理：安排工人合理分工，配合塔吊向大基坑四周吊运 ② 因大风现场围挡有部分破损 处理：阳兴大道处10:30修补完毕，其余围挡逐个检查 项目部：部分安全资料（三级教育卡）没有做完，正在补齐.					
备注： 现场机械：2台塔吊正常运作 人员情况：项目部管理人员6人、塔司2人、甲方3人、监理2人 后勤5人在岗. 明日计划：① 第二段生化池模板剩余未拆完 ② 三级安全教育卡做完					
专业施工技术负责人		记录人	牛书升	填表日期	2019.04.19 星期五

施工日志内容记录完整。

图 3.4-1　施工日志记录

如某项目因政策原因停工，在与建设单位办理结算时对签证工程量存在异议。生产经理查阅施工日志、现场记录等，向建设单位补充了签证资料，使得项目顺利办理了结算。

（3）为了过程中把控施工日志编制的质量及及时性，避免出现补施工日志等情况，项目管理团队应该每月对施工日志进行一次检查，包括主要信息、日志的格式、日志内容是否完整和详细、字迹是否工整、时效性等细节。发现有上述问题要及时去整改，避免造成相关问题的累积。

3.4.2 生产经理如何配合留好过程影像资料

1. 过程影像资料根据时间段的分类

原始状态、隐蔽工程、材料和机械设备、施工过程、施工质量和安全控制、施工标准化展示宣传。 过程影像资料为项目施工生产、二次创效、竣工交验提供最原始、最真实、最形象的依据。多数企业并未对其引起足够的重视，特别是对影像资料的整理缺乏科学性和系统性，导致企业在施工生产、二次创效及竣工交验时缺乏宝贵资料，给企业造成经济损失（图 3.4-2）。

图 3.4-2 灌注桩低应变检测记录，可对工期、质量、成本各项管理提供有力保障

2. 整理影像资料的意义

1）工程影像资料为施工生产中的隐蔽工程提供见证依据；

2）工程影像资料为安全教育培训、技术经验交流提供资料；

3）工程影像资料为二次创效提供原始依据；

4）工程影像资料为纠纷解决提供证据；

5）工程影像资料有利于促进施工安全、质量及进度的实时控制；

6）工程影像资料是竣工交验的基础，为竣工结算提供保障。

3. 工程影像资料在工程中的作用

（1）影像资料在工程投标中的作用

如工程项目投标阶段，标书编制小组人员基本不会驻扎在工程所在地编制标书，且招标文件对现场情况不可能完全表述清楚，因此，在甲方组织现场踏勘时，需派专人对工程所在地及周边情况进行拍照、摄像，并将影像资料归类整理，保存完整，为施组的编制及投标报价提供依据。在施组编制前，对收集整理的影像资料反复研究，熟悉施工现场及周边环境情况。在施组编制时，充分结合现场实际情况，编制出具有针对性的施组，为投标取胜提供保障。另外，同种施工工艺及施工方法在不同的施工条件下，其施工成本有所不同。在做投标报价书前，充分了解现场情况，是决定投标报价及成本分析的基础，也是投标能否取胜及项目能否盈利的保障。

（2）影像资料在工程施工中的作用

工程影像资料作为最真实的资料，为施工生产中隐蔽工程提供见证依据。如工程施工过程中，经常因为施工作业点多面广等因素，部分隐蔽工程在隐蔽前缺少监理现场见证。这时，就需要现场管理人员准备好隐蔽工程隐蔽前的影像资料，为监理提供最真实的资料，避免返工，造成不必要的经济损失。同时，隐蔽工程的见证记录也是竣工资料交验时的重点检查资料。因此，隐蔽工程隐蔽前的影像资料，是竣工验收的重要依据。

1）工程影像资料是工程技术及经验交流最宝贵的资料。在安全教育培训、经验交流等会议上，通过播放、展示各工程项目的影像资料，首先，有利于资源共享，促进交流学习；其次，有利于促进吸收和接纳好的管理理念及管理思想；再次，能直观地展示工程质量问题，为杜绝类似质量问题提供帮助。

例如：某电力建设项目的项目部管理人员缺乏烟囱筒身施工技术，于是，项目部通过工程技术培训专题会议，为项目部管理人员提供烟囱滑模施工的关键技术和操作流程及质量、安全控制的相关影像资料，提升了项目管理人员的安全、质量管理等各方面认识，见图3.4-3。

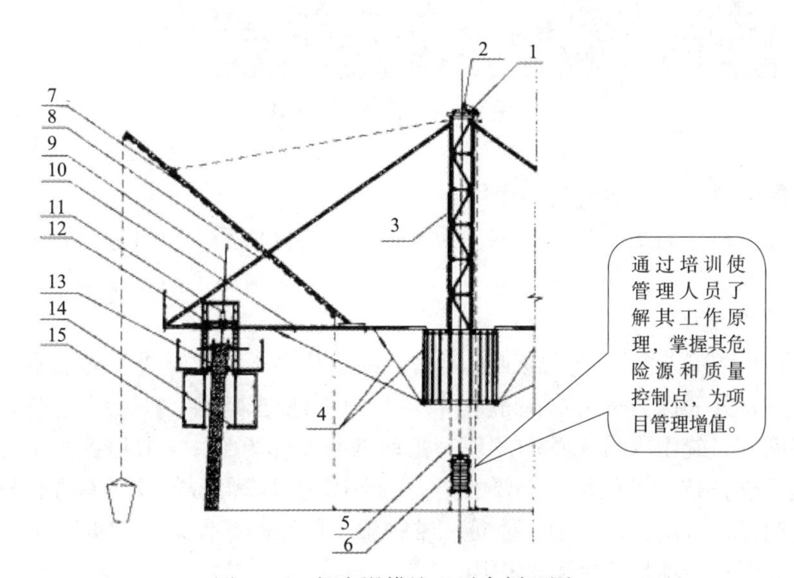

图3.4-3 烟囱滑模施工平台剖面图

1—天轮梁；2—天轮；3—井架；4—操作平台钢结构；5—导索；6—吊笼；7—扒杆；8—井架斜杆；9—支承杆；10—操作平台；11—千斤顶；12—提升架；13—模板；14—内吊脚手架；15—外吊脚手架

2）影像资料作为最真实、最原始的资料，为二次创效提供原始依据。在项目施工过程中，为满足施工生产需求，很多变更项目均是按先施工后申报流程进行，这就需要项目管理者及时收集和整理相关变更索赔资料，为后期变更索赔审核提供原始数据。工程影像资料作为最真实、最原始的资料，最能还原项目实施过程中的真实性，弥补纸质资料的不足，为变更索赔提供最有力的证据，是企业二次创效最重要的基础。

例如：某电力建设项目项目部为保证施工进度，在施工过程中对由于地勘资料不准确的问题造成的基坑需要进行换填，超出图纸设计换填区域及深度，因此在后期收尾过程中，向甲方提出了此项内容的变更索赔。最终甲方依据合同条款同意了该项变更索赔。由于项目建设地在海外，建设单位审计人员无法第一时间到达现场确认，在建设单位审计过程中，审计人员以换填尺寸无法确认为由对该项目进行大幅审减，项目部通过搜集整理施工过程中的影像资料，为其提供了换填前后的原始照片，并提供了施工过程中的录像资料，最终得到审计人员认可，保证了项目利益，见图 3.4-4。

图 3.4-4　基础换填处理

（3）影像资料在处理纠纷时的作用

工程影像资料作为最原始的资料，为施工纠纷提供依据。项目进场施工前，先对施工场所重点部位及容易产生纠纷区域进行摄像、拍照，保留施工前原始影像资料，可杜绝部分不良人员敲诈行为。

例如：某项目在进场修建完施工便道后，部分社会不良人员进入施工现场以该项目部在修建便道时将其一棵名贵树木挖除为由，阻拦施工，要求赔偿。项目部经过多次协商未果，在双方僵持期间，施工人员无意中发现一张动工前的现场照片，并以此为证据驳回了不良人士的无理要求，减少了项目不必要的损失，但因为对影像资料缺乏整理，导致施工停止 3d，造成工期延误。由此可说明，收集和整理施工前原始影像资料的重要性，见图 3.4-5。

（4）影像资料在项目管理中的作用

监控系统作为工程影像资料的一部分，已广泛应用于工程项目建设中，是施工现场最真实、最直观的体现，为安全生产、质量控制及进度控制提供实时监控。

例如：某集团公司要求所有在建工地均需要在关键部位安装监控系统，可保证集团公司项目管理人员及其他相关人员对施工现场的安全、质量及进度实时监控。发现安全隐患，及时消除；发现质量问题，及时整改；发现进度问题，及时调整（图 3.4-6）。

图 3.4-5　作业前对原始地貌进行记录

图 3.4-6　记录现场施工过程

4. 影像资料在工程竣工后的作用

工程影像资料作为施工过程的记录，也是最真实反映施工生产过程的资料，是工程竣工交验后，出现问题时责任鉴定的依据。

5. 工程影像资料的收集、整理

工程影像资料作为施工过程中的重要记录文件，承担着建设工程从原始状态到工程完工全过程、全方位管理的重要任务，为项目安全、质量及进度管理、成本控制提供依据，是解决纠纷的证据，是企业二次创效的基础。因此，在工程项目管理过程中，应加强对工程影像资料的收集和管理工作。

（1）影像资料的收集

工程影像资料作为记录工程项目全过程的重要资料，在收集的过程中应遵循全员、全过程、全方位的原则。

工程项目管理不是一个人的事，工程影像资料收集也不可能是某一个人的事，项目部所有施工管理人员均应参与到影像资料的收集中来，做到责任到人，谁负责的部位谁负责该部位影像资料的收集，只有这样，才能保证影像资料的完整性，从而提高项目全体管理人员收集影像资料的意识。

工程项目施工是从投标开始至质量保修期结束的一个过程，影像资料的收集应贯穿工程项目施工全过程，包括项目投标阶段现场及周边环境的拍摄；施工准备阶段现场及周边地形、地貌、管线、电缆等影像资料的收集；施工阶段各施工部位、施工工序及隐蔽工程隐蔽前后、预埋件、预留孔洞等影像资料的收集；工程竣工交验阶段现场交验过程、实体完工形态及现场状况等影像资料的收集；工程质量保修阶段工程质量缺陷状况及修复处理过程等影像资料的收集。

为提高工程影像资料的真实性及实用价值，在工程影像资料的收集过程中，尽可能做到全方位、多角度拍摄。对于地形地貌等必要时可进行摄像；对于重要部位的收集，要兼顾远景及近景的结合；对于需要丈量尺寸提供数据的影像资料，要保证其数据清晰、位置准确。所有影像资料的收集过程中，尽可能选择一处或几处长期不会改变的对象作为参照物，为施工前后比对提供依据。

（2）影像资料的整理

工程影像资料在收集完成后，因缺乏系统有效的管理，同样会造成影像资料的缺少，给项目造成经济损失。因此，加强对已收集影像资料的整理，同样是工程建设中必不可少的一环。

对于工程影像资料的整理，项目应实行领导牵头，专人负责。对各施工管理者收集的资料定期收集汇总，分类统一管理。资料管理者在汇总影像资料后，按施工准备阶段、施工阶段、工程竣工阶段分期、分批管理，并对各阶段资料按检验批、分项工程、分部工程分类命名保存。影像资料不能以单一形式保存，应采用纸质文档、电子文档、光盘等多种形式保存并备份，防止因电子产品损坏而丢失。

3.5 生活区管理工作

1. 生活区选址

生活区施工是从项目进场到项目竣工时需要一直使用的非常重要的场所。根据项目所在地地理环境、气象和地质条件、水电道路接驳、与在建项目距离及建设单位建设规划条件等综合考虑。尽量靠近在建项目使员工上下班减少通行时间，选址应避免在河谷低洼、悬崖坡脚处等地，防止次生灾害的发生。因为生活区选址失误出现的事故较多，见图 3.5-1。

2. 生活区策划布置

根据项目建设工程量、计划建设工期、工程专业类别、人员数量及作业周期、公司内部标准，进行生活区策划并计算生活区占地面积、防火安全距离、宿舍面积、生活辅助用房、生活设施用水用电，同时进行场地排水、消防通道、消防管道、围墙等布置（图 3.5-2、图 3.5-3）。

图 3.5-1　生活区选址在低洼及山谷处而被洪水淹没

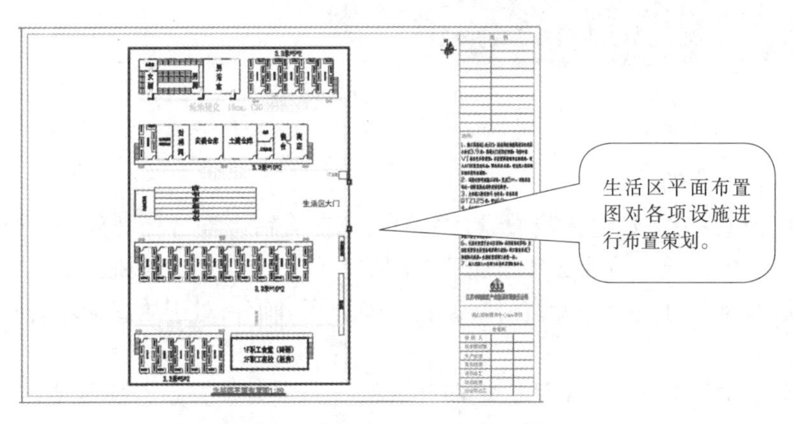

图 3.5-2　生活区平面布置图

图 3.5-3　生活区 VI 形象布置

如某项目生活区在布置时对项目所在地环境充分进行了调研，发现项目所在地位于风口，经常出现 6 级以上大风。根据调研情况对生活区采取防风加固措施，避免了财产损失和人员伤亡（图 3.5-4）。

图 3.5-4　生活区防风加固

3. 生活区日常管理

1）根据分包或劳务班组人员数量及公司对于工人宿舍配置标准分配宿舍钥匙，避免出现多占用宿舍的情况，造成成本增加。分配宿舍前和分包或劳务班组签订安全协议，督促遵守生活区日常管理规定、爱惜公共设施、爱护环境等，对于故意损坏公共设施等行为要求进行赔偿。

2）根据项目管理制度对生活区定期开展检查，主要检查是否违规使用大功率电器，消防设施是否完好有效，消防通道是否保持畅通，生活区卫生打扫、消毒记录情况，公共设施是否完好、能正常使用，如有问题督促人员整改，见图 3.5-5。

图 3.5-5　定期对生活区安全、卫生等进行大检查

如某项目临时建筑的彩板采用的是可燃材料，而且还违规在生活区使用大功率电气设备，导致 20 间宿舍被烧毁，所幸没有人员伤亡，见图图 3.5-6。

按要求配置灭火器、太平桶等消防器材，定期检测维护并组织人员定期进行培养教育。

图 3.5-6　生活区发生火灾案例

3）对出入口安保人员作出要求，如非本项目人员未经批准不得进入生活区，在特殊地区（如治安、社会环境不稳定）还需加强管理。

3.6　团队管理工作

3.6.1　生产经理每天工作

（1）提前熟悉拟建单位工程施工图，对于重难点及复杂部位充分理解设计意图，提前督促提醒技术人员、作业分包做好相应措施，并在作业过程中及时发现及纠正，见图 3.6-1。

图 3.6-1　组织分包、施工班组对项目施工的重点、难点进行培训交底

（2）对现场单位工程进行巡视，对施工复杂、危险作业、动火登高等作业部分重点关注，检查监护人员是否在场，并对质量、安全等事项进行督促指导。

（3）对现场人员、机械、材料、操作工艺等情况进行观察，有不合理等现象进行提醒纠偏，需要跨科室专业协调时第一时间进行处理。

如某项目核心设备基础，涉及设备（汽轮机）安装和土建工程两个专业的设计和施工工作，在螺栓孔（钢管）的预留高度及后期孔内是否灌浆的问题上设计图纸均未明确提出要求，影响土建专业的生产施工。生产经理组织设备安装、土建两个专业的管理人员及作业班组进行讨论，明确地得出结论为孔内后期需要灌浆、螺栓孔高度与灌浆面标高保持一致（需防止混凝土进入）。土建专业根据需求按灌浆孔高度留有余量（长度）制作、安装预埋，既节约了材料又保障了质量，推动了两个专业的施工进度。见图 3.6-2。

中间移交，工程实体、现场作业环境及条件、文件资料等均需满足要求。

图 3.6-2　组织各专业进行中间验收，推动土建、安装移交从而推动整体计划

（4）根据进度计划或者场地及工序急需完成的工作进行跟踪检查，重点检查人员、物资、机械在现场执行情况，有问题及时督促纠偏，避免工期失控。

（5）每天对重点部位的施工、技术、物资、机械、劳动力、场地等作业及进场情况进行核查，及时纠正偏差。

（6）对本项目的监理、甲方、设计、勘察等单位提出的需求及时处理及回复。

3.6.2　生产经理每月工作

（1）根据公司规定上报月度进度报表等相关表格。

（2）向项目经理、公司职能部门领导进行工作汇报，并就相关物资、机具、人员等需要解决的问题寻求支持。

（3）督促审核机具、物资采购（租赁）申请表。

（4）月度计划检查、纠偏、分解，把计划合理分解到各主管、分包方。

（5）检查上月工作计划内容，找出未能完成的事项及原因再次进行分解执行；并制订本月工作计划并进行分解实施。

（6）每月对本项目团队中人员所遇到的无法解决的难点等问题和监理单位、建设单位、设计单位、勘察单位等各方进行联系沟通，积极及时对相关问题进行处置。

（7）每月（不定期）同项目所在地的村（居）委会、质监站、安检站、环保局等政府职能部门进行沟通。

3.6.3　生产经理如何开好生产例会

（1）根据公司和项目管理规定制定生产例会的会议制度，会议制度包括会议召开的时间、地点、需要参加会议的单位和人员、会议签到、会议纪要的整理与签发和存档、无故不按时或不参加会议的考核等相关要求。相关会议制度同项目其他管理制度一并下发，并完成书面签收手续。

（2）主持召开生产会议前深入现场和对照进度计划、物资供应计划、人员到场计划、大型机械到场计划等各项计划，总结近期安全、质量、进度存在的问题，并想出相应解决办法和应对措施，汇总政府部门、公司、甲方、监理等相关单位的政策要求和相关指示。根据上述各种文件做出会议发言的底稿，做到各项问题心中有数，能更好地把自己的管理意图和目的宣贯到参会人员。

（3）为了更好地促进会议精神的落实、提高工作效率，会议召开前根据上次会议纪要中的内容，要求相关责任单位和责任人对上次会议中的安排及要求进行回复和汇报，对存在的难度和需要协调的问题进行记录。在自己能回答及权限范围的问题在会上予以答复，暂时无法答复的相关问题会后及时进行协调并及时回复。

某项目规模大，涉及机务安装、电仪安装、土建施工、设备调试、设备供应厂家等专业多且专业性强。为更好地把控现场实时情况及问题，按计划每天召开协调会，但由于涉及人员多且专业性强，造成会议时间特别长，会议决策实施不到位、不彻底等问题。为解决此问题，对会议议程作出具体要求：①按人（专业）发言（有明确的顺序）；②限制发言时间（正常情况 3min 完成）；③规定发言内容（根据原定计划、列次会议纪要要求（承诺）进行核实，对未能完成等情况说明原因，对需要协调问题进行汇报等）；④文件整理（对参与会议人员签到、会议纪要编制、审核并及时下发和附图等，做的管理留痕），见图 3.6-3。

对会议中的工期、质量、安全等各项问题及要求汇总、整理出会议纪要并签发归档。

图 3.6-3　工程会议召开

3.7 安全管理工作

3.7.1 如何做好安全管理

（1）合同约定:根据国家规范要求、工程项目所在行业（专业）特点、项目建设单位要求、公司管理制度等相关要求，针对人员、机械、劳动保护用品使用等制订管理制度。如本项目进场人员必须全部进行体检，体检合格后方可进场作业。

（2）从分包等实施单位出发：在和劳务、专业分包单位的招标文件中说明及合同中约定本项目工程建设单位的安全管理要求。

如某项目是外资企业投资时，除了满足国家、行业标准还需要达到建设单位的企业标准。进入施工现场人员的基本要求:正确佩戴安全帽,穿劳保鞋,工作服需要有反光警示条，正确穿戴五点式安全带、护目镜等，项目在开工实施前做好物资准备，见图 3.7-1。

正确穿戴各项劳保用品，管理人员需要以身作则。

图 3.7-1　正确穿戴各项劳保用品

针对实施项目存在的危险源和复杂情况有目的性地选择符合本项目相应业绩的企业和人员，从而能确保项目的安全管理，特别是比较特殊的项目。

如起重机的安拆就需要专业承包企业资质、从业人员的岗位证书及相关专业和年龄、身体状况符合规范要求，见表 3.7-1。

特种设备作业人员资格认定分类与项目　　表 3.7-1

序号	种类	作业项目	项目代号
1	特种设备安全管理	特种设备安全管理	A
2	锅炉作业	工业锅炉司炉	G1
		电站锅炉司炉	G2
		锅炉水处理	G3

续表

序号	种类	作业项目	项目代号
3	压力容器作业	快开门式压力容器操作	R1
		移动式压力容器充装	R2
		氧舱维护保养	R3
4	气瓶作业	气瓶充装	P
5	电梯作业	电梯修理	T
6	起重机作业	起重机指挥	Q1
		起重机司机	Q2
7	客运索道作业	客运索道修理	S1
		客运索道司机	S2
8	大型游乐设施作业	大型游乐设施修理	Y1
		大型游乐设施操作	Y2
9	场（厂）内专用机动车辆作业	叉车司机	N1
		观光车和观光列车司机	N2
10	安全附件维修作业	安全阀校验	F
11	特种设备焊接作业	金属焊接操作	注
		非金属焊接操作	

注：按照特种设备焊接作业人员相关安全技术规范的规定执行。

（3）组织商务、安全、技术管理人员对项目全体管理、技术人员进行合同交底，从管理团队的思想意识进行统一。使其在工作中能明确地知道和贯彻落实本项目安全工作的要求标准，知道本项目存在的危险源和注意要点。如项目存在高支模架体时，那么就需要重点交代施工方案、高处坠落、物体打击、临边防护等注意事项。

（4）项目实施过程中对施工方案、施工机具选用、工艺的确定进行事前控制。根据项目实际情况布置安全体验区，通过模拟体验对现场工人进行教育，使其能从思想上提高安全意识，见图 3.7-2。

安全体验区更能生动体验，提高安全意识。

图 3.7-2　安全体验区

如某项目烟囱采用非标准机械进行作业，安全隐患大、风险高，为保障作业过程安全，生产经理组织安全、技术等部门按要求定期对该机械设备进行检查和试验（载荷试验、紧固件力矩检查、安全限位等），见图 3.7-3。

图 3.7-3　对垂直运输工具进行载荷试验

3.7.2　关注文明施工细节

（1）文明施工策划，工作的开始都是计划先行，工程项目开工前根据合同约定、公司对项目的定位进行整体策划，以达到策划最好、成本最优、效果最好的目的。主要针对安全文明施工与环境保护、临时设施、安全施工等全方位进行策划，注意对细节部分的管控处理。

（2）现场施工场地及运输道路的方便使用、干净整洁情况是文明施工的核心和重点。在项目前期通过与建设单位进行沟通，在道路、给水排水等设计时考虑永临结合，在项目开工前期提前做好主干道的路面及雨水管网，这样的基础条件可以充分保障现场文明施工及车辆通行、施工进度。

如在江西某项目中，总包单位在雨期到来前完成了永临道路和雨水管网，在雨期施工时为现场文明施工、道路运输、行车安全等创造了良好的条件，见图 3.7-4。

干净、整洁的道路通行情况，有助于提升现场文明施工整体水平。

图 3.7-4　现场整体形象

（3）明确管理目标和标准及考评制度，与分包单位签订合同及入场时就明确告知分包单位本单位的现场管理规定，使参建方明确知道本项目文明施工的目标、管理标准及现场管理制度。在项目实施过程中根据管理及考评制度对参加单位进行管理，在日常及检查过程中对参建方严格打分考评，考评内容纳入参建单位的管理档案，为后续合作留下考评依据。

如在签订合同时将现场管理制度纳入合同附件，在现场文明施工管理时具备管理依据，在项目入场前期制度执行得严格与否直接关系到后续管理成功与否。

（4）从思想上树立文明施工意识，做好文明施工，是一项长期持续的工作，核心点就是现场管理人员和施工人员的意识和认知，通过现场文明施工的宣传、相关会议宣贯、各项交底、日常检查和管理整体提升项目全员的安全文明施工意识，见图 3.7-5。

下班时对现场进行卫生打扫，把文明施工落到实处。

图 3.7-5　现场管理要求工完料尽场地清

如在项目作业过程中砌筑或抹灰，下班时要求清理落地灰和砌筑碎块，使得分包管理及作业工人养成良好的习惯，提升现场整体形象，为后续工序移交等创造良好的条件，不再额外耽误工期对现场进行清理等。

（5）项目策划时工艺、材料、设备、施工方案等选择对文明施工影响较大，根据项目所在地地方标准、建设单位要求及所在地实际情况、公司经营方案，合理选择适用于本项目的工艺、材料、设备、施工方案。

如拟建项目为住宅楼，楼层高度、建筑物立面较为规则，所在地政策及设备租赁能满足需要，就可以优先选择爬架，爬架外立面整洁有利于文明施工的管控及策划，见图3.7-6。

图3.7-6　外墙爬架技术

3.8　进度管理工作

3.8.1　生产经理如何平衡进度、质量、安全管理工作

（1）安全生产是不可逾越的红线，无论在什么情况下安全管理工作都优先于进度，做好了安全工作就是保障了生产进度，节约了成本。项目建设施工条件复杂、交叉作业多、高空作业多的施工环境里，能放下安全，只追求施工进度或是质量吗？安全事故的发生，是瞬间完成的，但它留下的毁灭性打击，却是重大而悲惨的。实践证明，谁忽视安全，谁就将为此而付出惨重的代价。在施工中，安全是第一位的。在项目管理过程中务必要重视安全管理工作，不能违章指挥，对隐患工作不能心存侥幸。

（2）安全是质量、进度的前提条件和有力保障。

如高处作业施工作业位置的提高，意味着高空作业危险系数的增大。据统计，高空作业每增加10m，危险系数就在原来作业的基础上增加1.5倍，相应安全设施的投入也跟着增加。现在的作业环境中，没有安全设施，就没法进行施工作业，如高空安装，必先搭设操作架；爬高空得先有防止高空坠落的速差器；施焊的焊工，必须有防护面罩才能工作等。

没有安全，就谈不上有施工进度，更没法搞好施工质量，只有安全设施做好了，安全工作做到位了，施工进度、质量才能有保障，见图3.8-1。

图3.8-1　作业实施前组织管理人员对作业工人进行安全技术交底

（3）依据项目合同约定、建设单位要求、公司关于本项目决策进度、质量、项目经营的理念来合理调节安全、进度、质量三者间的相互关系。

1）纠正认识上的误区：施工过程中，由于认识上的差别，施工组将安全文明施工和搞好自身施工任务单纯地区分开来，认为本职工作只是将图上示意的内容尽快干完，质量合格就算完事，过程中的安全工作，只是安全工作职能部门的职责，与自身无关。存在认识上的误区，所以每每吩咐施工组在干好工作的同时，必须干好安全工作，搞好文明施工，施工组就觉得加重了工作，影响了施工的质量和进度。其实安全工作与自己休戚相关，实践中很多实例一再证明安全工作是不容忽视的，应加强员工对安全工作重要性的认识，把安全工作贯穿整个施工过程的始终。

2）安全与进度、质量不能顾此失彼：在施工任务重、工期紧的时候，施工组经常会忘掉安全而一味地抢进度和质量，这种做法在现实施工中比较常见，也是事故多发的原因所在。研究每件安全事故的发生，不外乎两方面原因：一是人的不安全行为，二是物的不安全状态。施工进度和质量是我们的核心，但安全工作也不能忘！只抓安全，不顾进度、质量是舍本逐末的做法；只抓进度、质量，不顾安全是违章违规的做法，也是安全事故多发的症结所在，将自食恶果！施工中不能顾此失彼，应权衡对待，综合提高。

3）搞安全工作和抓施工进度、质量应同时进行，强调进度，用最短的时间完成手中的施工任务，是施工企业取得最大经济利益的有效手段之一。质量是企业的生命，是企业参与市场竞争的砝码和通行证。

如某项目工期紧张，为满足进度要求，需对主体结构进行冬期施工。根据工期计划及拟建项目工程量进行核算，提前做好了物资准备（彩条布、火炉、煤炭、棉被等），采取了硬件保障措施。严格按作业方案（选择气温较高时、浇筑区域防风措施完成、暖棚温度达到规定温度等）进行浇筑，保障了混凝土浇筑及养护质量，防止受冻。严格按规范、方案要求做好防火、防中毒等措施（使用带水盆的火炉、现场设置灭火器、专人看护检查、人员不得在暖棚内休息等），保障了安全。通对人、材、机、环等各方面进行管控，满足了冬期施工的安全、质量、进度等各方面需求，见图3.8-2。

图 3.8-2　使用带水盆的火炉增加环境湿度并具备防火的能力

3.8.2　如何组织人材机等资源

根据公司实际情况、承揽合同、设计文件、施工组织设计、施工方案等文件中对工期、质量等的特殊要求，通过对工期节点分解进行策划，进一步深化人、材、机的进场计划。

（1）人员是项目实施组织的基础，从质量控制角度考虑人员管理能力、操作技能水平对项目实施尤为重要，从成本费用角度需要考虑属地和技能人员组成比例、进出场时间，从公司及项目管理模式角度需要考虑发包（分包）模式，从安全和进度角度需要考虑分包单位的业绩和履约能力。

1）从质量控制角度考虑，在项目的重要岗位需要技能水平过硬的技能人员，通常方式为公司自有工人和长期合作的分包单位人员。

如电厂项目汽轮发电机的设备安装是非常重要的，安装人员通常为集团公司自有工人，需要根据项目建设进展提前进行内部沟通，预留出专业的安装调试的技能人员，见图 3.8-3。

图 3.8-3　精密复杂机械安装

2）从成本费用角度考虑合理安排人员进出场时间，项目实施过程中通常为全部或者部分分包给专业分包单位和班组，工作面或者具备工作开始的准备条件就需要提前完善，满足人员进场时就具备开工条件，否则就会面临着人员窝工等方面的索赔。

如现在在国家一带一路政策的影响下，大批量的企业在海外承接项目，在海外影响项目的因素更多，如人员受签证时间及中国技能工人和属地人员配比等问题的影响，由于签证费用较高就更需要做好准备工作。如某海外项目计划 4 月中旬开始建设，工期一年，部分分包、班组人员从国内去海外项目就需要考虑到在一年工作签证期内能不能完成计划的工作，项目部就需要根据属地人员技能和当地政策、经济合理对中外籍员工进行配比。

（2）材料设备是构成项目建设实体的组成部分，质量决定了项目的安全，供应进度周期直接影响工程进度，材料设备到场成本构成工程造价。

1）项目采购物资设备时根据图纸要求进行请购，在提交请购单时仔细审核设备的规格及各项参数，防止规格型号错误等造成到场材料设备无法使用。材料设备到场时对材料进行验收，收集相关资料如合格证、出厂报告等并做好归档工作，需要复试、检验材料时及时安排处理，避免因未能检验影响材料的使用。如设备材料为“甲供乙保管”，在到场后开箱前提前通知建设、监理、设备供应厂家等各方共同参与开箱，避免发生质量方面的不必要纠纷，见图 3.8-4。

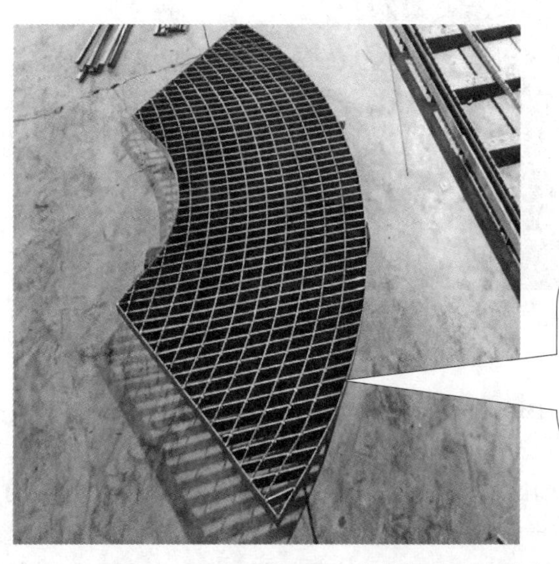

构件加工大样尺寸错误导致现场无法安装，现场修改尺寸造成成本增加。加工尺寸需要实际放样确定加工尺寸。

图 3.8-4　构件加工尺寸错误

2）材料设备供应的周期及到货时间直接影响建设工期，在施工图到场后安排技术人员梳理图纸，提交材料请购单。注意事项：为了防止请购遗漏需要对请购单和图纸进行对比。根据工期项目所在地区及所需材料设备特性（如水泥、灌浆料等质保期、非标构件）综合考虑制作、加工、运输周期等确定供货周期，避免材料设备供应原因影响施工的开展及工期，见图 3.8-5。

如海外项目或需要进口的材料设备供应，运输及办理相关手续周期较长，除了正常的生产、备货流程外，还需要考虑出入港报关检验等，见图 3.8-6。

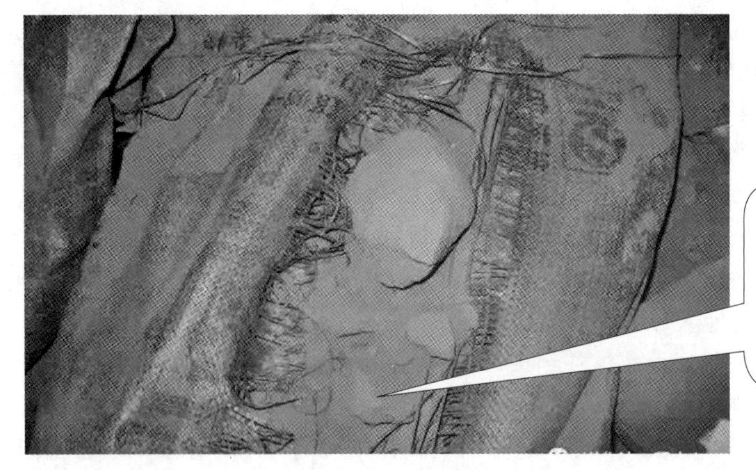

图 3.8-5　现场材料浪费

图 3.8-6　海关人员对进出口货物进行查验

（3）机械（设备、工具）属于措施项目，虽然不构成项目建设实体部分，但决定了项目施工实施的安全、进度、成本、质量等。

1）机械设备事故在施工现场比重较大且出现事故就是较大和群死群伤的事故，所以机械设备的安全就比较凸显。在设备选择时需要考虑到设备的安全系数，不选择在国家发布的限制和禁止目录中的机械设备，不选择到达使用年限或超过使用年限的机械设备。根据项目实际情况选择合适工况并留有一定的安全储备系数，如某钢结构厂房选择塔吊为本项目的垂直运输工具，这就需要对该工程图纸进行分析，梳理最大重量的构件在什么部位，需要配置多大的塔吊，见图 3.8-7。

重要机械设备的安拆要编制安拆方案，危险性较大的分部分项工程还需要组织专家论证，设备的安装、维护、保养和拆除都需要有资质的企业和持证上岗人员来完成，严禁无证上岗，特种设备需要登记备案后方可使用，见图 3.8-8。

图 3.8-7　重型塔吊

图 3.8-8　住房和城乡建设部 37 号令对危险性较大工程的要求

2）为满足建设单位工期要求，需要合理运行各项机械设备提高建造速度，根据工期计划和工程量、工程实际情况、项目所在地和公司经营模式等综合考虑机械设备是采取在市场（集团公司内部）租赁或在购买及分包单位自带配置。如进行振冲桩地基处理，由于是采用专业特殊设备，就需要专业分包自带设备，见图 3.8-9。

图 3.8-9　振冲桩地基处理

3）为降低项目机械费用成本，根据工期是否紧张和现场情况，在合理的条件下选择适用于现场的机械降低费用成本，如某项目有锅炉、除尘器等钢结构设备，通过现场实际场地和工期分析，结合当地租赁市场情况，决定采用轨道式塔吊，由于机械设备选择适当，现场少用了一台履带吊，为项目节约机械费用约百万元，见图 3.8-10。

图 3.8-10　轨道式塔吊

严格控制机械出入场时间，根据项目单体工程造型、工程量等适时增减机械进出场。如某电厂间冷塔基础和部分主体工程体形大、工程量大、工程实体材料和措施材料用量大，上部结构体形小，从工期、现场实际情况（使用轮式起重机覆盖面积小，高度无法满足）和费用角度出发项目部充分考虑在基础和 X 柱及环梁施工阶段布置两台塔吊（均布置在塔内），施工至环梁后根据筒壁施工进度（筒壁为曲线型，随着高度增加筒壁内表面积变小）进行拆除，见图 3.8-11。

图 3.8-11　现场机械数量根据工程特点及工期控制

3.8.3　生产经理必懂的工期滞后原因分析

工程项目在不同阶段是不同的、多变的、动态的，受环境、地域、气候、管理组织能力、各方技术（经验）能力、工人技能水平、机械设备、国家 / 地区政策、标准更改、资金链、汇率变化、疫情战乱等各方面原因的影响都可能会导致工期滞后。

1）建设单位提供的现场条件无法满足施工需求，导致工期滞后：三通一平不具备条件施工时存在征地拆迁等遗留问题影响工程进展，水、电、道路等必要设施未按计划接入红线内，地基处理等前置工作未按计划完成。

某项目由于建设单位原因导致临时用电迟迟无法正式投运，临时使用隔壁单位电源（无法使用大功率设备），导致塔吊无法安装使用，进而影响现场工期，见图 3.8-12。

图 3.8-12　箱式变压器

2）建设单位受国家政策或手续未提前、及时办理或其他原因无法按合同约定开工或被要求中途停工导致工期滞后：由于“三边工程”设计未完成无法进行图审和办理施工许可证，相关环评、能评、安评及项目备案手续未批复致使被政府职能部门要求停工，见图 3.8-13。

3）建设单位未能按期提供设计资料，需要建设单位进行试验、检验、监测，未按时完成，导致工期滞后；由于设计单位未能按约定提供施工图（订货资料）影响材料采购，进而拖慢施工现场进度。由于桩基检测或地基（岩基检测）检测延误或者报告出具不及时影响后续工作开展，见图 3.8-14。

4）由于地质条件复杂、勘察单位出具的岩土勘察报告和现场实际差异较大，造成基坑开挖后地基地质条件和设计不一致，需要设计勘察出具处理方案，从流程上到具体实施需要花费较多时间。

某项目地质勘察和实际差异较大（勘察显示 –5m 就达到岩石持力层，实际开挖到 –10m 才达到岩石层），造成了工期延误一个月，见图 3.8-15。

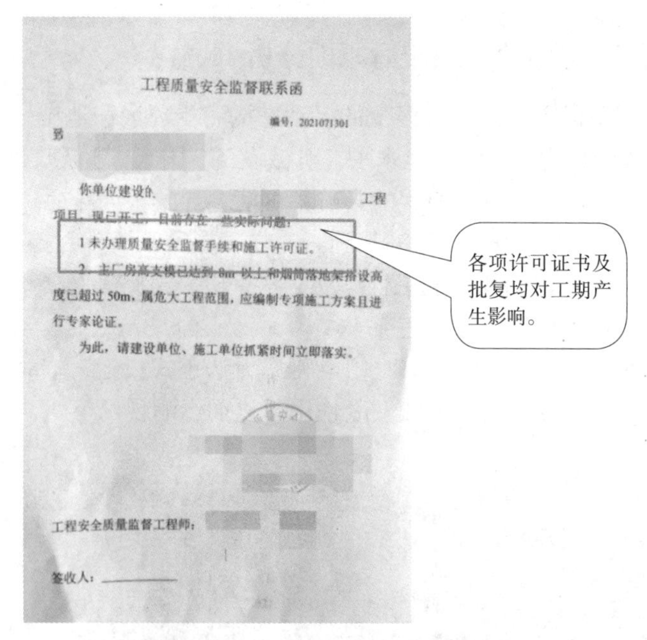

工程质量安全监督联系函

编号：2021071301

致

你单位建设的　　　　工程项目，现已开工，目前存在一些实际问题：

1 未办理质量安全监督手续和施工许可证。

2．主厂房高支模已达到 8m 以上和烟筒落地架搭设高度已超过 50m，属危大工程范围，应编制专项施工方案且进行专家论证。

为此，请建设单位、施工单位抓紧时间立即落实。

工程安全质量监督工程师：

签收人：

图 3.8-13　施工许可证未办理致使停工

图 3.8-14　地基荷载试验

图 3.8-15　地质情况复杂

5）建设工程不同于其他工业化生产，受天气影响会导致工期滞后：在不同地区会面临不同的情况，在招标投标时根据建设单位提供的气象资料及当地人员生活经验等影响因素。根据项目类型及工期目标仔细梳理对项目工作开展具有影响的因素，通过调整工序或提早或延迟开工等措施，合理避让不利因素来制订项目进度计划，可以降低安全风险、节约费用投入，避免严重影响工期。

6）项目管理、施工人员的管理和技能水平会导致工期滞后：有一批懂专业技术、会管理的项目管理人员对现场进行合理统筹安排和技术支持，再由具有良好操作技能水平的施工人员实施，减少管理失误和因为质量等问题造成的返工，就可以保障整个工程的进度，见图 3.8-16。

图 3.8-16　管理不善致使工序倒置，基础钢筋绑扎完成后再对桩头钢筋进行调整

7）材料、物资的供应是影响工期的直接因素：俗话说无米难为炊，材料、物资是构成项目实体工程的要素，很多项目工期延误就是材料、物资供应不及时，质量不符合要求所致。既要相关材料、物资按照既定的计划到场，也要保证质量符合要求，只要材料、物资供应能保障到位，就不会因为材料问题导致工期滞后。

8）机械选择的适用性和数量是影响工期的直接因素：工程机械的数量、工况及使用功能满足要求，从而保障进度的需求。如某项目在塔吊位置的选择和工况选型上没有充分考虑整根钢梁的起吊重量，不得已进行设计变更，通过搭设临时支架、分段吊装、吊装就位后再进行连接，导致工期滞后。

9）节假日、农忙秋收及项目所在地习俗等情况导致工期滞后：项目施工具体实施的是作业人员，由于项目施工的特殊性及正常情况下极少有休息情况，致使在安排工期计划时通常考虑连续作业，往往会疏忽作业人员需要回家参与农忙或者所在地习俗休假等情况。所以，在作进度计划安排时应根据项目所在地考虑当地的习俗惯例等。

如在信仰伊斯兰教地区就会有开斋节，在节日期间封斋 1 个月，每日自黎明前至日落，禁绝饮食，在此期间部分人员是不参与工作的，即使参与工作也无法满负荷工作，如事前未能考虑这方面的工作就会导致工期滞后。

10）资金、资源投入不足是导致工期滞后的主要原因之一，管理层尤其需要重视。文学家司马迁说“天下熙熙，皆为利来；天下攘攘，皆为利往”，建设所发生的有形和无形的投入行为都离不开资金和资源的支持。为保障工期不发生或减少滞后，按照合同约定尽早、及时从建设单位（甲方）拿到工程款，按时支付给分包、供货商、租赁单位等，防止出现因为资金原因导致工期滞后。

3.9 商务配合工作

3.9.1 生产经理如何安排洽商、变更工作

（1）设计变更、洽商有：设计单位、建设单位（包括管理公司）和施工单位提出变更要求三种情况。生产经理需要从施工单位角度出发安排洽商、变更工作，为保障洽商及变更等能顺利实施通过，需要同设计等各方保持良好的关系。

（2）项目部针对原设计图纸中某些矛盾处的更正，或在满足设计的前提下因现场施工条件改变或受施工能力限制，便于施工且能节约成本（对己方有利），而对原设计提出的技术洽商。

（3）工程洽商、变更流程管理工作，需经项目技术负责人批准后上报监理、设计和建设单位（对于重要技术洽商，如影响主要结构和使用功能的洽商，应进行深度考证及严格审批后方可办理）。

（4）办理技术洽商时，经办人应综合各专业、各部门情况，谨慎从事。当某专业的项目变更对其他专业有影响时，必须事先与相关专业技术负责人协商，各专业应本着提高质量、降低成本、方便施工的原则，共同确定变更方案。

（5）技术洽商应与经济洽商分开办理，但在办理技术洽商时，必须考虑经济效益。对内容超出合同以外或涉及经济上的增减的技术洽商，应事先与管理公司、建设单位等进行沟通，在经济问题得到落实后再签认。

（6）工程洽商记录应分专业办理，内容翔实，必要时应附图，并逐条注明应修改图纸的图号。工程洽商记录应由设计专业负责人以及建设、监理和施工单位的相关负责人签认，见图 3.9-1。

3.9.2 生产经理如何落实签证工作

（1）工程签证是指施工过程中出现与合同规定的情况、条件不符的事件时，针对施工图纸、设计变更所确定的工程内容以外，施工图预算或预算定额取费中未包含，而施工过程中确须发生费用的施工内容所办理的签证（不包括设计变更的内容）。

（2）由于工程签证的定义及过程管理较为复杂，为把握签证要点及顺利办理签证，在项目开始前组织经营预算、技术、施工部门对承包合同及相关协议进行梳理分析，对可能发生的签证点进行汇总，有关注意事项要对管理人员进行交底。

工程变更洽商记录 表 C2-4		资料编号	
工程名称	沧州市泥尼学校 1#学生公寓楼	日期	2011 年 8 月 28 日
提出单位名称	河北工程建设有限责任公司	专业名称	结构、建筑
内容摘要	关于结构、建筑图中部分内容		

洽 商 内 容

1、结构图第 12 页⑤~⑦、⑫~⑭、⑲~㉑轴/Ⓑ~Ⓒ轴间，顶板标高 33.7m 改为 34.8m。

2、结构图第 12 页，梁部钢筋 2　22 用 3　20 代替。

3、建筑图第 13、14 页，装饰梁顶标高均为 37.8m。

4、建筑图第 09 页⑬轴/Ⓑ~Ⓒ轴间，门去掉。

签字栏	建设单位	监理单位	设计单位	施工单位

图 3.9-1　工程洽商单

（3）及时办理现场签证确认，凡涉及经济费用支出的停工、窝工、用工签证、机械台班签证等，在执行过程中多拍摄现场影像资料，保留材料、机械等票据。发生涉及签证的事项需在第一时间找监理工程师、建设单位负责人员到现场核实签证，请各方人员签字盖章确认，为正式签证准备好支持依据。如果现场代表拒签，可退一步请他签认事实情况，并且向项目领导汇报，根据项目实际情况进行如停止施工等措施，以签证不成功情况下减少经济损失，见图 3.9-2。

图 3.9-2　土方弃土点及运输距离确认

（4）签证过程把控：如涉及地基处理等隐蔽工程的工程量变化，由于属于隐蔽工程，工程量需要及时确认，地基处理情况复杂时需要设计、勘察多方出具处理意见和方案。为保障签证的效力需要及时出具会议纪要、草签单等并请各方人员签字盖章确认，为正式签证准备好支持依据。

（5）签证种类及发生的情况较多，现汇总部分可能出现的情况：

1）不适合以签证形式出现的如议价项目、材料价格等，应在合同中约定而合同中没约定的，应由预算部门友好协商以补充协议的形式约定，见图 3.9-3。

图 3.9-3　地基验槽

2）未及时办理签证。有一些签证，如零星工程、零星用工等，发生的时候就应当及时办理。有很多业主在施工过程中随意性较强，施工中经常改动一些部位，既无设计变更，也不办理现场签证，到结算时往往发生补签证困难，引起纠纷。需要组织人员专门跟踪办理签证，在规定和合同约定的期限内办理完成。

3）不规范的签证。现场签证一般情况下需要业主、监理、施工单位三方共同签字，盖章才能生效，缺少任何一方都属于不规范的签证，不能作为结算的依据。需要组织人员专门跟踪办理，还需要注意签章内容，签字人员需要是合同约定的人员，所盖章是有效力的“公章”，并非所谓的资料章等。

3.9.3　生产经理如何组织抢付款节点

（1）工程款是施工单位主要的资金来源，是保障公司和项目正常运营的基础条件，工程款支付的早晚和正常与否关系到公司及项目的整体正常经营，对合理调度资金，确保工程进度，准确结清债权债务关系等起着决定性的作用。所以，节点款支付需要管理层引起足够的重视。

（2）工程款支付情况一般为按月结算、分段结算、竣工后一次结算、双方约定的其他结算方式。为保障抢付款节点现场需要采取以下措施：

1）组织合同预算人员根据工程合同及相关协议，梳理出能够付款的节点：如基础 0m 处，主体封顶等及某材料设备到场的数量，或者构件加工完成量等。

2）根据项目和经营目标对节点工期进行倒排，明确管理目标。将管理目标对项目管理团队和分包单位进行交底，统一思想意识，使大家的目标一致，见图 3.9-4。

图 3.9-4　工期计划交底

3）对需要抢付款的节点的单体所需的人员、物资、机械、材料提前准备，优先保供，以确保抢付款工程能在保证质量的前提下完成节点，见图 3.9-5。

图 3.9-5　抢付款冬期施工措施保障

4）对需要抢付款的节点的单体管理靠前指挥、提级管理，需要解决的问题不隔夜，及时处理，如工程设计疑问回复、现场验收整改、人员安排等领导亲自跟踪解决，防止延误时间。

5）抢付款时现场投入人员、机械设备较多，存在交叉作业等不安全的因素较正常施工更多，通过对作业人员站班教育交底、管理人员加大对现场的检查等措施确保施工现场安全。

6）关于资料、预算商务、财务等部门的准备。

①针对需要抢付款的节点的单体，提前安排资料部门准备有关资料，如设备材料的合格证、检验资料等，避免因为资料的完善性不足影响付款。

②提前安排预算、商务部门按计划节点准备预算资料，待实体工程完成时报监理单位、建设单位进行审核，项目领导对签字审核流程进行跟踪，如有问题及时处理。

③目前，在申请付款时需要开具发票然后才能付款，相关财务资料的准备工作也需要同步完善。

3.9.4　生产经理必懂的可以索赔项

工程索赔是指在合同履行过程中，对于并非施工单位自己的过错，而是应由建设方承担责任的情况造成的实际损失，向建设方提出经济补偿和时间补偿或者经济、时间综合补偿的要求。如某项目由于建设单位设备供应不及时，致使人员、机械闲置，造成窝工损失，这就可以同时对费用和工期进行综合索赔。

3.9.5　生产经理必懂的索赔依据

（1）设计变更。

（2）地质条件变化。

（3）工程洽商。

（4）签证。

（5）工作联系单（特殊要求）。

（6）招标文件、施工合同文本及附件、补充协议、施工现场的各类签认记录、经认可的施工进度计划书、工程图纸及技术规范等。

（7）双方往来的信件、邮件及各种会议、会谈纪要。

（8）施工进度计划和实际施工进度记录、施工现场的有关文件（施工记录、备忘录、施工月报、施工日志、监理日志等）及工程照片。

（9）气象资料、工程检查验收报告和各种技术鉴定报告、工程中送停电、送停水、道路开通和封闭的记录和证明。

（10）国家有关法律、法令、政策性文件。

（11）建设单位或者工程师签认的签证。

（12）工程核算资料、财务报告、财务凭证等。

（13）各种验收报告和技术鉴定。

（14）工程有关的图片和录像。

（15）备忘录，对工程师或业主的口头和电话指示应随时书面记录，并在规定时间内请给予书面确认。

（16）投标前发包人提供的现场资料和参考资料。

（17）其他，如官方发布的实时物价指数、汇率、规定等。

3.10　生产管理工作

3.10.1　作为生产经理必须知道的管理目标

（1）进度目标：指项目实施阶段的进度控制。控制的目的是：通过采用控制措施，确保项目能在合同约定的时间内交付或者移交给建设单位。

（2）质量目标：组织参加施工的分包单位或班组，按合同、国家标准进行建设施工，确保施工质量符合要求。

（3）成本目标：针对施工单位的成本控制，通过多措施控制，确保成本投入在成本目标范围内，并尽量降低投入成本。如由于公司战略计划等原因明确知道某个单体的预算成本将大于目标成本，将考虑尽量降低成本，把损失降低到最低。

（4）安全目标：根据《中华人民共和国安全生产法》的管生产必须管安全、全员安全生产责任制等要求，为实现企业、项目安全生产目标，应将总目标分解到项目各职能部门和专业分包或班组，做到横向到边，纵向到底，纵横交错，形成网络。把企业和项目的目标由上而下按管理层次分解到各部门、专业分包、班组直到每个职工，实现多层次安全目标体系，确保项目安全目标的实现，见图 3.10-1。

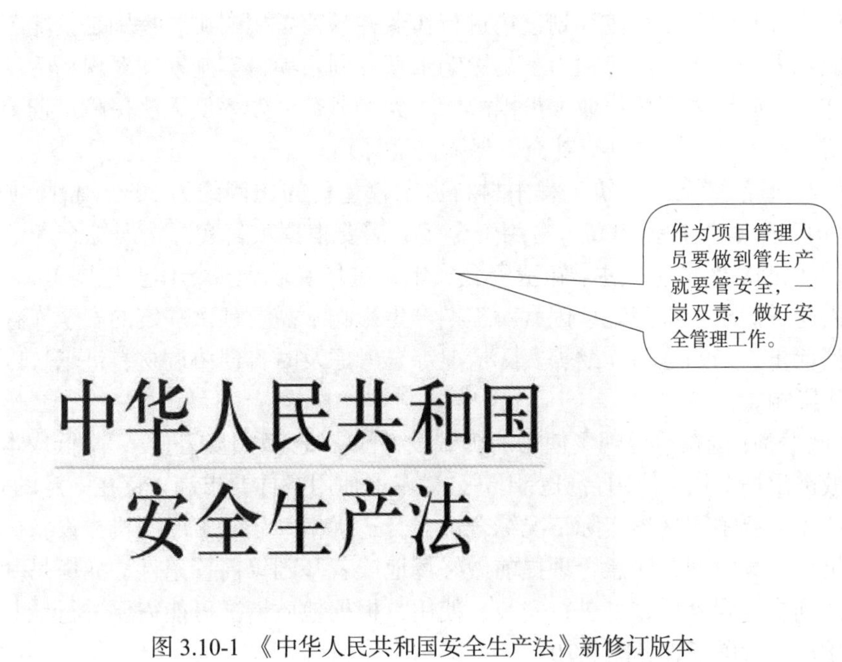

作为项目管理人员要做到管生产就要管安全，一岗双责，做好安全管理工作。

中华人民共和国
安全生产法

图 3.10-1 《中华人民共和国安全生产法》新修订版本

3.10.2　项目上的风险管理

项目实施情况复杂，不可控的风险因素较多，为做好风险管理需要对进度、质量、成本、安全等有关的风险进行动态管理，进行识别、分析、控制、跟踪与监测。

1）风险识别：风险识别包括分析风险的来源、产生的条件、风险的特征、哪些风险影响项目，如发现工程急需材料由于供货商原因导致货物未及时发出，识别出由于材料原因可能会延误工期。

2）风险分析：涉及对风险及风险的相互作用的评估，如由于未到场的工程材料是关键节点所使用的材料，会对工期产生影响。

3）风险控制：针对风险分析的结果，为降低项目风险的负面效应而制订策略和采取技术手段的过程，如通过对场内已有材料库存进行盘点将非关键节点的施工任务停下，使所有资源满足关键工作施工，确保工期不延误。

4）风险跟踪与监测：目的有三，一是监视风险的状况；二是监测风险的对策是否有效，监测机制是否有效运行；三是不断识别新的风险制订对策。定期（实时）关注项目的进度、质量、成本、安全等有关的风险，进行跟踪与监测。

3.10.3 超前考虑，预控工作，生产经理要做什么

项目管理是复杂、情况多样的，为更好地推动项目管理的各项工作，根据工程合同及协议、建设单位要求和管理制度、现场地理环境、公司管理经营理念、项目实际情况，梳理项目工作的难点、复杂点，综合考虑现场人、材、机、环境、资金等各项资源和条件，做到心中有数，超前考虑，提前预控，及时纠偏。

1）劳动力：随着人口老龄化及社会进步，从事建设施工人员日益减少，技能水平高、专业水平过硬和服从管理的劳动力更少。从签订合同时根据项目工程量、工期计划提前联系组织分包单位和作业班组按计划进场进行作业并预留备用资源，特别是技能工种、专业性强的技能工人，防止出现劳动力不足影响工期计划。项目实施期间对现场劳动力情况进行分析统计，如原计划到场作业人员因故无法到场或劳动效率低无法保障工期要求，此时就可以运用备用劳动力资源进行补充以保障进度计划。

2）材料：通常情况下建筑工程中材料占工程造价的比例约为60%（根据项目实际情况决定），由于采购材料费用高，占用资金多，需要根据项目实际情况综合考虑材料的进场时间、进场批次及数量（过早花费资金成本，进场晚耽误现场作业进度）。为避免防止未来物资供应或需求的不确定性因素对工期产生影响，需要预留一定的安全库存。根据工期、材料消耗量、采购运输周期等实际情况综合考虑及时督促协调材料进场，以确保工期不受材料所影响。

3）机械设备：选择适合现场使用的机械设备能提高工程施工进度，降低成本费用。由于工程机械进出场费用、使用台班费用高，对场地使用条件要求高，存在一定的安全隐患，针对机械使用需要根据现场实际情况综合选择合适规格型号、工况的机械设备。根据进度计划安排机械进场时间，注意合理提前做好场地或者基础等前置条件，如塔吊基础需要提前现浇，达到规定强度后方可进行安装、使用，根据地质情况可能需要进行地基处理，就需要更深化地去考虑了，见图3.10-2。

根据工期和现场工作安排等实际情况合理协调是否补充其他辅助机械进场，以确保工期不受机械短缺所影响，如工期紧张，为提高吊装效率，采用增加新的吊装机械、双机抬吊等方法，开辟新的作业面，图3.10-3、图3.10-4。

根据《塔式起重机混凝土基础工程技术标准》JGJ/T 187 要求安装塔吊时基础混凝土应达到设计强度的 80% 以上，塔吊运行使用时基础混凝土强度应达到设计强度的 100%。

图 3.10-2　塔吊基础

为满足工期要求，通过增加塔吊开辟工作面保障需求。

图 3.10-3　多台机械作业 1

为满足工期要求，通过增加塔吊双机抬吊的方式保障需求。

图 3.10-4　多台机械作业 2

4）现场管理：工程建设现场、天气、环境等各种情况复杂，存在较多的变数，需要生产经理根据时间情况针对拟建工程做好相应的超前考虑和预控工作，并随时根据实际情况进行动态调整。如项目在南方沿海一带进行施工就需要充分考虑到防洪抗台对现场的影响，需要提前准备防汛等应急物资，做好相应的预案措施，以减少现场的不利影响，见图 3.10-5。

图 3.10-5 雨期强降雨致使基坑泡水

3.10.4 生产经理必懂的几个穿插施工里程碑点

（1）穿插施工是一种快速施工组织方法，它是指在施工过程中，根据项目特点把室内和室外、底层和楼层部分的土建、水电和设备安装等各项工程结合起来，实行上下左右、前后内外、多工种多工序相互穿插、紧密衔接，同时进行施工作业。这种施工方式充分利用了空间和时间，尽量减少以至完全消除施工中的停歇现象，从而加快了施工进度，降低了成本。对于规模大、结构复杂、工序和专业繁多、工期紧的工程，穿插施工尤为必要和重要。

（2）目前，无论是房地产开发项目还是其他需要投产运营项目的建设方，从投资经营的角度都对工期的要求进一步提高，作为施工方为满足工期建设方计划要求及节约施工成本，一般在基础、主体、总图、外立面等关键节点进行穿插施工。为保障穿插施工能正常进行，需要对图纸、材料、施工人员、机械等做好准备。

1）基础施工：在基础施工过程中根据项目特点及实际情况，对设备基础预埋工艺管道，避免二次开挖等造成降低工效，从而影响工期和增加施工成本。为达到上述目标，需要根据项目特点组织各土建、电仪、机务各专业协同配合，根据埋深、标高等对预埋件、预埋管等进行施工，图 3.10-6 ~ 图 3.10-8。

图 3.10-6 水工专业的排水管道穿越设备基础预埋

图 3.10-7　设备基础同房屋框架基础有效穿插施工

图 3.10-8　未进行穿插施工

2）主体施工：主体施工工程规模大，现场交叉施工多，在这种情况下对现场穿插工作要求更高。根据项目情况在主体部分或全部完成后组织设备机务安装、水电暖安装、砌筑抹灰、装饰装修等工作的穿插，超高层建筑还应对外墙工程进行穿插。在穿插施工前需要考虑验收、检测等工作，如《建筑装饰装修工程质量验收标准》GB 50210 要求建筑装饰装修工程应在基体或基层的质量验收合格后施工，见图 3.10-9。

图 3.10-9　主体与幕墙穿插施工

在穿插工作组织时需要充分考虑交叉作业存在的安全风险、施工洞口设备吊装洞口预留、水箱等大型构件的预存等，同时需要采取措施做好成品保护，防止雨水破坏等，见图 3.10-10。

图 3.10-10　楼层断水措施

如某项目在穿插作业时由于未考虑大型设备的预存、预留工作导致设备无法安装，迫使对结构梁进行拆除，造成工期延误和经济损失，见图 3.10-11。

图 3.10-11　拆除结构梁

3）总图各项穿插：由于施工现场作业面狭窄，临时堆场、机械等对场地的占用，为满足建设单位对进度的需求，施工中应用穿插施工，结合永久道路，地下给水排水、消防、暖通、燃气管道等，在项目前期或适当时间穿插完成，节约工期，营造好的现场环境。大型工业或者复杂大型商业项目涉及的专业更多，需要组织各专业根据埋深、工艺、是否带压、系统调试投运时间、施工周期等综合考虑具体开工时间。地下施工完成后就可以根据现场实际情况进行正式道路、绿化景观施工，保障工期建设要求，见图 3.10-12。

图 3.10-12　复杂的管网施工

3.10.5　生产经理如何做好创优工作

开展工程创优工作，有利于提高工程质量，促进行业发展。工程创优工作是企业工作中的主要组成部分，建精品、创品牌是企业提高工程质量，争取市场份额，扩大经营的手段之一，也是最能体现企业施工水平和管理水平的活动之一。工程创优工作是一个系统、全面的工作，是以提高工程质量、建筑精品工程为目的，不能为了创优而“创优”。

1. 明确目标

首先要明白创什么优，达到什么层次。创优的要求一般是业主方在工程招标文件和工程合同中约定的（也有施工单位提出），前者为保证工程质量，后者为提高公司影响力，还有一些特殊工程或有特别意义的项目，原则上也是需要创优的。在创优活动正式实施前，由创优团队商讨确定创优主控方向，如要创“结构海河杯”，就需要在工程结构质量上下功夫；要创“鲁班奖”，就要在保证工程整体质量的前提下，汲取一些新颖、奇妙的施工工艺……弄清了主控方向，就避免了盲目创优，造成时间和经济上不必要的浪费，可以集中精力做好创优项目的工作。参与实施过程的主要力量是施工单位的项目团队，毫无疑问地，创优就要投入，创优等级越高，投入就越大，先不说“国优工程”“鲁班奖工程”，就拿四川省地方创优奖项来说，“天府杯金奖”和“天府杯银奖”等级越高，所包含的必备条件就越多，如房建工程应是获四川省结构优质工程 QC 成果、项目成果、文明工地等，这些都是需要投入时间、费用、大量资源来达到的，见图 3.10-13。

2. 组织机构

配置好的管理团队，成立小组，配备一个有能力、有魄力的项目班子，严格落实策划：过硬的管理团体，高水平的施工队伍是精品工程的有力保障，需要公司大力支持。工程开工前，根据工程规模、特点，公司从所有专业技术人员中，挑选精兵强将，组成一个精干高效、战斗力强的项目管理团队。在公司分包平台库中选择技术全面、经验丰富、专业技能过硬的分包单位和作业班组，组成一支精锐强干的作业队伍，从组织机构上加强保障。项目经理部设立各分工组，如工程技术组、质量安全组、测量放线组和材料检验组，根据内部分工还应考虑进一步划分为现场组和资料组等，项目团队应能及时调整、填补，以保证活动的高效性，做到事半功倍。项目管理团队在项目领导班子的领导下开展工作，对管理团队在有需要的时刻给予关键的帮助，进行有效的协调配合，才能保证创优活动顺利进行。

图 3.10-13　国家优质工程奖

3. 统一思想和制度约束

创优意识的强弱决定着整个创优活动的好坏，因为在整个创优活动中，创优的成果只有在最后的评审阶段才能有体现、有比较，在创优过程中就更加需要强烈的创优意识来指导创优活动。而创优活动不是短期的，它至少贯穿某个施工阶段，甚至整个工程，甚至与前后几个工程都有关系，所以如何在较长时间内保持创优意识，是创优活动成功的必备条件。整个创优过程，项目领导的责任很重大，因为创优不是一个人的事。然而，现在的创优已逐渐演变成某个人的工作了，小组、团队等更多的只是挂名，主要原因就是项目领导不重视，虽然明白有创优任务，但总是拖到最后交给某个人去做，时间紧张，个人思路不够宽阔，资源不足，最终导致了创优质量不高，工程亮点不突出等现象。而组长的首要任务，就是让组员保持高度的创优热情；其次要积极进行组织协调工作，进行详细的策划，合理分配任务和资源；最后，将正常施工任务和创优活动的位置摆好，不可只顾正常施工，将创优活动甩到最后，也不可只将创优项目搞得风风火火，而其他正常施工活动就敷衍了事。

4. 各方沟通

工程开工前，与建设、监理、设计以及分包单位做好沟通，达成共识，同心协力，共创优质，特别是分包单位，由于专业工种的限制，总包不一定有技术力量监控分包工程质量，所以与分包单位在创优目标、质量要求方面的沟通至关重要。设计单位在相关资料的收集、整理、签字、盖章方面要有所作为，如图纸会审、设计变更等资料的注册章、出图章等需要设计配合；现场竣工验收后，评优检查、设备的维护保养需要甲方和物业单位的配合等，有了相关单位的全力配合，工程创优工作才能得以顺利进行。

5. 策划

根据项目特点做好策划工作：一个全面、细致、精准、高标准的策划就是一个良好的开端。从技术方案的准备到工程实体质量的控制，从施工资料的收集整理到申报资料的准备，资金资源的落实都需要一个好的策划。策划主要注意的问题是：①方案、技术交底：根据工程特点，全部、细致地做好所有方案和交底，不能缺项。方案和交底的内容齐全、切合实际、针对性强，论证、审批等签字手续齐全。②人员的组成和分工：工程创优是贯穿于整个施工过程的，为了确保整个过程顺利实施并达到目标要求，按照创优目标的不同，确定人数的多少和技术力量的配备。以鲁班奖为例，创优小组一般包括现场组和资料组，无论现场组还是资料组，又分为土建、电气、水暖三个小组，并制定小组的工作计划、工作纪律、阶段性目标等。③资金计划：打造精品工程需要人力、物力的投入，根据创优目标的不同、工程规模的不同，预留创优资金，专款专用。工程创优所发生的费用，可以计入项目成本。

6. 实施：抓好过程落实

（1）现场管理

①无论是哪一道工序，施工前都要做样板，必须落实好样板引路，并从样板施工的过程中，发现问题，总结经验，确保在正式施工时一步到位。如要将创优目标及标准及时普及，要整个项目团队，包括下属施工队伍，尽早树立创优意识。此外，可通过设立样板间、规范施工工艺等方式加以强调巩固。②施工过程中的每个环节都要做到明确创优目标要求，每个细节都做到精细施工，起点一定要高，绝不能降低了标准，该方的方、该圆的圆，该通线的一定要通线，一般的创优标准都会高于国家标准，如混凝土墙面平整度，国家验收规范允许偏差为 8mm，结构海河杯标准为 5mm。特别是在屋面、地下室、公共走道等部位，更应该加强管理，不留任何遗憾。明确创优目标首先要熟悉各项创优的标准，标准明确了，施工过程就会有依有据，同时明确了施工过程中的侧重点。③施工中大量采用住建部推广的“四新”技术，通过“四新”应用，提高质量、节约资金。项目技术班子还要多开展 QC 活动，不仅质量创优，技术也要创新，见图 3.10-14。

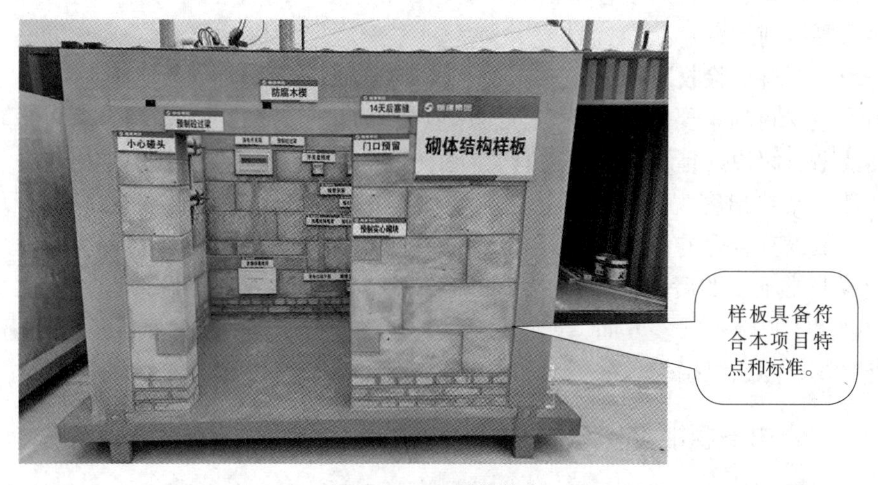

图 3.10-14　样板先行

（2）内业资料

①做好资料的收集和整理工作。无论是工程竣工验收还是工程评优，都离不开查验资料，要把资料的重要性提升到和工程质量一样重要的位置，为工程的竣工验收、档案保存、优质工程申报和复查奠定坚实的基础。作为总包单位，施工过程中，除了收集整理好总包自己的资料，还要督促分包单位的资料也要一并收集齐全，且必须统一标准，定期检查验收，发现偏差，及时纠正。收集文字资料的同时，还应该收集音像资料，特别是“四新”技术的应用方面，重点难点施工部位，工程亮点等均应保留照片或录像资料。在材料的检验方面，室内建筑材料除了物理性能检验，还应该进行放射性检测。如平时施工过程中要有采集意识，对于施工关键点要多关注，联系创优内容要求进行采集，尽可能多地收集一手资料，如照片、视频、操作顺序等，因为建筑工程是不可逆的，一旦完工就不可更改。创优过程经常出现这种情况，在后期编纂资料时，需要一张具有代表性的图片来说明问题，可施工过程中却没有拍到，语言说明又说不清楚，将会大大影响创优成果的体现。所以，一定要做好前期策划工作，来明确各项分工的具体工作，保证创优成果的完整性、逻辑性。

②创优材料整理、备份：材料编纂员的工作量大，因为他不仅要从大量的信息、复杂的数据统计中找出需要的内容，还要注意创优材料的处理、备案。我们常看到这种情况，前面的内容用到过，到了后面再想用，相应材料却找不到了；相应盖章文件只做了一份，有其他需要时还要重新做；电脑发生故障，文件没有备份导致所有努力付诸东流……这些情况会大大增加创优的工作量，甚至有些损失是不可挽回的。所以，创优过程中需要注意，创优材料要随时进行归纳整理，如一些照片，相应证明材料一定要通过扫描、复印等方式进行备份，创优主要文件要定期上传到网络做好备份。

7. 检查、过程管控

①创优活动要随时检查，对管理团队和分包人员通过召开会议、交底、培训等，明确管理的目标和奖惩措施。在开工前制定本项目创优各方面的管理制度，现场文明施工管理制度、质量管理制度等，如分包单位经培训后施工质量还无法满足需求，需对其进行退场处理。②创优活动要根据工程进展情况进行实时性调整，因为某些前期预定的创优点，会在施工过程中被替代，所以创优活动也要不断改进。此外，还要定期开展创优会议，及时了解创优方向和动态，否则很容易钻进死胡同。并且要及时关注相关文件的内容，对于一些新的要求要特别注意。

8. 现场、资料、验收准备

各项汇报材料的重要性不低于工程实体质量，如五分钟的DVD是工程全部信息的载体，画面清晰，解说词精练，速度适宜，音乐声柔和，能够向评委非常清楚地展示工程质量特色，让评委给出客观公正的评选。特别要提醒的是，DVD制作的版本不要太高也不要太低，太低没有合适的设备播放，太高很多软件（或）设备打不开，无法播放，将对评优工作造成非常不利的后果，送往北京的DVD一定要试播没有问题才可以往上送。其实鲁班奖的创优工作牵扯很多方面，如：前期策划、过程控制、资料收集、逐级评优和申报、现场检查路线、专家组接待、汇报会和总结会的安排等，一时也难总结完全。

3.10.6　公司各职能部室来工地检查前的准备工作

（1）公司职能部门到项目工地检查通常是对项目的施工进度、工程质量、安全管理、内业资料、成本控制等各项工作进行检查。除了做好现场和办公区域的安全文明施工和卫生等基础工作外，还要根据检查组的意图和目的有根据地进行准备，如对安全方面的检查做好现场的文明施工、现场反违章管理、特种作业人员持证上岗等，内业资料的特种设备检测验收资料的准备、安全教育培训资料等提前整理归档，便于查阅，配合做好检查。

（2）面对检查，对于提出项目工作做得不好的地方进行沟通，了解自身不足之处并进行改正，对于管理和技术上的难点、复杂问题寻求支持、帮助，提升整改项目的管理水平。通过当面沟通交流对日常工作中难以推动的问题进行有效探讨，寻求支持，便于后续工作的开展，见图3.10-15。

在检查中总结经验、虚心请教，多沟通，补充自己的短板。

图3.10-15　职能部门到项目工地检查

3.10.7　如何做好劳务及班组履约管控

（1）做好劳务及班组的选择，在公司分包库中根据评分及以往项目合作的评价及项目实际特点选择战斗力、内部技术和管理水平、履约、综合实力等较强及有类似项目经验、服从管理的劳务及班组队伍。

（2）在和劳务及班组队伍签订合同及进场协议时明确约定公司、项目建设单位对本项目安全、质量、进度方面的责任，明确违约责任及奖惩。为便于管理要求劳务及班组队伍组建自己的管理团队，上报明确负责的人员名单、职位、职责、工作授予权限及联系方式等，避免出现工作中劳务及班组队伍管理人员相互推诿的情况降低工作效率。

（3）劳务及班组队伍安全、质量入场培训学习时，对其管理人员及作业人员进行意识提升，宣贯本项目建设单位、项目部对安全、质量、进度方面的要求和管理及奖惩制度，对过程管控的措施要求做到有依据、有出处。如本项目对进入现场作业人员要求必须穿劳保鞋，登高必须佩戴五点式安全带，使其人员了解本项目实施的具体要求，见图3.10-16。

（4）工程施工具有周期长、参建单位多、工程资料复杂、文件信息重要、时效性强、涉及经济价值大等特性，为便于管理和避免产生不必要的纠纷，在与劳务及班组队伍进行信息传递和收发文件时要求有授权委托的人员进行领取，并进行文件登记归档。如在召开工程会议、洽商时及时做好会议纪要、工程联系函件、设计变更等重要文件，见图3.10-17。

利用安全月、质量月、培训交底等各种形象的活动提升全员意识。

图 3.10-16　安全月活动

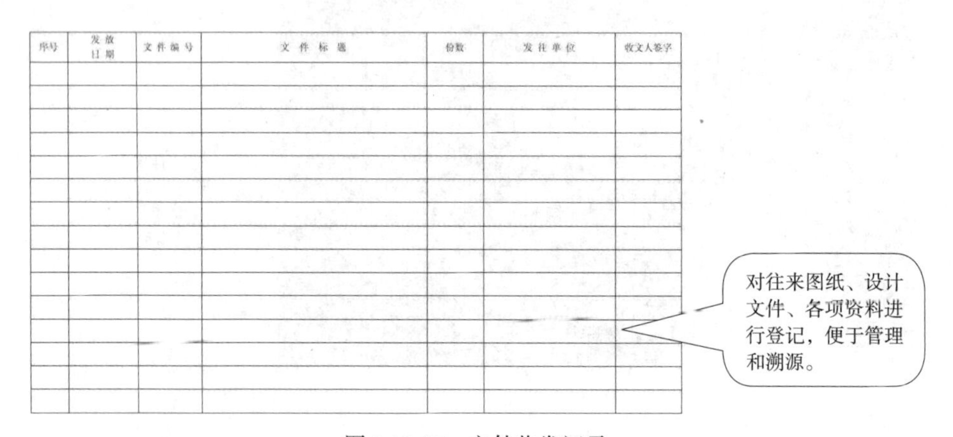

序号	发放日期	文件编号	文件标题	份数	发往单位	收文人签字

图 3.10-17　文件收发记录

（5）根据工期要求在上报进度计划前让参建的劳务及班组队伍进行书面确认，使其明确知道自己负责区域的工期要求，防止出现扯皮等现象。

（6）项目施工周期长、工程量大，只要保障了周、月计划或形象进度节点方可保障项目最终的履约，要求对劳务及班组队伍根据工期计划要求上报周、月度施工计划、劳动力计划等投入计划（签字盖章）。对其计划的可行性进行审核并严格落实到位。对到场后的队伍工作效率是否能满足预定计划、施工质量能否满足要求、安全文明施工意识等进行长期动态跟踪并预警，如无法满足需求等时将对其采取约谈要求增加作业人员、更换劳务及班组队伍等措施，以保证整个项目能完成履约。

（7）为整个项目能完成履约，要求劳务及班组队伍的人员、机械等的进出场履行审批手续，避免管理失控影响整体计划。

3.10.8　生产经理如何做好甲指分包进场管理工作

（1）甲指分包的存在形式就是实际上的甲方直接发包，但操作上却是按照甲方指定分包的方式执行的。通常在项目的分部、分项工程中或机电、幕墙、精装修等专业，由业主方直接发包或指定分包。分包合同一般是由业主与分包单位直接签订，对各分包单位的工程款项也由业主直接支付。施工总承包单位只是收取相应的管理费，对分包单位作出相应的管理和服务，由于合同及付款的特性就导致甲指分包的管理难度增加。

（2）由于甲指分包单位合同及付款是与建设单位签订的，就需要和建设单位、项目部、甲指分包单位三方协调，制订相应措施：

1）就要求业主大力支持施工总承包单位管理甲指分包单位。

2）要求签订总承包单位、甲方、甲指分包单位三方协议。

3）应向甲指分包单位公布本企业、本施工现场安全生产规章制度，核查其安全生产保证体系和规章制度，对安全生产实施监督管理。

4）在安排甲指分包单位工作时，针对其施工内容、工艺要求，以书面形式向其施工负责人进行安全技术交底，交底由双方负责人和安技人员签字备案。施工中监督甲指分包单位按交底内容实施。

5）对甲指分包单位施工工序，操作岗位的安全行为进行日常监督检查，纠正违章指挥和违章作业，发现严重违章违纪和事故隐患，立即责令停工，监督整改并按双方商定的管理办法进行处理，严重者要求甲方中止合同，清退出场，所造成的一切经济损失，由其承担。

（3）对甲指分包的现场管理、进度计划、安全文明施工、质量管理等措施：

1）现场管理：

①甲指分包队管理人员进场时须与总包专业工长举行见面会。

②甲指分包单位进场时须向总包单位上报进场劳务、材料、机械设备的进场计划。

③甲指分包单位的代表和专业技术负责人不得随意更换，在施工过程中不得擅自离场，如有特殊情况需提前征得总包专业负责人同意。

④总包单位有权更换认为不称职的甲指分包单位代表和专业技术负责人，甲指分包单位必须无条件接受并重新委派经由总包单位认可的甲指分包单位代表和专业技术负责人，但甲指分包单位的履约责任不能免除。

⑤甲指分包单位因现场管理不当引起有关部门处罚的，由甲指分包单位承担全部责任及损失。

⑥总包单位根据工程实施进展情况，以书面形式向甲指分包单位发出的现场管理要求，甲指分包单位应遵照执行。

⑦甲指分包单位施工期间，每一项施工任务完成并自检合格后，须报总包单位专业工长验收，验收合格后方可进行下道工序施工。

⑧如果总包单位认为有必要对工程或其中任何部分的形式、质量或数量作出变更，甲指分包单位应遵照执行。

⑨无总包单位发出的书面指令，甲指分包单位不得作出任何工程变更，因甲指分包单位擅自变更设计发生的费用和由此导致总包单位的直接损失，由甲指分包单位承担，延误的工期不予顺延。

2）进度计划管理：

①甲指分包单位提交的工程详尽施工组织设计和施工进度计划不应对总包单位整体施工组织设计和施工进度计划进行实质性变动，而是对其进一步细化。总包单位认为必要的，有权要求甲指分包单位随时提交关于施工组织设计和施工进度计划的任何说明或文件，甲

指分包单位应按照要求提交。

②甲指分包单位应在合同履行期间，按照总包单位要求的时间间隔和内容，及时提交工程的进度报告与进度图片，记录工程的每日进展或阶段进展。

③甲指分包单位必须按总包单位批准确认后的安全质量进度计划组织施工，并接受总包单位监督和检查，无论何种原因，导致工程实际进度滞后于已经确认的进度计划时，甲指分包单位应主动采取措施予以补救，确保合同约定的主要节点工期和竣工日期不变。如甲指分包单位不主动采取措施对已滞后的工期进行补救时，总包单位有权另行委派其他甲指分包单位完成全部工程或未完成的工程。

3）安全质量管理：

①根据项目实际的工程质量目标，要求各分项工程质量均按照要求的质量标准施工，并严格按照项目要求进行施工，质量验收严格按照“三检制度”要求。

②甲指分包单位必须加强员工的质量教育，教育内容、教育记录报总包确认，牢固树立创优意识。

③本项目质量管理原则：分级控制，分段监督，统一申报。

④甲指分包单位必须严格控制施工过程质量，不得隐瞒施工质量问题，任何质量问题的修复、纠偏等都必须得到项目工程部的批准。

3.11　生产经理如何用好项目管理人员

3.11.1　生产经理如何用好工长

（1）项目部工长是对现场管理的具体实施、执行者，是生产经理管理现场的助手，一个好的工长可以把现场人员、机械、物资、文明施工等安排得井然有序，提高整个项目的管理水平。

（2）项目特点、工长的工作经验、责任心、管理水平等各有不同，需要根据实际情况给予不同的安排，如某个单位工程工艺复杂，工程量大，施工难度高，这就需要考虑安排工作经验丰富的工长负责管理。

（3）工长每天面临的工作内容繁琐，工作量大，还需要同作业班组、机械操作司机、项目电工等辅助人员对接并对其安排工作，因此项目生产经理需要在工作中给予信任与支持。在现场或工程会议等公众场合中发现工长在工作中存在不足或错误的地方也需要给予支持，帮助工长树立威信，其能更好地进行项目管理工作，见图 3.11-1。

（4）按企业内部分工要求，督促工长制订材料、机械计划，在项目实施重难点部位时对工长工作进行指导提醒，对存在的问题及时沟通。

（5）由于项目施工的特殊性及工长作为一线的基础管理者，经常会面临加班等情况，生产经理在后勤保障等方面需要做好安排，如工长在现场加班无法按时回食堂吃饭，安排后勤预留饭菜或者单独做等措施，使其能无后顾之忧。由于工长长期在现场指挥，较为辛苦，奖金、绩效等分配上优先给予考虑，做到劳有所得，调动其工作的积极性。

图 3.11-1　生产经理到现场帮助工长解决问题

3.11.2　生产经理如何用好安全人员

（1）配置合理数量的安全管理人员。由于建筑施工行业自身的特点，各类重大危险源是客观存在的，这就要求项目安全管理人员要有扎实的业务知识和较高的处理突发事件的能力。在项目安全人员配置中需要根据项目特性配置符合数量要求和适应专业的安全管理人员。

（2）给安全管理人员“减负”。安全工作内容复杂、任务繁重，除了现场日常安全检查迅速、培训交底等还有很多内业资料需要完成。往往项目还安排其他非专职安全管理人员工作职责范围内的零星工作，这样会影响安全管理人员的日常，生产经理需要对工作进行合理分配，让安全管理人员做好本职工作。

（3）给予安全管理人员相应支持。安全管理覆盖面广，涉及人员众多，由于安全管理工作需要对违章者进行制止、处罚等，被处理人员会产生不满等情绪，不利于管理。因此，项目生产经理在现场或工程会议等公众场合及工作中要给予安全管理人员支持，帮助安全管理人员树立威信，使其能更好地进行项目管理工作，见图 3.11-2。

图 3.11-2　生产经理深入现场支持安全管理人员进行现场安全检查

（4）调动安全管理人员积极性。由于安全管理工作需要长期地紧盯不懈，除了正常的工作开展外还需要和安全管理人员进行沟通，帮助解决工作中遇到的难点，使其能主动、积极地做好项目的安全管理工作。

（5）安全管理内业资料较多，同时也是上级单位检查的要点，需要协助和督促按要求收集整理完成，如特种设备作业人员持证记录、塔吊等特种设备的使用登记证办理等情况。现场安全管理工作是烦琐的、动态的，这就需要安全人员对现场巡视到位，不能有死角，对现场隐患及时排查。由于每天施工的作业项目不同，安全风险、危险源和危险性都是随之变化的。生产经理根据项目建设情况督促提醒安全管理人员哪些部位即将开展作业，要求对其重点检查及监护。

3.11.3 生产经理如何用好技术人员

（1）技术人员是项目技术管理的核心，是项目实施过程成功与否的关键。技术人员起着决定性的作用，所以为保障项目能顺利履约就需要适合本项目懂技术、懂管理的技术人员。

（2）由于建设工程设计、地域、执行标准、新技术的运用等特点，每个项目都不一致，就可能导致在项目实施过程中出现失误、错误等情况。因此，项目生产经理在现场或工程会议等公众场合及工作中要给予支持，项目实施过程中对重难点协助把关，帮助技术人员联系设计、劳务班组等进行协调处理，使其能更好地进行项目管理工作。

（3）根据项目特点、施工进度计划、危大工程清单等组织技术人员完成内业工作，组织施工前策划、进行图纸会审、编制物资请购计划、编制施工方案、组织安全技术交底、编制施工资料并完成闭环管理等。对重难点及易错的施工部位进行指导把关，定期不定期地进行沟通，对存在的问题及时帮助解决。

（4）深入现场：建设项目实体工程是在施工现场实施的，各种方案的选择及编制、工艺的确定都是需要到现场实际勘察才能确定的，需要技术人员充分了解现场后才能编制出具有实施性、能指导施工的方案和技术交底。由于现场施工一般是遍地开花，需要技术人员深入现场指导检查作业班组，生产经理对重难点及易错点指导把关，见图 3.11-3。

主持各项方案的编制，技术难点的攻关。

图 3.11-3　对现场技术员无法解决的技术问题，给予指导支持

3.12 与监理、甲方、质监等各方沟通工作

3.12.1 生产经理如何把握与监理等各方沟通的度

为保障项目能正常推进，需要和监理单位经常进行“求同和存异”有效的沟通。沟通

工作的前置条件是需要项目部把工作（进度、质量、安全、现场管理、资料等）的基础条件做好，初步方案计划好，让领导做选择题。

1）由于项目管理的特殊复杂性，可以适当借助监理单位的力量来达到管理的目标，但是需要根据情况决策，避免对项目及个人造成影响。

2）在和监理单位沟通时需要注意不要泄漏公司及项目的机密。

3）根据公司给予项目及个人被赋予的权限进行沟通，不得擅自和盲目地答应监理单位提出的超越本职权限的要求。由于监理单位模式等特点需要施工单位在生活、交通等方面给予协助的，应在权限内给予配合解决，以便于工作的开展。

4）根据项目实际情况和特点难点，争取监理单位对本项目的支持，如工程遇到的管理、技术等难点，事前和监理工程师沟通听取其意见，综合各方意见来进行处理，在实施时就会顺利很多。

3.12.2　生产经理如何把握与甲方等各方沟通的度

甲方和施工单位签订了工程合同，施工单位是为甲方服务的，为保障项目能正常推进，需要和甲方多沟通，以便于工作的开展。沟通工作的前置条件是需要项目部把工作（进度、质量、安全、现场管理、资料等）的基础条件做好，初步方案计划好，让领导做选择题。

1）施工单位部分目标是和甲方一致或相近的，如进度目标。为完成项目的管理目标可以多与甲方沟通，提出合理的、可行的建议，使其能降低施工难度，节约成本。

2）在和甲方单位沟通时需要注意不要泄漏公司及项目的机密，提出的建议和方案应是对公司有利的。在重要事项沟通上先进行非正式沟通，达成意向和共识后再以书面形式确认。

3）根据公司给予项目及个人被赋予的权限进行沟通，不得擅自和盲目地答应甲方提出的超越本职权限的要求。

3.12.3　生产经理对外交往方面把握的原则有哪些

施工单位在项目实施过程中由于业务工作需要，需要和项目所在地的住建、环保、应急管理局、市场监管、城市管理、派出所、交通警察、政府街道等部门进行工作对接。

1）了解工作流程：由于外部对接的多为政府职能部门，沟通工作的前置条件是需要项目部把工作的基础条件做好，提前了解哪些是需要部门负责具体办理的（如夜间施工许可，部分地区为生态环境部分批准，部分地区为住房城乡建设或者城市管理部门批准）。再进一步了解需要的具体资料等，做好基础准备工作后再进行沟通。

2）相互尊重：做好工程的本职工作就是对职能部门最大的支持，随着社会的发展进步，目前网络信息发达、民众维权意识提高，国家的各项标准及要求也显著提高。如在大气污染管控期间，项目部应按环保及住建部门的要求按预案做好污染防治工作，这样在与对方沟通对接时才能顺利进行，见图 3.12-1。

3）在和外部单位沟通时需要注意不要泄漏公司及项目参加各方的机密，提出的建议和方案需要是对公司、项目有利的。在重要事项上项目领导或建设单位领导带队上门先进行非正式拜访沟通，达成意向和共识后再以书面形式确认。

图 3.12-1　为贯彻落实环保要求，进行扬尘治理

3.13　组织各项验收工作

3.13.1　都有哪些验收

（1）按建设周期：三通一平的原始地貌（高程）、水、电、路移交验收、坐标（高程）控制桩、甲供材料及设备开箱验收、地基验槽、实体工程检测验收、节能性能验收、工程单机或联动试车验收、竣工预验收、竣工验收等，见图 3.13-1。

图 3.13-1　实体工程验收

（2）按工程质量：建筑工程质量验收分为单位工程、分部工程、分项工程和检验批的验收。

3.13.2　生产经理如何为验收工作作准备

工程验收是指在工程竣工之后，根据相关行业标准，对工程建设质量和成果进行评定的过程。由于验收程序复杂、时效性要求高、相关准备措施多，需要对验收工作做好准备。

1）验收程序：通常为自检、互检、交接检，工程验收完成后需施工班组、专职质量检查员等完成自检等工作后，方可报送监理进行验收。

2）参与人员（部门）：如地基验槽工作需要由施工单位做好准备后由建设单位或监理单位组织勘察单位、设计单位、施工单位的项目负责人或技术质量负责人共同检查验收，且地方质量监督管理部门也应到场。

3）验收时间（时效）：工程验收是严谨的，需要充分考虑到工程准备时间、参与验收人员到场时间等，做到有效衔接。如地基验槽时需要五方参加单位及地方质量监督部门到场，需要提前进行预约，便于各方提前准备，还需要在验收前完成地基开挖清理工作且不宜太早（防止雨水浸泡）。

4）资料准备：由于过程验收工作多为隐蔽工作，特点是涉及多方签字确认或者对工程造价影响的资料需要第一时间进行确认，防止事后产生纠纷，工程验收前应准备好。如地基验槽记录，五方验收主体及时对记录进行签证确认。

某项目在地基验槽时由于未准备验收资料，致使参与验收人员未在验收记录中签字（部分区域进行了地基处理）。后期由于政策原因导致项目停工缓建及人员变动，在办理资料移交和结算时由于资料原因，导致资料移交和结算迟迟无法办理完成，见图 3.13-2。

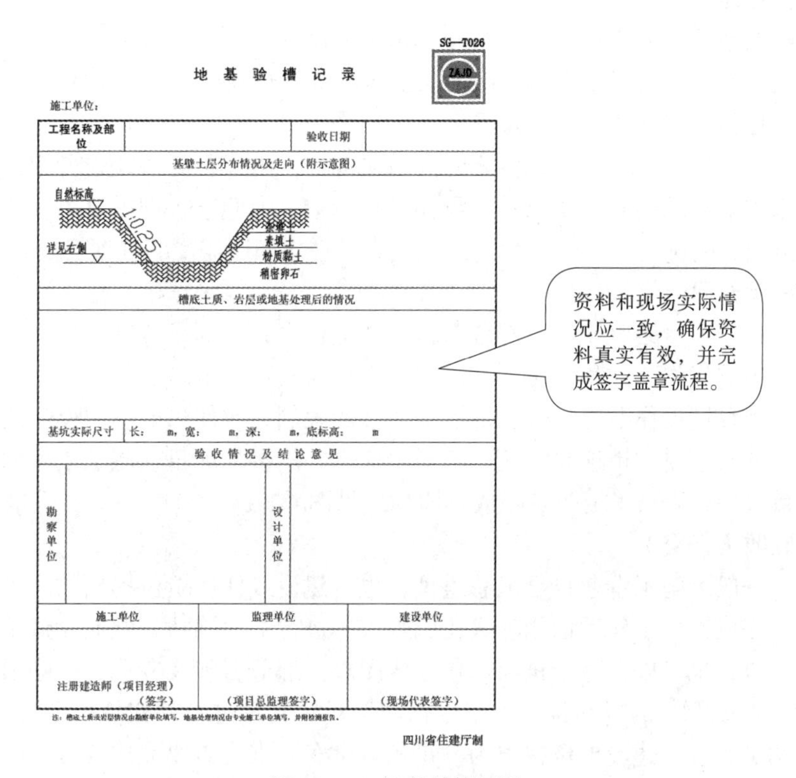

SG—T026

地　基　验　槽　记　录

施工单位：

工程名称及部位		验收日期	
基壁土层分布情况及走向（附示意图）			
自然标高　1:0.25　详见右侧　素填土　粉质黏土　稍密卵石			
槽底土质、岩层或地基处理后的情况			
基坑实际尺寸	长：　m，宽：　m，深：　m，底标高：　m		
验收情况及结论意见			
勘察单位		设计单位	
施工单位	监理单位	建设单位	
注册建造师（项目经理）（签字）	（项目总监理签字）	（现场代表签字）	

注：槽底土质或岩层情况由勘察单位填写，地基处理情况由专业施工单位填写，并附检测报告。

四川省住建厅制

图 3.13-2　地基验槽记录

5）工程实体及现场准备：现场检验验收需要提前准备好检验验收工作。如准备好检测仪器工具、焊口检验前的打磨处理及登高的脚手架准备。

第4章 4

项目收尾阶段生产经理工作重难点

4.1 销项计划包含哪些内容

1. 明确销项内容

建设工程的销项均处于项目收尾阶段，销项部位存在面广点多的情况，销项涉及的专业又较为复杂，为防止遗漏须将需要销项的工作内容编制到销项计划中去。

2. 销项工作的责任单位、责任人员

销项工作涉及的多专业、多标段之间的衔接部位，由于合同协议或者招标文件对部分工作的分界未作清晰的明确，所以导致需要进行销项。为便于管理需要组织合同部门、专业分包进行洽商，明确责任单位，为更好地提高管理效率还需要明确项目的责任人。

3. 明确销项时间

销项通常处于项目结束期间，部分项目面临交付等，特别是急需投运或者涉及无法再有机会进行处理的工作，这种情况下就需要根据项目实际情况，多与建设、调试单位等各方沟通。且有项目销项作业由于部位及其他条件的限制，致使只能利用夜间的“天窗”时间进行作业。如某项目，销项时间还影响项目成本，较多的项目在尾工销项期间耗用较多时间导致项目管理、人员工资等各项成本增加，见图 4.1-1。

4. 销项验收（移交）

销项工作一般为施工企业自己汇总整理，也有建设或使用单位提出的。验收确认是较为重要的，在完成销项工作后请销项人（验收人）进行书面确认，既能保障销项工作可以按时、按质完成，也可以使整个销项工作完成闭环。部分若涉及专业衔接的项目，在销项工作完成后可对该部分的成品保护、卫生保洁等日常管理进行移交（代保管）。如某电子设备间安装调试完成，建设单位提出为满足运行试车要求，需要完成装修、门锁修复处理等销项要求，施工单位完成销项并请建设单位验收后，办理了代保管移交书面手续，对其成品保护、日常卫生等进行了移交。这样既完成了销项要求，又减少了成品保护、日常管理等工作，见图 4.1-2。

图 4.1-1　销项施工

图 4.1-2　销项完成进入“代保管”

5. 销项管理

销项工作的部位分布广，涉及工种、外部因素复杂，不安全的因素多，这就需要管理团队在收尾时思想意识不能松懈。由于部位分布广，为保障销项计划能按时完成，需要督促项目部销项负责的人员对销项部位逐一进行检查，落实是否有人进行作业，所需的物资等是否能满足需求，同时对施工质量、文明施工等进行检查跟进，如有异常及时上报处置。由于销项部位通常在“高、深、狭”等不便于施工的部位，所涉及协调的工作较多，单靠作业队伍和班组无法进行协调，管理人员需要下沉到施工现场及时对相关问题进行协调。

销项工作处于建设和交付（生产运营）期间，存在新的不安全的因素较多，且一般作业人员无法准确辨识如触电、高温高压蒸汽、火灾、爆炸、机械伤害、中毒等非建设工程常见的不安全因素，作业人员长期作业思想上容易出现麻痹，管理人员数量也较正常施工时少，在这特殊期间需要对安全工作格外重视，如采取加强安全教育培训、落实安全技术交底、危险作业时开具工作票、加强监护等措施防止事故的发生。

如某项目已开始生产投运，在进行钢结构防腐销项处理时由于作业人员违章未按要求正确使用安全带，发生高处坠落事故致使该工人直接死亡。据事故调查，原因为现场作业前无管理人员进行安全技术交底，未设置专人监护。

4.2 如何组织人材机

1. 人员

由于销项工作分布散，涉及的工种专业多，通常情况下需要的技术工人比例较高，由于销项作业同一部位涉及好几个工种，为提升工作效率，降低人员成本，考虑使用“一专多能”的技能工人。销项工作分布散，不便于现场的管理，为管控人员费用成本，根据项目实际情况和成本可对某些销项的费用进行包干，以达到控制人力成本的目的。销项时对涉及起重吊装、焊接等特种设备作业人员的，需严格按要求执行。项目人员在场一天就会有各项费用发生，管理等各项资源消耗，应根据销项任务和计划合理安排人员进出场的时间。

2. 材料

工程销项期间材料物资的保障是销项实施的基础条件，在工程销项期间所涉及材料物资的种类、规格型号较多，容易存在漏报的情况，生产经理需对复杂节点的请购计划进行审核。

通常情况下销项时工程量均较小，所需要的数量较少，物资采购得太多会造成浪费，购买的物资数量不足再进行补充又会提高采保成本及影响销项的工期，需根据定额和实际情况考虑合理损耗来进行采购。材料的现场管理，销项部位较为分散，使用材料通常较少，为达到节约材料和保持施工现场文明，应要求限额领料，对销项完成部位的剩余材料进行清理回收，督促管理人员做好日常管理，见图 4.2-1。

图 4.2-1　材料浪费

3. 机械

销项施工的部位较为复杂，且现场主体建（构）筑物、管线等基本已施工完成，受道路场地等影响较大，这就需要对机械的管理工作进行仔细的深化考虑。

销项施工时优先考虑使用现场已有的永久机械设备，已有机械设备的操作使用一般是建设单位运营部门进行管理，积极联系建设单位帮助协调使用正式永久机械，以减少机械的租用等。（注：需要考虑合理安排人员施工，避开其他单位的使用高峰期，如夜间等空隙时间，并做好与建设单位管理人员、机械设备操作人员的沟通对接工作）

销项工作使用的机械设备应充分对比，根据市场情况合理地选择适合本项目的机械设备，如销项计划中有墙面及顶棚修复完善工作时，常规做法是采取搭设脚手架等方式。由于是零星修补，采取脚手架的方式费用成本高、工期耗费时间长，经了解可采用移动升降车等方式，既降低了施工成本，又保障了作业安全，见图 4.2-2。

图 4.2-2　登高车

销项施工通常在高处、悬空等不便于操作的施工部位，对现场场地各方面需仔细核实，避免机械到场后无法满足正常使用或出现安全事故，见图 4.2-3。

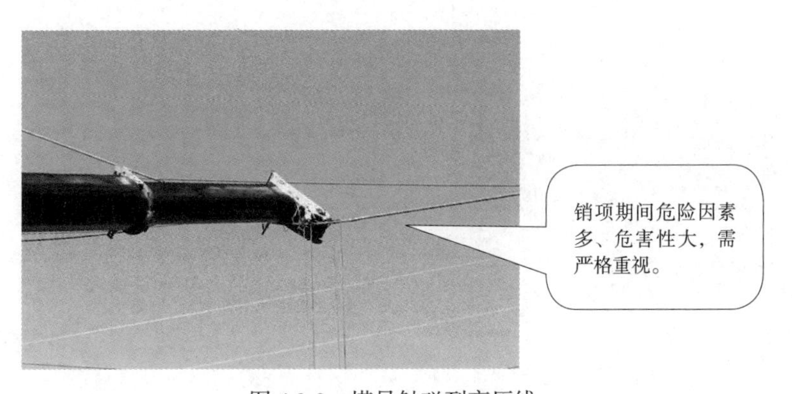

图 4.2-3　塔吊触碰到高压线

4.3 组织分包撤场

（1）组织专业分包撤场：根据现场进度及承包工作范围来决定撤场的时间，工程完成后尽早撤出，以减少各项成本的支出及管理风险。

（2）撤场管理：由于撤场涉及人员、物资、工程资料等多项事项，需相关事项交接和确认。应办理相关手续，经项目部各部门签字认可后方可撤场。

1）人员的管理：

①已退场人员，不得再进入施工现场，也不得在生活区留宿，同时取消其出入证权限，收回出入证、门禁卡等相关物品。

②生产经理督促分包结清撤场工人工资，根据公司相关制度收取《工人退场承诺书》，更新人员花名册及工人电子档案，若分包未一次性结清退场工人工资，在退场承诺书中要明确约定对于未结工资的处理情况。

2）分包撤场时生产经理协调物资管理部门对分包自带现场物资、工器具进行检查核实。

3）根据项目实际情况及合同约定，项目部组织技术及工程部门对撤场分包的工程资料进行核实确认，并办理交接手续，如存在相应问题应双方书面确认，并要求在规定时间整理汇总完成，不得影响整个项目的资料归档。

4）根据合同及相关协议约定，项目部组织技术、工程、商务部门对撤场分包完成工程的质量进行验收及完成工程形象、进度进行确认，并办理交接手续，如存在相应问题应双方书面确认，为工程结算作相应准备。

5）财务部门对撤场分包单位的考核、奖励、押金及保证金、水、电费等费用进行核实，数据应与分包单位书面确认完毕。

6）各部门核实确认手续办理完成后，经过项目部领导书面签字分包单位方可撤场。

第5章 5

生产经理如何自我成长

5.1 证书挂靠风险

建设施工行业通常挂靠的证书为建造师、监理工程师等执业资格证书，《注册建造师管理规定》《中华人民共和国注册监理工程师管理规定》均规定了不得允许他人以自己的名义从事执业活动；不得同时在两个或者两个以上单位受聘或者执业；不得涂改、倒卖、出租、出借或以其他形式非法转让资格证书、注册证书和执业印章等行为。

1. 安全、质量风险

安全、质量风险是最大且无法规避的风险，一旦引发安全、质量事故，其后果将不堪设想。因为我国工程实行的是项目经理终身制，如本人不在现场实际履职进行管理，且现场实际管理人员能力水平不足和责任心不强，那出现安全事故的概率将更大，实际备案的挂证人可能会替别人背了，承担相应的法律责任，见图5.1-1。

序号	责任人员	追究内容	落实情况
1	马*	建议由公安机关依法追究其刑事责任	2021年7月8日增城区检察院决定对其取保候审，现已进入法院起诉阶段
2	曾**	建议由公安机关依法追究其刑事责任	增城区人民法院对其以重大责任事故罪判处有期徒刑三年，缓刑三年六个月
3	任**	建议由公安机关依法追究其刑事责任	2021年4月14日增城区公安分局决定对其取保候审，现已进入法院起诉阶段
4	赵**	建议由公安机关依法追究其刑事责任	增城区人民法院对其以重大责任事故罪判处有期徒刑一年六个月，缓刑二年
5	沈**	建议由公安机关依法追究其刑事责任	增城区人民法院对其以重大责任事故罪判处有期徒刑一年六个月，缓刑二年
		由市住建部门依法报请上级注销其执业资质	广州市住房和城乡建设局已对沈国荣提请省厅报住房和城乡建设部注销其职业资质

证书挂靠出现安全事故的处罚。

图5.1-1　挂证出现安全事故及被处罚的案例

2. 违约风险

证书挂靠本是违法行为，与挂靠单位签订的挂靠协议也就属于无效合同，所约定的权益不受法律的保护。如挂靠企业出现了违约行为（如不按协议支付挂靠费用、不按协议规定来操作使用证书、不归还建造师注册证书、印章及变更注册拒不办理社保转出的风险），作为持证人员是属于弱势的个人，将无法保障自己的权益，可能出现“赔了夫人又折兵”的情况，见图 5.1-2。

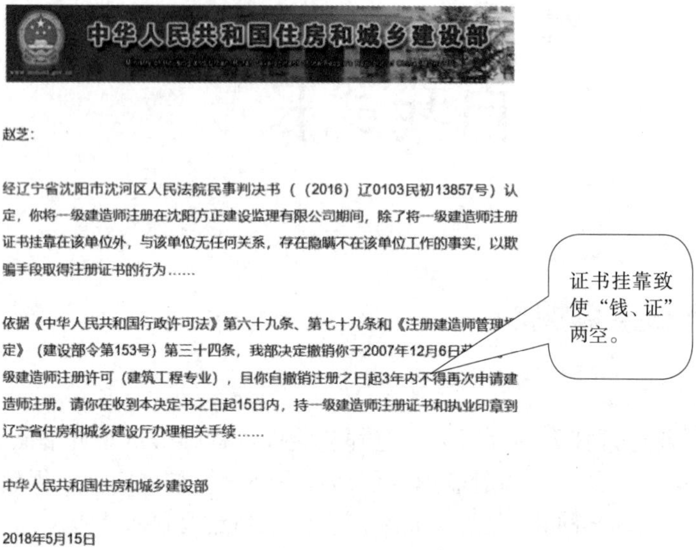

赵芝：

经辽宁省沈阳市沈河区人民法院民事判决书（（2016）辽0103民初13857号）认定，你将一级建造师注册在沈阳方正建设监理有限公司期间，除了将一级建造师注册证书挂靠在该单位外，与该单位无任何关系，存在隐瞒不在该单位工作的事实，以欺骗手段取得注册证书的行为……

依据《中华人民共和国行政许可法》第六十九条、第七十九条和《注册建造师管理规定》（建设部令第153号）第三十四条，我部决定撤销你于2007年12月6日获得的一级建造师注册许可（建筑工程专业），且你自撤销注册之日起3年内不得再次申请建造师注册。请你在收到本决定书之日起15日内，持一级建造师注册证书和执业印章到辽宁省住房和城乡建设厅办理相关手续……

中华人民共和国住房和城乡建设部

2018年5月15日

证书挂靠致使“钱、证”两空。

图 5.1-2　挂证违约风险

3. 证书风险

现在国家明令要求人员和证书保持人证合一，随着国家提升对证书挂靠的打击力度如“双随机”，和对监管技术的发展采取如“四库一平台”“全国社保联网”等措施，挂证行为随时将被监管单位发现，且将会把挂证行为通报挂证人所在单位，特别是对国有企业及事业单位的挂证人将得不偿失，见图 5.1-3。

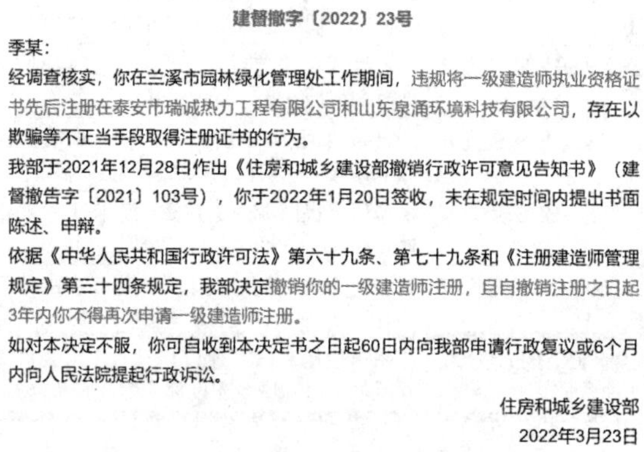

建督撤字〔2022〕23号

季某：

经调查核实，你在兰溪市园林绿化管理处工作期间，违规将一级建造师执业资格证书先后注册在泰安市瑞诚热力工程有限公司和山东泉涌环境科技有限公司，存在以欺骗等不正当手段取得注册证书的行为。

我部于2021年12月28日作出《住房和城乡建设部撤销行政许可意见告知书》（建督撤告字〔2021〕103号），你于2022年1月20日签收，未在规定时间内提出书面陈述、申辩。

依据《中华人民共和国行政许可法》第六十九条、第七十九条和《注册建造师管理规定》第三十四条规定，我部决定撤销你的一级建造师注册，且自撤销注册之日起3年内你不得再次申请一级建造师注册。

如对本决定不服，你可自收到本决定书之日起60日内向我部申请行政复议或6个月内向人民法院提起行政诉讼。

住房和城乡建设部

2022年3月23日

图 5.1-3　挂证被处罚通报

5.2　如何做好有效沟通

项目管理每天都会面临和单位同事、上级领导、分包单位、协作单位等方方面面的人士沟通，根据统计管理者 70% 的时间是花在进行沟通上的，70% 的问题是源于沟通不善。沟通需要能达到自己的目的，如沟通不好甚至会出现适得其反，所以有效的沟通很重要。

（1）沟通很难：

1）由于每个人拥有不同的专业背景、不同的成长环境、不同的职位、不同的视野，导致人们看待问题的角度、思考方式，以及对问题全面的把控都是不一样的，很明显的是不同行业及专业的人基本很难沟通。

2）语言传输过程是有损耗的。人们说出的每句话，都是先在大脑里，由具体描述内容转换成语言，再经过对方语言系统接收，大脑处理还原成具体内容。这个过程不可避免地会有损失。

3）人们容易进入以自我为中心的思考模式。这种模式有四种心态：

一是觉得对方是自己肚子里的蛔虫，就应该听懂，如果不懂就懒得沟通。

二是觉得自己讲得已经很清楚了，对方应该听懂。

三是“自尊心态或者自卑心态”，也就是别人不理他，他也不理别人，不屑于沟通。很多人是这种心态，不经过思考就把问题归咎于对方。

四是道德制高点，比如有人会说，自己什么都不图，就是想要公司好，或者说，自己就是想把事情做好，希望大家理解他。

（2）每个人都有自己的诉求，不能用出发点或者心理优越感来代替沟通本身，如果不能认识问题的本质，就没办法解决沟通能力不足的问题。

1）信息尽量透明，企业内部做到信息透明，最大的好处就是降低了沟通成本，比如项目部及时宣贯公司、建设单位等要求文件，及项目领导的决策意图，使得项目团队明确知道项目有关的信息，知道自己工作行动的方向。

2）多倾听，理解对方要表达的内容。看一个人会不会沟通，就看他打断别人的次数，以及他听人讲话的状态。很多人没有倾听能力，因为一个人的语言输入效率只占大脑的 20%，剩余的 80% 人们用来走神。因此，听别人讲话的人很多，但是拥有倾所能力的人很少，倾听是让你大脑高负荷运转，同时顺着主讲人的主线进入对方的世界，理解对方为什么而讲，这样的能力需要通过训练才能拥有。

3）表述时要把“细节描述”和“宏观概括”集合起来，要有框架描述，是指既要有战略意图的描述，也要有目标的拆解。不要用形容词，描述越具体、越清晰越好。

4）把沟通本身作为问题，不进行立场假设。每个人都有做事的动力，但是我们也要承认，人的理解能力有限的。我们不要轻易进入诛心论，要把注意力集中在沟通本身上。如工程人员水平高低各有不同，就更需要注重沟通，不能带着先入为主的观点进行判断。

5）沟通技巧可以不断提升。沟通的形式是沟通技巧的核心。你很难几行字就把问题讲清楚。因此，微信和邮件只能作为一种备忘手段。

6）面对面沟通最高效。语调、表情、身体动作都会在沟通中传达一些重要信息。重要的问题一定要面对面沟通，而且沟通之前要做好充足的准备，要带着问题来，并且做好记录。如工程进行过程中的例会等就需要做好记录，经各方签字确认后才能成为有效的会议纪要。

7）有反馈的沟通最有效，当你和别人沟通完要等到别人的反馈，这个反馈不是他们说：我听懂了，而是要把沟通内容重复一遍，或者看他所作的记录。

5.3　生产经理如何给自己和公司赚钱

（1）作为职场工作人员，工作的目的之一就是想多赚点钱，用于改善自己和家人的生活条件。从个人的角度出发赚钱的方式和渠道通常是工资、奖金及其他收入。

1）工资构成一般包括基本工资、项目补助、奖金及职称和证书补贴等，基本工资和项目补助为基础构成。奖金的数额是根据公司政策及项目管理的预期目标达到与否来决定的，为拿到奖金需要用最大的努力来完成项目目标。职称和证书补贴，需要有长期的战略规划，在满足报考条件时努力把执业资格证书考取到，如二级建造师、一级建造师等。职称等级证书在工作中收集为编写论文的素材及资料，并及时发表，根据工作经验积极探索发现能申报的发明专利、实用新型专利等用于评定职称的准备资料。

2）生产经理是懂技术、懂管理并持执业资格证书和中高级职称的复合型人才，在工作之余可以参与相关论证或招标投标评审、方案的审改及编写、论文及 QC 的审改、编写书籍等智力创作，来获取相应的报酬，见图 5.3-1。

利用自己的职称和专业知识获取合理报酬。

图 5.3-1　参与专家论证

（2）为公司赚钱，通常通过“开源”“节流”两个方面来进行。“开源”是在工程实施过程中根据合同、设计及现场实际条件，抓住可以办理工程签证及索赔的机会和依据，争取更大的经济效益，从而进行“开源”，为企业赚到钱。“节流”是给项目降本增效，通过项目管理、合理的设计变更来提高工作效率、降低各项支出以达到降本增效的目的。如各专业熟悉图纸，总结类似项目实施经验，积极配合，安排吊车梁提前预存到模板脚手架上，待主体施工完成后利用模板脚手架对钢梁完成安装，减少安装措施成本，从而为企业赚到了钱，见图 5.3-2。

图 5.3-2　采用技术措施减少架体搭设

5.4　生产经理面对的诱惑有哪些

随着社会的不断发展，我们工作生活的环境日趋复杂，作为一名企业的领导，必然会经常面对形形色色的诱惑，如果不能头脑清醒，时刻保持一颗辨真伪、明是非、知荣辱的心，就会为物欲所惑、为名利所困。

1）“权力”的诱惑：领导干部“职务”是为企业做更好工作的岗位，“权力”是为企业服务的手段，企业给领导干部赋予职权，是给了领导干部更好地为企业服务、展示自己才能的平台。领导要务必珍惜职权，要明白权力是一把“双刃剑”，既可以促人奋进，也可能诱人腐败；既可以使人受人爱戴，也可以使人身败名裂。因此，要以公司及社会上的腐败案件为警示，时刻警醒自己在履职上不越界、不跨线、不离谱、不出格。

2）“金钱”的诱惑：中国有句老话：“广厦千间，夜眠七尺，良田万亩，日食三餐”，意思是说，房子再大也只睡一张床，钱再多一日也只三餐，它告诉了人们如何正确对待金钱，提醒人们不要做金钱的奴隶，发人深省。近年发生的企业及国家公职领导干部腐败案件，无不是这些腐败分子见钱眼开、见利忘义、贪欲膨胀、失去道德及法律底线的结果。要牢记警言“手莫伸，伸手必被捉”，要警惕所谓的“礼尚往来”“一点小意思”的腐蚀，要“慎小”，防止权力“霉变”。因此，领导对金钱要取之有道、求之有度、用之有节，对不属于自己的钱财，切莫伸手。

3）“物质”的诱惑：北宋哲学家张载说过：“富贵福祥，将厚吾之主也，贫贱忧戚，庸玉汝于成也。”意思是要成大器，必须经过艰难困苦的磨炼。这句话既是唯物的，又是辩证的，应该成为领导干部发奋努力的座右铭，但少数领导不安于现状，信奉享乐主义，追求感官刺激，讲排场、比阔气、傍大款，抵不住物欲的诱惑，耐不住清贫的寂寞，很快沦入行贿人的圈套无法自拔。

4）“美色”的诱惑：由于建设项目的特殊性，领导干部长期在外工作，出现“问题”

的领导以权养色，先拜倒在石榴裙下，继而走上贪污、受贿、以权谋私的犯罪道路，致使家破人亡。对待“美色”的诱惑，要加强品德修养，用正气抑制邪念，做到自尊自重，自省自律，洁身自好，遇情不滥，见色不迷，望“美色”而止步，敬“美色”而远之。

5.5 生产经理如何学习

生产经理是建设工程项目管理关键岗位人员，是需要懂管理、懂技术、懂经济、懂法规，综合素质较高的复合型人员，既要有理论水平，也要有丰富的实践经验和较强的组织能力。由于社会发展及项目类型的不同，生产经理要保持长期学习的状态。在日常工作中不可盲目自大，需要了解项目各参建方提出的建议和意见，从中获取有用的知识。积极参与各项证书的继续教育、公司及各平台组织的线上线下培训课程（如志刚教育、品茗课堂等），巩固提升自己的各项管理知识储备。关注新规范、新标准等文件，及时学习和更新自己的知识，通过网络、期刊了解、学习、掌握工艺、行业前端技术，合理运用到自己的实际工作中来。

5.6 生产经理如何快速升任

升职加薪是职场人共有的目标，而升职需要工作能力、领导认可、团队的拥护、日常及工作的表现等多方面的因素来决定。

（1）想升职，先升值：企业的特征是它的一切行动都以利益为先，而领导最看重的也是能为公司源源不断创造利益的人。

（2）责任心、时效性、严于律己：做领导时需要有担当和责任心，对自己范围内的工作按质按量按时效性去完成，做到今日事今日毕。对上级领导交待的事要做到事事有回应，定期汇报及重大事项请示，让领导对安排给你的工作放心、安心。对于自己应承担的责任、义务需要勇于承担，如手下员工工作出现失误等问题，作为上级负责人需要勇于承担自己应有的责任，而不是第一时间“甩锅”；有劳动成果及荣誉时不能私自据为己有，需要提出团队的成绩。欲升职领导岗，需要对自己提出更为严格的要求，使得大家能从心理上认同。

（3）有担当，勇于积极进取：积极面对工作中的挑战，工作就是不断面对新的问题和机遇，如需要升职也会面临着新的挑战。积极面对具有挑战意义的工作，它也是一种新的机遇（如上级岗位空缺，领导安排去接手他的工作），做好本职工作并了解、涉猎与之相关的工作（如升职时需要管理很广泛的事务），为升职作相应铺垫，虽然面临困难和未知的挑战，但是当完成挑战后将获得领导的认可和升职岗位的收获。

（4）“形象工作”放低姿态：“形象工作”需要做到内外兼修，工作中保持良好的个人形象，穿着仪态符合要求（工程中严格穿着工作服及正确佩戴安全帽等），给大家一个好的外在形象。一个团队的领导的个人品德关系到整个团队及公司的正面形象，应做到永葆初心，维护自己的形象，得到领导及大家的第一印象认可。做人做事需要保持低调，以完成结果为目标、为结论。

（5）证书加持：随着工程行业的规范化，建设规模、生产技术及工艺的提高，国家和企业对项目管理人员的持证执业标准要求也日益提升。施工总承包项目经理需要注册建造师证书，工程总承包项目经理需要注册建造师或监理工程师等执业注册类证书，因此项目管理人员如想更好地提升自己、能完成升职，应尽早地获取相应证书，如二级建造师、一级建造师、监理工程师、造价工程师等执业资格证书。

1）有明确的目标：执业类资格证书通常有专业、学历、工作年限等要求。作为行业内人员不能好高骛远，只有自己的报考条件满足要求时才能报名考试，如二级建造师的报名条件较低，满足条件后应第一时间进行考取。随着目前行业注册人员数量的增加，国家也在逐步控制考试通过率，对参加考试的要求也越来越高，并随着时间的推移考试难度会逐年上升。如 2023 年上海等地明确要求考取监理工程师需要本科及以上学历，2022 年已报名的将不受限制。

2）实施计划：执业资格考试不同于在校学习考试，基本都是边工作边学习考试，需要学习人员有较强的学习和自制能力，能够有计划地去完成学习任务并通过考试。学习时根据备课时间及有效的学习时间制订学习计划，通过视频课件、面授、看书、做题等方式巩固学习以满足学习要求。

（6）学历提升：学历是职场的敲门砖，也是职称评定、职业资格证书考试、落户等的必备条件，国家专业政策对行业岗位也提出了相应的学历要求，随着社会的发展个人的学历也需要同步提升。正规学历提升需要时间和基础条件，且随着国家政策要求的提高、各学校对学历要求的提升和限制的日益严格，对学习时长、学习形式、条件的要求也在增多，学历提升的难度和成本日益加，所以说需要尽早开始。

（7）人际关系：在处理单位关系时需做事公允，少掺杂一些私心，为别人着想，换位思考，以真诚方式待人，帮助弱者。